普通高等职业教育数学精品教材

高 等 数 学

主　编　王文平　　阮淑萍
副主编　朱春浩
主　审　韩新社

华中科技大学出版社
中国·武汉

内 容 提 要

　　本书是根据高职高专高等数学课程教学基本要求,结合数学教学改革的实际经验,注意与高中阶段的数学教学内容的衔接,结合两年制和三年制高等职业教育的数学课时少、要求高的特点,对传统的教学内容削枝强干,进行整合,精选高等数学中最主要的内容。

　　内容包括:函数、极限与连续,导数和微分,导数的应用,不定积分,定积分及其应用,向量与空间解析几何,多元函数微积分,数学实验。

　　本书可作为高职高专工科专业的通用高等数学教材,也可作为工程技术人员的自学用书。

图书在版编目(CIP)数据

高等数学/王文平　阮淑萍　主编.—武汉:华中科技大学出版社,2010.9
ISBN 978-7-5609-6520-8

Ⅰ.高…　Ⅱ.①王…　②阮…　Ⅲ.高等数学-高等学校:技术学校-教材　Ⅳ.O13

中国版本图书馆 CIP 数据核字(2010)第 168907 号

高等数学

王文平　阮淑萍　主编

策划编辑:周芬娜
责任编辑:胡　芬
封面设计:刘　卉
责任校对:祝　菲
责任监印:周治超
出版发行:华中科技大学出版社(中国·武汉)
　　　　　武昌喻家山　　邮编:430074　　电话:(027)81321915
录　　排:武汉佳年华科技有限公司
印　　刷:华中科技大学印刷厂
开　　本:710mm×1000mm　1/16
印　　张:14.25
字　　数:293 千字
版　　次:2012 年 8 月第 1 版第 3 次印刷
定　　价:27.00 元

前　言

本书是高等职业技术教育理工科类教学用书,是由数名多年从事高职教育实践的教师编写而成的.

在编写本教材时,我们根据教育部制定的高职高专教育高等数学课程教学基本要求,结合数学教学改革的实际经验,从高职教育的实际出发,按照"以应用为目的,以必需、够用为度"的原则,以"理解基本概念、掌握运算方法及应用"为依据,删去了不必要的逻辑推导,强化了基本概念的教学,淡化了数学运算技巧的训练,突出了实际应用能力的培养,特别是结合教学内容引入了数学实验,这不但极大地提高了学生利用计算机求解数学问题的能力,而且提高了学生学数学、用数学的积极性.

教材编排时按照由浅入深、由易到难、由具体到抽象、循序渐进的原则进行,并做到了概念清晰,条理清晰,语言简练,易教易学,便于教师讲授和读者自学;注意从实际问题中引入概念;注意把握好理论推导的深度;注重基本运算能力、分析问题和解决问题能力的培养;贯彻理论联系实际和启发式教学原则.

因此,本书除可作为高职高专工科类各专业教学用书外,也可作为其他大专层次的教学用书和广大自学者的自学用书.

本书共分8章,内容包括:函数、极限与连续,导数和微分,导数的应用,不定积分,定积分及其应用,向量与空间解析几何,多元函数微积分,数学实验.每节后附有习题,总课时约为60学时.

本书由王文平、阮淑萍任主编,提出了全书的总体构思及编写的指导思想;朱春浩教授为副主编;韩新社为主审,他认真、仔细地审阅了全稿,并提出了许多宝贵的修改意见.具体分工如下:第1章由阮淑萍副教授编写,第2、3章由朱双荣副教授编写,第4、5章由姜淑莲副教授编写,第6、7章由王文平副教授编写,第8章由韩新社副教授编写.

在本书的编写过程中,得到武汉船舶职业技术学院教务处及其他部门的大力支持,作者在此向他们谨致谢意.

由于编者水平有限,时间比较仓促,书中难免有不妥与错误之处,希望专家、同仁和广大读者批评指正.

编　者
2010 年 6 月

目　录

第1章　函数、极限与连续

初等数学研究的对象主要是常量及其运算,而高等数学所研究的对象主要是变量及变量之间的依赖关系.函数正是这种依赖关系的体现,极限方法是研究变量之间依赖关系的基本方法.本章将在复习高中所学的函数与极限概念的基础上,进一步介绍两个重要概念——无穷小与无穷大,以及函数的连续性.

1.1　初等函数

1.1.1　函数的概念

1. 函数的定义域和值域

定义 1.1　设 x 和 y 是两个变量,D 为一个非空实数集,如果对属于 D 中的每个 x,依照某个对应法则 f,变量 y 都有确定的数值与之对应,那么 y 就称为 x 的**函数**,记作 $y=f(x)$. x 称为函数的自变量,y 称为因变量,数集 D 称为函数的**定义域**,函数 y 的取值范围 $M=\{y \mid y=f(x), x \in D\}$ 称为函数的**值域**.

如果对于每一个 $x \in D$,都有且仅有一个 $y \in M$ 与之对应,则称这种函数为**单值函数**.如果对于给定 $x \in D$,有多个 $y \in M$ 与之对应,则称这种函数为**多值函数**.一个多值函数通常可看成是由一些单值函数组成的.本书中,若无特别说明,所研究的函数都是指单值函数.

函数的定义域和对应法则称为函数的两个要素,而函数的值域一般称为派生要素,由定义域和对应法则确定.

在函数 $y=f(x)$ 中,当 x 取定 $x_0(x_0 \in D)$ 时,称 $f(x_0)$ 为 $y=f(x)$ 在 x_0 处的函数值,即

$$f(x_0)=f(x)|_{x=x_0}.$$

常用的函数表示法有解析法(又称公式法)、表格法和图像法.

例 1　确定函数 $f(x)=\sqrt{3+2x-x^2}+\ln(x-2)$ 的定义域,并求 $f(3),f(t^2)$.

解　该函数的定义域应为满足不等式组 $\begin{cases} 3+2x-x^2 \geqslant 0 \\ x-2>0 \end{cases}$ 的 x 值的全体.解此不等式组,得 $2<x \leqslant 3$.

故该函数的定义域为 $D=\{x \mid 2<x \leqslant 3\}=(2,3]$.

$$f(3)=\sqrt{3+2 \times 3-3^2}+\ln(3-2)=\ln 1=0,$$

$$f(t^2) = \sqrt{3+2t^2-t^4} + \ln(t^2-2).$$

2. 反函数

在研究变量之间的函数关系时,有时因变量和自变量的地位会相互转换,于是就出现了反函数的概念.

定义 1.2　设函数 $y=f(x)$,定义域为 D,值域为 M.如果对于 M 中的每一个 y 值,都可由 $y=f(x)$ 确定唯一的 x 值与之对应,则得到一个定义在 M 上的以 y 为自变量,x 为因变量的新函数,称为 $y=f(x)$ 的反函数,记作 $x=f^{-1}(y)$,并称 $y=f(x)$ 为直接函数.为了表述方便,通常将 $x=f^{-1}(y)$ 改写为 $y=f^{-1}(x)$.函数 $y=f(x)$ 与其反函数 $y=f^{-1}(x)$ 的图像关于直线 $y=x$ 对称.

求反函数的过程如下:

(1) 从 $y=f(x)$ 解出 $x=f^{-1}(y)$;

(2) 交换字母 x 和 y.

例 2　求 $y=x^3+4$ 的反函数.

解　由 $y=x^3+4$ 得到　　　　　　$x=\sqrt[3]{y-4}$,

交换 x 和 y,得　　　　　　　　　　$y=\sqrt[3]{x-4}$,

即 $y=x^3+4$ 的反函数为

$$y=\sqrt[3]{x-4}.$$

3. 分段函数

定义 1.3　定义域分成若干部分,函数关系由不同的式子分段表达的函数称为分段函数.

例如:　　　　　　　　$y=|x|=\begin{cases} x, & x\geqslant 0 \\ -x, & x<0 \end{cases}.$

例 3　称下面的函数为符号函数:

$$y=\text{sgn}x=\begin{cases} -1, & x<0 \\ 0, & x=0, \\ 1, & x>0 \end{cases}$$

试绘出函数图像.

解　符号函数表示自变量 x 的符号,定义域为 $(-\infty,+\infty)$,函数图像如图 1-1 所示.

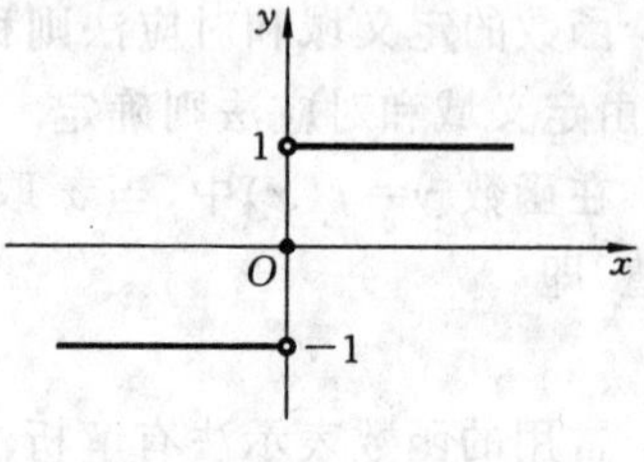

图 1-1

4. 函数的几种特性

1) 有界性

设函数 $y=f(x)$ 在集合 D 上有定义,如果存在一个正数 M,对于所有的 $x\in D$ 恒有 $|f(x)|\leqslant M$,则称函数 $f(x)$ 在 D 上是有界的;如果不存在这样的正数 M,则称函数 $f(x)$ 在 D 上是无界的.

例如,函数 $y=\sin x$ 和 $y=\cos x$,存在正数 $M=1$,使得对于任意的 $x\in\mathbf{R}$,均有 $|\sin x|\leqslant 1$,$|\cos x|\leqslant 1$,所以函数 $y=\sin x$ 和 $y=\cos x$ 在其定义域 $\mathbf{R}$ 内都是有界的. 易知函数 $y=\tan x$,$y=\cot x$ 都是无界的.

2) 奇偶性

设函数 $y=f(x)$ 在集合 D 上有定义,如果对于任意的 $x\in D$,恒有 $f(-x)=f(x)$,则称函数 $f(x)$ 为偶函数;如果对于任意的 $x\in D$,恒有 $f(-x)=-f(x)$,则称函数 $f(x)$ 为奇函数.

偶函数的图像关于 y 轴对称,奇函数的图像关于原点对称,如图 1-2(a) 和图 1-2(b) 所示.

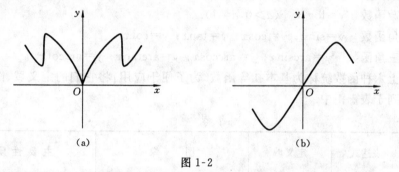

$$(a) \qquad\qquad (b)$$

图 1-2

3) 单调性

设函数 $y=f(x)$ 在区间 (a,b) 内有定义,如果对于 (a,b) 内的任意两点 x_1 和 x_2,当 $x_1<x_2$ 时,有 $f(x_1)<f(x_2)$,则称函数 $y=f(x)$ 在区间 (a,b) 内是单调增加的,区间 (a,b) 称为函数 $f(x)$ 的单调增加区间;如果对于 (a,b) 内的任意两点 x_1 和 x_2,当 $x_1<x_2$ 时,有 $f(x_1)>f(x_2)$,则称函数 $y=f(x)$ 在区间 (a,b) 内是单调减少的,区间 (a,b) 称为函数 $f(x)$ 的单调减少区间.

单调增加函数和单调减少函数统称为单调函数.显然单调增加函数的图像是沿 x 轴正向逐渐上升的,如图 1-3 所示;单调减少函数的图像是沿 x 轴正向逐渐下降的,如图 1-4 所示.

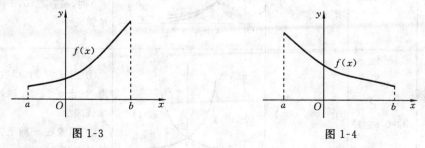

图 1-3   图 1-4

4) 周期性

对于函数 $y=f(x)$,如果存在正数 T,使得 $f(x)=f(x+T)$ 恒成立,则称 $f(x)$

为周期函数,称 T 为函数周期.显然 nT（n 是整数）也为函数 $f(x)$ 的周期,一般提到的周期均指最小正周期 T.

三角函数 $y=\sin x$ 和 $y=\cos x$ 的周期都为 2π,$y=\tan x$ 和 $y=\cot x$ 的周期都是 π.

1.1.2　基本初等函数

常数函数　$y=C$　（C 为常数）.
幂函数　$y=x^a$　（a 为实数）.
指数函数　$y=a^x$　（$a>0,a\neq1$）.
对数函数　$y=\log_a x$　（$a>0,a\neq1$）.
三角函数　$y=\sin x$；$y=\cos x$；$y=\tan x$；$y=\cot x$.
反三角函数　$y=\arcsin x$；$y=\arccos x$；$y=\arctan x$；$y=\text{arccot}\,x$.

以上六种函数统称为基本初等函数.为了便于应用,将它们的定义域、图像及主要性质列于表 1-1 中.

表 1-1

函数名称	表达式	定义域	图　像	主要性质
常数函数	$y=C$（C 为常数）	$(-\infty,+\infty)$		图像过点$(0,C)$,为平行于 x 轴的一条直线
幂函数	$y=x^a$（a 为实数）	随 a 的不同而不同,但在 $(0,+\infty)$ 内总有定义		① 图像过点$(1,1)$.② 当 $a>0$ 时,函数在 $(0,+\infty)$ 内单调增加;当 $a<0$ 时,函数在 $(0,+\infty)$ 内单调减少
指数函数	$y=a^x$（$a>0,a\neq1$）	$(-\infty,+\infty)$		① 当 $a>1$ 时,函数单调增加;当 $0<a<1$ 时,函数单调减少.② 图像在 x 轴上方,且都过点$(0,1)$

续表

函数名称	表达式	定义域	图　像	主要性质
对数函数	$y=\log_a x$ $(a>0,a\neq 1)$	$(0,+\infty)$		① 当 $a>1$ 时,函数单调增加;当 $0<a<1$ 时,函数单调减少. ② 图像在 y 轴右侧,且都过点 $(1,0)$
三角函数	$y=\sin x$	$(-\infty,+\infty)$		① 奇函数,周期为 2π,是有界函数. ② 在 $\left(2k\pi-\dfrac{\pi}{2},2k\pi+\dfrac{\pi}{2}\right)$ 内单调增加;在 $\left(2k\pi+\dfrac{\pi}{2},2k\pi+\dfrac{3\pi}{2}\right)$ 内单调减少 $(k\in \mathbf{Z})$
	$y=\cos x$	$(-\infty,+\infty)$		① 偶函数,周期为 2π,是有界函数. ② 在 $(2k\pi-\pi,2k\pi)$ 内单调增加;在 $(2k\pi,2k\pi+\pi)$ 内单调减少 $(k\in\mathbf{Z})$
	$y=\tan x$	$x\neq k\pi+\dfrac{\pi}{2}$ $(k\in \mathbf{Z})$		① 奇函数,周期为 π,是无界函数. ② 在 $\left(k\pi-\dfrac{\pi}{2},k\pi+\dfrac{\pi}{2}\right)$ 内单调增加 $(k\in\mathbf{Z})$
	$y=\cot x$	$x\neq k\pi$ $(k\in \mathbf{Z})$		① 奇函数,周期为 π,是无界函数. ② 在 $(k\pi,k\pi+\pi)$ 内单调减少 $(k\in\mathbf{Z})$

续表

函数名称	表达式	定义域	图　　像	主　要　性　质
反三角函数	$y=\arcsin x$	$[-1,1]$		① 奇函数,单调增加函数,有界. ② $\arcsin(-x)$ 　　$=-\arcsin x$
	$y=\arccos x$	$[-1,1]$		① 非奇非偶函数,单调减少函数,有界. ② $\arccos(-x)$ 　　$=\pi-\arccos x$
	$y=\arctan x$	$(-\infty,+\infty)$		① 奇函数,单调增加函数,有界. ② $\arctan(-x)$ 　　$=-\arctan x$
	$y=\operatorname{arccot} x$	$(-\infty,+\infty)$		① 非奇非偶函数,单调减少函数,有界. ② $\operatorname{arccot}(-x)$ 　　$=\pi-\operatorname{arccot} x$

1.1.3　复合函数、初等函数

1. 复合函数

设有函数 $y=f(u)=\sqrt{u}$，$u=\varphi(x)=x^2+1$，若要把 y 表示成 x 的函数，可用代入法来完成：

$$y=f(u)=f[\varphi(x)]=f(x^2+1)=\sqrt{x^2+1}.$$

这个处理过程就是函数的复合过程。

定义 1.4　设 y 是变量 u 的函数 $y=f(u)$，而 u 又是变量 x 的函数 $u=\varphi(x)$，且

$\varphi(x)$ 的函数值全部或部分落在 $f(u)$ 的定义域内,那么 y 通过 u 的联系而成为 x 的函数,称为由 $y=f(u)$ 和 $u=\varphi(x)$ 复合而成的函数,简称 x 的**复合函数**,记作 $y=f[\varphi(x)]$,其中 u 称为**中间变量**.

例 4　试将下列各函数 y 表示成 x 的复合函数:

(1) $y=\sqrt[3]{u}$, $u=x^4+x^2+1$;　　　　(2) $y=\ln u$, $u=3+v^2$, $v=\sec x$.

解　(1) $y=\sqrt[3]{u}=\sqrt[3]{x^4+x^2+1}$,　即　$y=\sqrt[3]{x^4+x^2+1}$.

(2) $y=\ln u=\ln(3+v^2)=\ln(3+\sec^2 x)$,　即　$y=\ln(3+\sec^2 x)$.

例 5　指出下列各函数的复合过程,并求其定义域:

(1) $y=\sqrt{x^2-3x+2}$;　(2) $y=e^{\cos 3x}$;　(3) $y=\ln(2+\tan^2 x)$.

解　(1) $y=\sqrt{x^2-3x+2}$ 是由 $y=\sqrt{u}$, $u=x^2-3x+2$ 这两个函数复合而成的. 要使函数 $y=\sqrt{x^2-3x+2}$ 有意义,须 $x^2-3x+2\geqslant 0$,解此不等式得 $y=\sqrt{x^2-3x+2}$ 的定义域为 $(-\infty,1]\cup[2,+\infty)$.

(2) $y=e^{\cos 3x}$ 是由 $y=e^u$, $u=\cos v$, $v=3x$ 这三个函数复合而成的,因此 $y=e^{\cos 3x}$ 的定义域为 $(-\infty,+\infty)$.

(3) $y=\ln(2+\tan^2 x)$ 是由 $y=\ln u$, $u=2+v^2$, $v=\tan x$ 这三个函数复合而成的. 当 $x=k\pi+\dfrac{\pi}{2}(k\in\mathbf{Z})$ 时 $\tan x$ 不存在,因此 $y=\ln(2+\tan^2 x)$ 的定义域为

$$\left\{x\,\middle|\,x\neq k\pi+\frac{\pi}{2},k\in\mathbf{Z}\right\}\quad\text{或}\quad\left(k\pi-\frac{\pi}{2},k\pi+\frac{\pi}{2}\right)(k\in\mathbf{Z}).$$

说明

(1) 在复合过程中,中间变量可多于一个,如 $y=f(u)$, $u=\varphi(v)$, $v=\psi(x)$,复合后为 $y=f[\varphi(\psi(x))]$. 但并不是任何两个函数($y=f(u)$, $u=\varphi(x)$)都可复合成一个函数,只有当内层函数 $u=\varphi(x)$ 的值域没有超过外层函数 $y=f(u)$ 的定义域时,两个函数才可以复合成一个新函数,否则便不能复合. 例如,$y=\sqrt{u^2-2}$, $u=\sin x$ 就不能复合.

(2) 分析一个复合函数的复合过程时,每个层次都应是基本初等函数或常数与基本初等函数的四则运算式. 当分解到常数与自变量的基本初等函数的四则运算式(称为简单函数)时就不再分解了(如例 5).

2. 初等函数

定义 1.5　由基本初等函数经过有限次四则运算和有限次复合步骤所构成的,并用一个解析式表示的函数称为**初等函数**.

例如,$y=2x^2-1$, $y=\sin\dfrac{1}{x}$, $y=e^{\sin^2(2x+1)}$, $y=\ln\cos e^x$ 等都是初等函数. 许多情况下,分段函数不是初等函数,因为在定义域上不能用一个式子表示. 例如,符号函数

$$y = \text{sgn} x = \begin{cases} -1, & x < 0 \\ 0, & x = 0 \\ 1, & x > 0 \end{cases}$$ 和取整函数 $y = [x] (x \in \mathbf{R})$,

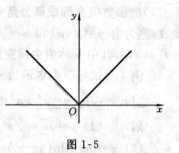

图 1-5

它们都不是初等函数. 但是 $y = |x| = \begin{cases} x, & x \geqslant 0 \\ -x, & x < 0 \end{cases}$ 是

初等函数, 因为 $y = |x| = \sqrt{x^2}$, 它亦可看做由 $y = \sqrt{u}, u = x^2$ 复合而成 (图 1-5).

微积分学中所涉及的函数, 绝大多数都是初等函数, 因此, 掌握初等函数的特性和各种运算是非常重要的. 不是初等函数的函数称为非初等函数.

下面简单介绍应用中常见的双曲函数.

1.1.4 双曲函数

双曲正弦函数　　$\text{sh} x = \dfrac{e^x - e^{-x}}{2}$.

双曲余弦函数　　$\text{ch} x = \dfrac{e^x + e^{-x}}{2}$.

双曲正切函数　　$\text{th} x = \dfrac{\text{sh} x}{\text{ch} x} = \dfrac{e^x - e^{-x}}{e^x + e^{-x}}$.

它们的定义域均为 $(-\infty, +\infty)$, 可以证明: 双曲正弦函数和双曲正切函数为奇函数, 双曲余弦函数为偶函数.

图像分别如图 1-6(a) 和图 1-6(b) 所示.

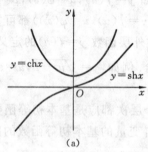

(a)

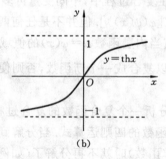

(b)

图 1-6

1.1.5 建立函数关系举例

运用数学工具解决实际问题时, 往往需要先把变量之间的函数关系表示出来, 才方便进行计算和分析.

例 6　要建造一个容积为 V 的无盖长方体水池, 它的底为正方形. 如池底的单位面积造价为侧面单位面积造价的 3 倍,试建立总造价与底面边长之间的函数关系.

解　设底面边长为 x,总造价为 y,侧面单位面积造价为 a. 由题意可得水池深为 $\dfrac{V}{x^2}$,侧面积为 $4x\dfrac{V}{x^2}=\dfrac{4V}{x}$,从而得出

$$y=3ax^2+4a\frac{V}{x}\quad(0<x<+\infty).$$

例 7　已知一物体的质量为 m,它与地面的摩擦因数是 μ,设有一与水平方向成 α 角的拉力 F,要使物体从静止状态沿水平方向移动(图 1-7),求拉力 F 与角 α 之间的函数关系.

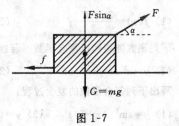

图 1-7

解　当水平拉力 $F\cos\alpha$ 与摩擦力 f 平衡时,物体开始移动. 而摩擦力为

$$f=\mu(mg-F\sin\alpha),$$

所以

$$F\cos\alpha=\mu(mg-F\sin\alpha),$$

解得

$$F=\frac{\mu mg}{\cos\alpha+\mu\sin\alpha}\quad(0°<\alpha<90°).$$

例 8　某运输公司规定货物的吨公里运价为:在 a 公里以内,每吨公里为 L 元;超过 a 公里时,超过部分为每吨公里 $\dfrac{4}{5}L$ 元. 求运价 y 和里程 s 之间的函数关系.

解　根据题意可列出函数关系如下:

$$y=\begin{cases}Ls, & 0<s\leqslant a\\La+\dfrac{4}{5}L(s-a), & s>a\end{cases}.$$

建立实际问题的函数关系,首先应理解题意,找出问题中的常量与变量,选定自变量,再根据问题所给的几何特性、物理规律或其他知识建立变量间的等量关系,整理化简得函数式. 有时还要根据题意,写出函数的定义域.

习　题　1.1

1. 下列各题中 $f(x)$ 与 $g(x)$ 是否表示同一个函数? 为什么?

(1) $f(x)=\lg x^2$,$g(x)=2\lg x$;　　　　　　(2) $f(x)=\dfrac{x^2-1}{x-1}$,$g(x)=x+1$.

2. 设 $f(x)=x^2+1$,$\varphi(x)=\sin 2x$. 求 $f(0)$,$f\left(\dfrac{1}{a}\right)$,$f(2t)$,$f[\varphi(x)]$,$\varphi[f(x)]$.

3. 求下列函数的定义域:

(1) $y=\sqrt{x^2-4x+3}$;　　　　(2) $y=\sqrt{4-x^2}+\dfrac{1}{\sqrt{x+1}}$;　　　　(3) $y=\lg(x+2)+1$;

(4) $y=\lg\sin x$;　　　　　　　　　　(5) $y=\dfrac{\sqrt{3-x}}{x}+\arcsin\dfrac{3-2x}{5}$.

4. 设 $f(x)=\begin{cases}2+x, & x<0\\ 0, & x=0\\ x^2-1, & 0<x\leqslant4\end{cases}$，求 $f(x)$ 的定义域及 $f(-1)$，$f(2)$ 的值，并作出它的图像.

5. 判断下列函数的奇偶性：

(1) $f(x)=\dfrac{3^x+3^{-x}}{2}$;　　　　(2) $f(x)=\lg(x+\sqrt{1+x^2})$;　　　　(3) $f(x)=x\mathrm{e}^x$.

6. 下列函数能否构成复合函数？若能构成，试将 y 表示成 x 的复合函数，并求其定义域.

(1) $y=u^2$，$u=3x-1$;　　　　(2) $y=\lg u$，$u=1-x^2$;　　　　(3) $y=\sqrt{u}$，$u=-1-x^2$.

7. 写出下列复合函数的复合过程：

(1) $y=\sin^3(8x+5)$;　　(2) $y=\tan(\sqrt[3]{x^2+5})$;　　(3) $y=2^{1-x^2}$;　　(4) $y=\lg(3-x)$.

8. 作出分段函数 $f(x)=\begin{cases}2^x, & -1<x<0\\ 2, & 0\leqslant x<1\\ x-1, & 1\leqslant x\leqslant3\end{cases}$ 的图像，并求出 $f(2)$，$f(0)$，$f(-0.5)$ 的值.

9. 用铁皮制作一个容积为 V 的圆柱形罐头筒，试将其全面积 A 表示成底半径 r 的函数，并确定此函数的定义域.

10. 在一个半径为 r 的球内嵌入一个内接圆柱，试将圆柱的体积 V 表示为圆柱的高 h 的函数，并确定此函数的定义域.

11. 一个物体作直线运动，已知阻力 f 的大小与运动的速度 v 成正比，且方向相反. 当物体以 1 m/s 的速度运动时，阻力为 1.96×10^{-2} N，试建立阻力与速度的函数关系.

12. 拟建一个容积为 V 的长方体水池，如果底为正方形，且其单位面积的造价是侧面单位面积造价的 2 倍，试将造价 F 表示成池底面边长 x 的函数，并确定其定义域.

1.2　极　　限

极限是微积分中最基本的概念. 极限的方法是人们从有限中认识无限，从近似中认识精确，从量变中认识质变的一种数学方法，它是微积分的基本思想方法. 微积分学中一些重要概念，如导数、积分、级数等，都是用极限来定义的，极限是贯穿高等数学各知识环节的主线.

本节首先讨论数列的极限，然后推广到一般函数的极限.

1.2.1　数列的极限

定义 1.6　对于数列 $\{x_n\}$，当项数 n 无限增大时，数列的相应项 x_n 无限逼近常数 A，则称 A 是数列 $\{x_n\}$ 的**极限**，记为 $\lim\limits_{n\to\infty}x_n=A$ 或 $x_n\to A$ $(n\to\infty)$，并称数列 $\{x_n\}$ **收敛**于 A. 若数列 $\{x_n\}$ 没有极限，则称数列 $\{x_n\}$ 是**发散**的.

例如,数列 $x_n = \dfrac{1}{n}$,当 $n \to \infty$ 时,$x_n \to 0$.因此 $\lim\limits_{n \to \infty} \dfrac{1}{n} = 0$,即数列 $x_n = \dfrac{1}{n}$ 是收敛的.

又如,数列 $x_n = 2^n$,当 $n \to \infty$ 时,$x_n \to \infty$,从而 $\lim\limits_{n \to \infty} 2^n$ 不存在,即数列 $x_n = 2^n$ 是发散的.

1.2.2　函数的极限

下面研究函数的极限.主要讨论函数 $y = f(x)$ 当自变量趋于无穷大($x \to \infty$)时和自变量趋于有限值($x \to x_0$)时两种情况的极限.

1. 当 $x \to \infty$ 时,函数 $f(x)$ 的极限

$x \to \infty$ 表示自变量 x 的绝对值无限增大,为区别起见,把 $x > 0$ 且无限增大记为 $x \to +\infty$,把 $x < 0$ 且其绝对值无限增大记为 $x \to -\infty$.

反比例函数 $y = \dfrac{1}{x}$ 的图像如图 1-8 所示.x 轴是曲线的一条水平渐近线,也就是说,当自变量 x 的绝对值无限增大时,相应的函数值 y 无限逼近常数 0.像这种当 $x \to \infty$ 时,函数 $f(x)$ 的变化趋势有如下定义:

定义 1.7　如果 $|x|$ 无限增大时,函数 $f(x)$ 的值无限趋近于一个确定的常数 A,则称 A 是函数 $f(x)$ 当 $x \to \infty$ 时的**极限**,记作 $\lim\limits_{x \to \infty} f(x) = A$,或者 $f(x) \to A$ $(x \to \infty)$.

如果当 $x \to +\infty$ $(x \to -\infty)$ 时,函数 $f(x)$ 无限趋近于一个常数 A,则称 A 为函数 $f(x)$ 当 $x \to +\infty$ $(x \to -\infty)$ 时的**极限**,记为 $\lim\limits_{x \to +\infty} f(x) = A$ $(\lim\limits_{x \to -\infty} f(x) = A)$,或 $f(x) \to A$,当 $x \to +\infty$ $(x \to -\infty)$ 时.

由定义,有 $\lim\limits_{x \to \infty} \dfrac{1}{x} = 0$,$\lim\limits_{x \to +\infty} \dfrac{1}{x} = 0$,$\lim\limits_{x \to -\infty} \dfrac{1}{x} = 0$.

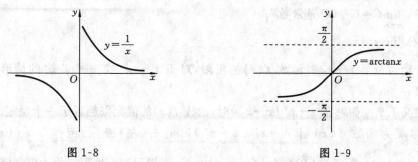

图 1-8　　　　　　　　　　　　　　　　　　图 1-9

例如,对于函数 $y = \arctan x$,从其图像(图 1-9)中可以看出:

$$\lim_{x \to +\infty} \arctan x = \frac{\pi}{2}, \qquad \lim_{x \to -\infty} \arctan x = -\frac{\pi}{2}.$$

显然,$\lim\limits_{x \to \infty} f(x) = A$ 的充分必要条件是 $\lim\limits_{x \to +\infty} f(x) = \lim\limits_{x \to -\infty} f(x) = A$.对于上面的函数 $f(x) = \arctan x$,由于 $\lim\limits_{x \to +\infty} f(x) \neq \lim\limits_{x \to -\infty} f(x)$,所以 $\lim\limits_{x \to \infty} f(x)$ 不存在.

2. 当 $x \to x_0$ 时,函数 $f(x)$ 的极限

与 $x \to \infty$ 的情形类似,$x \to x_0$ 表示 x 无限趋近于 x_0,它包含以下两种情况:

(1) x 是从大于 x_0 的方向趋近于 x_0,记作 $x \to x_0^+$(或 $x \to x_0 + 0$);

(2) x 是从小于 x_0 的方向趋近于 x_0,记作 $x \to x_0^-$(或 $x \to x_0 - 0$).

显然 $x \to x_0$ 是指以上两种情况同时存在.

考察当 $x \to 1$ 时,函数 $f(x) = \dfrac{x^2 - 1}{x - 1}$ 的变化趋

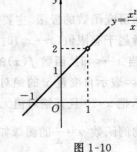

势.注意到,当 $x \neq 1$ 时,函数 $f(x) = \dfrac{x^2 - 1}{x - 1} = x + 1$,

所以当 $x \to 1$ 时,$f(x)$ 的值无限接近于常数 2(图 1-10).像这种当 $x \to x_0$ 时,对于函数 $f(x)$ 的变化趋势,有如下定义:

定义 1.8　设函数 $f(x)$ 在点 x_0 的左右近旁有

图 1-10

定义(x_0 点可以除外),如果当自变量 x 趋近于 x_0($x \neq x_0$)时,函数 $f(x)$ 的值无限趋近于一个确定的常数 A,则称 A 为函数 $f(x)$ 当 $x \to x_0$ 时的极限,记作

$$\lim_{x \to x_0} f(x) = A \quad 或 \quad f(x) \to A \ (x \to x_0).$$

从上面的例子还可以看出,虽然 $f(x) = \dfrac{x^2 - 1}{x - 1}$ 在 $x = 1$ 处没有定义,但当 $x \to 1$ 时函数 $f(x)$ 的极限却是存在的,所以当 $x \to x_0$ 时函数 $f(x)$ 的极限与函数在 $x = x_0$ 处是否有定义无关.

由定义,不难得出:

(1) $\lim\limits_{x \to x_0} C = C$　(C 是常数);

(2) $\lim\limits_{x \to x_0} x = x_0$.

上面讨论了 $x \to x_0$ 时函数 $f(x)$ 的极限,对于 $x \to x_0^+$ 或 $x \to x_0^-$ 时的情形,有如下定义:

定义 1.9　如果当 $x \to x_0^+$($x \to x_0^-$)时,函数 $f(x)$ 的值无限趋近于一个确定的常数 A,则称 A 为函数 $f(x)$ 当 $x \to x_0^+$($x \to x_0^-$)时的右(左)极限,记作 $\lim\limits_{x \to x_0^+} f(x) = A$

($\lim\limits_{x \to x_0^-} f(x) = A$)或 $f(x_0 + 0) = A$($f(x_0 - 0) = A$).左极限和右极限统称为单侧极限.

显然,函数的极限与左、右极限有如下关系:

定理 1.1　$\lim\limits_{x \to x_0} f(x) = A$ 成立的充分必要条件是

$$\lim_{x \to x_0^+} f(x) = \lim_{x \to x_0^-} f(x) = A.$$

这个定理常用来判断函数的极限是否存在.

例 9　讨论函数 $f(x)=\begin{cases}x+1, & x<0 \\ x^2, & 0\leqslant x<1, \\ 1, & x\geqslant1\end{cases}$ 当

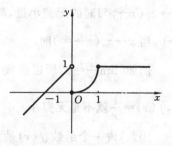

$x\to0$ 时的极限(图 1-11).

解　$f(0-0)=\lim\limits_{x\to0^-}f(x)=\lim\limits_{x\to0^-}(x+1)=1,$

　　　$f(0+0)=\lim\limits_{x\to0^+}f(x)=\lim\limits_{x\to0^+}x^2=0,$

由于 $f(0-0)\neq f(0+0)$,因此 $\lim\limits_{x\to0}f(x)$ 不存在.　　　　图 1-11

此例表明,求分段函数在分界点的极限通常要分别考察其左、右极限.

特别指出,本书中凡不标明自变量变化过程的极限号 lim,均表示变化过程适用于 $x\to x_0$,$x\to\infty$ 等所有情形.

习　题　1.2

1. 根据函数的图像,讨论下列各函数的极限:

(1) $\lim\limits_{x\to\infty}\dfrac{1}{1+x}$;　　(2) $\lim\limits_{x\to+\infty}\left(\dfrac{1}{3}\right)^x$;　　(3) $\lim\limits_{x\to-\infty}5^x$;　　(4) $\lim\limits_{x\to\infty}C$;

(5) $\lim\limits_{x\to\infty}\cos x$;　　(6) $\lim\limits_{x\to\infty}\operatorname{arccot}x$;　　(7) $\lim\limits_{x\to1}(2+x^2)$;　　(8) $\lim\limits_{x\to-2}\dfrac{x^2-4}{x+2}$;

(9) $\lim\limits_{x\to0^+}\sqrt{x}$;　　(10) $\lim\limits_{x\to0}\sin x$;　　(11) $\lim\limits_{x\to0}\cos\dfrac{1}{x}$;　　(12) $\lim\limits_{x\to0^+}\lg x$.

2. 作出函数 $f(x)=\begin{cases}x^2, & 0<x\leqslant3 \\ 2x-1, & 3<x<5\end{cases}$ 的图像,并求出当 $x\to3$ 时 $f(x)$ 的左、右极限.

3. 设 $f(x)=\dfrac{x}{x}$,$\varphi(x)=\dfrac{|x|}{x}$,当 $x\to0$ 时分别求 $f(x)$ 与 $\varphi(x)$ 的左、右极限,问 $\lim\limits_{x\to0}f(x)$,$\lim\limits_{x\to0}\varphi(x)$ 是否存在?

1.3　无穷小与无穷大

1.3.1　无穷小

1. 无穷小的定义

在实际问题中,我们经常遇到极限为零的变量.例如,单摆离开垂直位置摆动时,由于受到空气阻力和机械摩擦力的作用,它的振幅随着时间的增加而逐渐减少并趋于零.又例如,电容器放电时,其电压随着时间的增加而逐渐减少并趋于零.对于这类变量,有如下定义:

定义 1.10　当 $x\to x_0(x\to\infty)$ 时,如果函数 $f(x)$ 的极限为零,则称 $f(x)$ 为当

$x \to x_0 (x \to \infty)$ 时的**无穷小量**,简称**无穷小**,记为 $\lim\limits_{x \to x_0} f(x) = 0$ $(\lim\limits_{x \to \infty} f(x) = 0)$ 或 $f(x) \to 0$,当 $x \to x_0 (x \to \infty)$ 时.

例如,$\lim\limits_{x \to \infty} \dfrac{1}{x} = 0$,所以函数 $f(x) = \dfrac{1}{x}$ 为当 $x \to \infty$ 时的无穷小,但当 $x \to 1$ 时,$\dfrac{1}{x} \to 1$,$f(x) = \dfrac{1}{x}$ 就不是无穷小.

因此,说一个函数 $f(x)$ 是无穷小时,必须指出自变量 x 的变化趋向.应当指出,常量中只有"0"是无穷小,其他的都不是.

2. 无穷小的性质

性质 1 有限个无穷小的代数和是无穷小.

性质 2 有限个无穷小的乘积是无穷小.

性质 3 有界函数与无穷小的乘积为无穷小.

性质 4 常数与无穷小的乘积为无穷小.

例 10 求 $\lim\limits_{x \to \infty} \dfrac{\arctan x}{x}$.

解 由于 $\lim\limits_{x \to \infty} \dfrac{1}{x} = 0$,$|\arctan x| < \dfrac{\pi}{2}$,由性质 3 得

$$\lim_{x \to \infty} \frac{\arctan x}{x} = 0.$$

3. 函数极限与无穷小的关系

定理 1.2 如果 $\lim f(x) = A$,则 $f(x) = A + \alpha$,其中 $\lim \alpha = 0$;反之,如果 $f(x) = A + \alpha$,$\lim \alpha = 0$,则 $\lim f(x) = A$.

证明 (1) 必要性 若 $\lim f(x) = A$,设 $\alpha = f(x) - A$,则

$$\lim \alpha = \lim [f(x) - A] = A - A = 0,$$

即 α 在 $x \to x_0 (x \to \infty)$ 时为无穷小,显然有 $f(x) = A + \alpha$.

(2) 充分性 设 $f(x) = A + \alpha$,且 $\lim \alpha = 0$,则 $\lim f(x) = \lim (A + \alpha) = A + 0 = A$.

常称定理 1.2 为**极限基本定理**.

4. 无穷小的比较

无穷小虽然都是以零为极限的量,但不同的无穷小趋向于零的"速度"却不一定相同,有时可能差别很大.例如:当 $x \to 0$ 时,$x, 2x, x^2$ 都是无穷小,但它们趋向于零的速度不一样,如表 1-2 所示.

表 1-2

x	1	0.5	0.1	0.01	0.001	⋯
$2x$	2	1	0.2	0.02	0.002	⋯
x^2	1	0.25	0.01	0.0001	0.000001	⋯

从表 1-2 中可以看出 x^2 比 $x,2x$ 趋向于零的速度都快得多,x 和 $2x$ 趋向于零的速度大致相仿.

定义 1.11　设 α 和 β 都是当 $x \to x_0$(或 $x \to \infty$)时的无穷小.

(1) 如果 $\lim \dfrac{\beta}{\alpha} = 0$,则称 β 是比 α **高阶的无穷小**.

(2) 如果 $\lim \dfrac{\beta}{\alpha} = \infty$,则称 β 是比 α **低阶的无穷小**.

(3) 如果 $\lim \dfrac{\beta}{\alpha} = c$($c$ 为非零常数),则称 α 与 β 为**同阶无穷小**;特别当 $c=1$ 时,称 α 与 β 为**等价无穷小**,记为 $\alpha \sim \beta$.

由于 $\lim\limits_{x \to 0} \dfrac{x^2}{2x} = 0$,$\lim\limits_{x \to 0} \dfrac{x}{x^2} = \infty$,$\lim\limits_{x \to 0} \dfrac{x}{2x} = \dfrac{1}{2}$,因此,当 $x \to 0$ 时,x^2 是比 $2x$ 高阶的无穷小,x 是比 x^2 低阶的无穷小,x 和 $2x$ 是同阶无穷小.

等价无穷小必然是同阶无穷小,但同阶无穷小不一定是等价无穷小.关于等价无穷小有下面重要的定理:

定理 1.3（等价无穷小的代换定理）　若 $\alpha \sim \alpha'$,$\beta \sim \beta'$,且 $\lim \dfrac{\beta'}{\alpha'}$ 存在,则有 $\lim \dfrac{\beta}{\alpha} = \lim \dfrac{\beta'}{\alpha'}$.

例 11　求 $\lim\limits_{x \to 0} \dfrac{x \tan x}{1 - \cos x}$.

解
$$\lim_{x \to 0} \frac{x \tan x}{1 - \cos x} = \lim_{x \to 0} \frac{x^2}{\dfrac{x^2}{2}} = 2.$$

例 12　求 $\lim\limits_{x \to 0} \dfrac{\arctan x}{x}$.

解　令 $\arctan x = t$,则 $x = \tan t$,当 $x \to 0$ 时,有 $t \to 0$,于是
$$\lim_{x \to 0} \frac{\arctan x}{x} = \lim_{t \to 0} \frac{t}{\tan t} = \lim_{t \to 0} \frac{t}{t} = 1.$$

例 13　求 $\lim\limits_{x \to 0} \dfrac{\tan x - \sin x}{x^3}$.

解　因为 $\tan x - \sin x = \tan x(1 - \cos x)$,当 $x \to 0$ 时,$\tan x \sim x$,$1 - \cos x \sim \dfrac{x^2}{2}$,所以
$$\lim_{x \to 0} \frac{\tan x - \sin x}{x^3} = \lim_{x \to 0} \frac{\tan x(1 - \cos x)}{x^3} = \lim_{x \to 0} \frac{x \cdot \dfrac{x^2}{2}}{x^3} = \frac{1}{2}.$$

应用等价无穷小求极限时,要注意以下两点:

(1) 分子、分母都是无穷小;

(2) 用等价无穷小代替时,只能替换整个分子或者分母中的因子,而不能替换分子或分母中的项.

下面是几个常用的等价无穷小. 当 $x \to 0$ 时,

$$\sin x \sim x, \ \tan x \sim x, \ \arcsin x \sim x, \ \arctan x \sim x, \ (1 - \cos x) \sim \frac{x^2}{2},$$

$$\ln(1+x) \sim x, \ (e^x - 1) \sim x, \ (\sqrt[n]{1+x} - 1) \sim \frac{1}{n} x.$$

1.3.2　无穷大

与无穷小量相对应的是无穷大量.

定义 1.12　　如果当 $x \to x_0 (x \to \infty)$ 时,函数 $f(x)$ 的绝对值无限增大,则称 $f(x)$ 为当 $x \to x_0 (x \to \infty)$ 时的**无穷大量**,简称**无穷大**,记为 $\lim\limits_{x \to x_0} f(x) = \infty$ $(\lim\limits_{x \to \infty} f(x) = \infty)$,或 $f(x) \to \infty$,当 $x \to x_0 (x \to \infty)$ 时. 如果当 $x \to x_0 (x \to \infty)$ 时,函数 $f(x) > 0$ 且 $f(x)$ 无限增大,则称 $f(x)$ 为当 $x \to x_0 (x \to \infty)$ 时的**正无穷大**,记为 $\lim\limits_{x \to x_0} f(x) = +\infty$ $(\lim\limits_{x \to \infty} f(x) = +\infty)$,或 $f(x) \to +\infty$,当 $x \to x_0 (x \to \infty)$ 时.

类似地,可以定义 $\lim f(x) = -\infty$.

例如,当 $a > 1$ 时,有

$$\lim_{x \to 0^+} \log_a x = -\infty, \quad \lim_{x \to +\infty} \log_a x = +\infty, \quad \lim_{x \to +\infty} a^x = +\infty.$$

注意　说一个函数是无穷大时,必须要指明自变量变化的趋向;任何一个不论多大的常数,都不是无穷大;"极限为 ∞"说明这个极限不存在,只是借用记号"∞"来表示 $|f(x)|$ 无限增大的这种趋势,虽然用等式表示,但并不是"真正的"相等.

1.3.3　无穷大与无穷小的关系

定理 1.4　　如果 $\lim f(x) = \infty$,则 $\lim \dfrac{1}{f(x)} = 0$;反之,如果 $\lim f(x) = 0$,且 $f(x) \neq 0$,则 $\lim \dfrac{1}{f(x)} = \infty$.

显然

$$\lim_{x \to +\infty} a^{-x} = \lim_{x \to +\infty} \frac{1}{a^x} = 0 \quad (a > 1).$$

例 14　求 $\lim\limits_{x \to 1} \dfrac{2x - 1}{x - 1}$.

解　因为当 $x \to 1$ 时,分母的极限为 0,所以不能运用极限运算法则. 而极限 $\lim\limits_{x \to 1} \dfrac{x-1}{2x-1} = 0$,即当 $x \to 1$ 时,$\dfrac{1}{f(x)} = \dfrac{x-1}{2x-1}$ 是无穷小,那么 $f(x) = \dfrac{2x-1}{x-1}$ 是 $x \to 1$ 时的无穷大,因此 $\lim\limits_{x \to 1} \dfrac{2x-1}{x-1} = \infty$.

习 题 1.3

1. 判断题.

(1) 无穷小是一个很小的数.( )

(2) 无穷大是一个很大的数.( )

(3) 无穷小和无穷大是互为倒数的量.( )

(4) 一个函数乘以无穷小后为无穷小.( )

2. 在下列函数中,哪些是无穷小? 哪些是无穷大?

(1) $y_n=(-1)^{n+1}\dfrac{1}{2^n}$ $(n\to\infty)$;   (2) $y=5^{-x}$ $(x\to+\infty)$;

(3) $y=\ln x$ $(x>0,x\to0)$;   (4) $y=\dfrac{x+1}{x^2-4}$ $(x\to2)$;

(5) $y=2^{\frac{1}{x}}$ $(x\to-\infty)$;   (6) $y=\dfrac{x^2}{3x}$ $(x\to0)$.

3. 求下列各函数的极限:

(1) $\lim\limits_{x\to\infty}\dfrac{\sin x}{x^2}$;   (2) $\lim\limits_{x\to0}x\cos\dfrac{1}{x}$;   (3) $\lim\limits_{x\to0}\dfrac{\arcsin x}{\frac{1}{x^2}}$;

(4) $\lim\limits_{n\to\infty}\dfrac{\cos n^2}{n}$;   (5) $\lim\limits_{x\to0}\dfrac{\sin2x\tan3x}{1-\cos2x}$;   (6) $\lim\limits_{x\to0}\dfrac{1-\cos x}{\tan2x^2}$.

4. 试比较下列各对无穷小的阶:

(1) 当 $x\to0$ 时,x^3+30x^2 与 x^2;   (2) 当 $x\to1$ 时,$1-\sqrt{x}$ 与 $1-x$;

(3) 当 $x\to\infty$ 时,$\dfrac{1}{x}$ 与 $\dfrac{1}{x^2}$;   (4) 当 $x\to0$ 时,x 与 $x\cos x$.

1.4 极限的运算

为了求解比较复杂的函数极限,往往要用到极限的运算法则.现叙述如下.

1.4.1 极限的四则运算法则

法则 1.1 设 $\lim f(x)=A$, $\lim g(x)=B$,则

(1) $\lim[f(x)\pm g(x)]=\lim f(x)\pm\lim g(x)=A\pm B$.

(2) $\lim[f(x)g(x)]=\lim f(x)\lim g(x)=AB$.

特别有 $\lim Cf(x)=C\lim f(x)=CA$.

(3) $\lim\dfrac{f(x)}{g(x)}=\dfrac{\lim f(x)}{\lim g(x)}=\dfrac{A}{B}$ $(B\neq0)$.

法则 1.1 中(1)、(2)可以推广到有限个函数的情形.这些法则通常称为极限的四则运算法则.特别地,若 n 为正整数,有

推论 1.1　　$\lim[f(x)]^n = [\lim f(x)]^n = A^n$.

推论 1.2　　$\lim \sqrt[n]{f(x)} = \sqrt[n]{\lim f(x)} = \sqrt[n]{A}$（$n$ 为偶数时，要假设 $\lim f(x) > 0$）.

例 15　　求 $\lim\limits_{x \to 2}(4x^2 + 3)$.

解　　$\lim\limits_{x \to 2}(4x^2 + 3) = \lim\limits_{x \to 2} 4x^2 + \lim\limits_{x \to 2} 3 = 4(\lim\limits_{x \to 2} x)^2 + 3 = 4 \times 2^2 + 3 = 19$.

一般地，如果函数 $f(x)$ 为多项式，则

$$\lim\limits_{x \to x_0} f(x) = f(x_0).$$

例 16　　求 $\lim\limits_{x \to 0} \dfrac{2x^2 + 3}{4 - x}$.

解　　由于　　$\lim\limits_{x \to 0}(4 - x) = \lim\limits_{x \to 0} 4 - \lim\limits_{x \to 0} x = 4 - 0 = 4 \neq 0$,

$$\lim\limits_{x \to 0}(2x^2 + 3) = 2(\lim\limits_{x \to 0} x)^2 + \lim\limits_{x \to 0} 3 = 3,$$

因此

$$\lim\limits_{x \to 0} \frac{2x^2 + 3}{4 - x} = \frac{3}{4}.$$

如果 $\dfrac{f(x)}{g(x)}$ 为有理分式函数，且 $g(x_0) \neq 0$，则有

$$\lim\limits_{x \to x_0} \frac{f(x)}{g(x)} = \frac{f(x_0)}{g(x_0)}.$$

例 17　　求 $\lim\limits_{x \to 3} \dfrac{x - 3}{x^2 - 9}$.

解　　由于 $\lim\limits_{x \to 3}(x^2 - 9) = 0$，因此不能直接用法则 1.1 中(3).

又 $\lim\limits_{x \to 3}(x - 3) = 0$，在 $x \to 3$ 的过程中，$x \neq 3$. 因此求此分式极限时，应首先约去非零因子 $x - 3$，于是

$$\lim\limits_{x \to 3} \frac{x - 3}{x^2 - 9} = \lim\limits_{x \to 3} \frac{1}{x + 3} = \frac{1}{6}.$$

注意　　上面的变形只能是在求极限的过程中进行，不要误认为函数 $\dfrac{x - 3}{x^2 - 9}$ 与函数 $\dfrac{1}{x + 3}$ 是同一函数.

例 18　　求 $\lim\limits_{x \to \infty} \dfrac{3x^3 - 5x^2 + 1}{8x^3 + 4x - 3}$.

解　　因分子、分母都是无穷大，所以不能用法则 1.1 中(3). 此时可以用分子、分母中 x 的最高次幂 x^3 同除分子、分母，然后再求极限.

$$\lim\limits_{x \to \infty} \frac{3x^3 - 5x^2 + 1}{8x^3 + 4x - 3} = \lim\limits_{x \to \infty} \frac{3 - \dfrac{5}{x} + \dfrac{1}{x^3}}{8 + \dfrac{4}{x^2} - \dfrac{3}{x^3}} = \frac{3}{8}.$$

一般地，设 $a_0 \neq 0, b_0 \neq 0, m, n$ 为正整数，则有

$$\lim_{x \to \infty} \frac{a_0 x^n + a_1 x^{n-1} + \cdots + a_n}{b_0 x^m + b_1 x^{m-1} + \cdots + b_m} = \begin{cases} \dfrac{a_0}{b_0}, & m=n \\ 0, & m>n \\ \infty, & m<n \end{cases}.$$

例 19　求 $\lim\limits_{x \to 0} \dfrac{x}{2-\sqrt{4+x}}$.

解　由于分母的极限为零,所以不能直接用法则 1.1 中(3).用初等代数方法使分母有理化.

$$\lim_{x \to 0} \frac{x}{2-\sqrt{4+x}} = \lim_{x \to 0} \frac{x(2+\sqrt{4+x})}{(2-\sqrt{4+x})(2+\sqrt{4+x})} = \lim_{x \to 0} \frac{x(2+\sqrt{4+x})}{-x}$$
$$= \lim_{x \to 0} (-2-\sqrt{4+x}) = -4.$$

例 20　求 $\lim\limits_{x \to 1} \left(\dfrac{2}{x^2-1} - \dfrac{1}{x-1} \right)$.

解　不能直接用法则 1.1 中(1),应先通分.

$$原式 = \lim_{x \to 1} \frac{2-(x+1)}{x^2-1} = \lim_{x \to 1} \frac{-(x-1)}{(x-1)(x+1)} = \lim_{x \to 1} \frac{-1}{x+1} = -\frac{1}{2}.$$

1.4.2　两个重要极限

在求函数极限时,经常要用到两个重要极限.

1. $\lim\limits_{x \to 0} \dfrac{\sin x}{x} = 1$ (x **取弧度单位**)

取 $|x|$ 的一系列趋于零的数值时,得到 $\dfrac{\sin x}{x}$ 的一系列对应值,见表 1-3.

表 1-3

x	$\pm \dfrac{\pi}{9}$	$\pm \dfrac{\pi}{18}$	$\pm \dfrac{\pi}{36}$	$\pm \dfrac{\pi}{72}$	$\pm \dfrac{\pi}{144}$	$\pm \dfrac{\pi}{288}$	$\cdots$
$\dfrac{\sin x}{x}$	0.97982	0.99493	0.99873	0.99968	0.99992	0.99998	$\cdots$

从表中可见,当 $|x|$ 愈来愈接近于零时,$\dfrac{\sin x}{x}$ 的值愈来愈接近于 1,可以证明:

$$\lim_{x \to 0} \frac{\sin x}{x} = 1 \quad (证略).$$

此重要极限有两个特征:

(1) 当 $x \to 0$ 时,分子、分母均为无穷小,简记为"$\dfrac{0}{0}$"型;

(2) 正弦符号后面的变量与分母的变量完全相同,即 $\lim\limits_{\nabla \to 0} \dfrac{\sin \nabla}{\nabla} = 1$.

例 21　求 $\lim\limits_{x\to 0}\dfrac{\sin 3x}{2x}$.

解
$$\lim_{x\to 0}\frac{\sin 3x}{2x}=\lim_{x\to 0}\frac{\sin 3x}{3x}\cdot\frac{3}{2}=\frac{3}{2}\lim_{3x\to 0}\frac{\sin 3x}{3x}=\frac{3}{2}.$$

例 22　求 $\lim\limits_{x\to 0}\dfrac{\tan x}{x}$.

解
$$\lim_{x\to 0}\frac{\tan x}{x}=\lim_{x\to 0}\left(\frac{\sin x}{x}\cdot\frac{1}{\cos x}\right)=\lim_{x\to 0}\frac{\sin x}{x}\lim_{x\to 0}\frac{1}{\cos x}=1.$$

例 23　求 $\lim\limits_{x\to 0}\dfrac{1-\cos x}{x^2}$.

解
$$\lim_{x\to 0}\frac{1-\cos x}{x^2}=\lim_{x\to 0}\frac{2\sin^2\dfrac{x}{2}}{4\left(\dfrac{x}{2}\right)^2}=\frac{1}{2}\lim_{x\to 0}\left(\frac{\sin\dfrac{x}{2}}{\dfrac{x}{2}}\right)^2=\frac{1}{2}\left(\lim_{\frac{x}{2}\to 0}\frac{\sin\dfrac{x}{2}}{\dfrac{x}{2}}\right)^2=\frac{1}{2}.$$

例 24　求 $\lim\limits_{x\to\pi}\dfrac{\sin x}{\pi-x}$.

解　令 $\pi-x=t$,则 $x=\pi-t$,当 $x\to\pi$ 时,$t\to 0$,于是
$$\lim_{x\to\pi}\frac{\sin x}{\pi-x}=\lim_{t\to 0}\frac{\sin(\pi-t)}{t}=\lim_{t\to 0}\frac{\sin t}{t}=1.$$

由于 $\lim\limits_{x\to 0}\dfrac{\sin x}{x}=1$,$\lim\limits_{x\to 0}\dfrac{\tan x}{x}=1$,因此,当 $x\to 0$ 时,$\sin x\sim x$,$\tan x\sim x$,$1-\cos x\sim\dfrac{x^2}{2}$.类似可得

$$\sin ax\sim ax,\quad \tan ax\sim ax.$$

2. $\lim\limits_{x\to\infty}\left(1+\dfrac{1}{x}\right)^x=\text{e}$ （e=2.7182818…是无理数）

$\left(1+\dfrac{1}{x}\right)^x$ 的变化趋势见表 1-4.

表 1-4

x	10	10^2	10^3	10^4	10^5	10^6	…	$\to+\infty$
$\left(1+\dfrac{1}{x}\right)^x$	2.59374	2.70481	2.71692	2.71815	2.71827	2.71828	…	$\to$ e
x	-10	-10^2	-10^3	-10^4	-10^5	-10^6	…	$\to-\infty$
$\left(1+\dfrac{1}{x}\right)^x$	2.86792	2.73200	2.71964	2.71841	2.71830	2.71828	…	$\to$ e

由上表可以看出,当 $|x|\to\infty$ 时,函数 $\left(1+\dfrac{1}{x}\right)^x$ 的值无限地接近于常数 2.71828…,记这个常数为 e,即

$$\lim_{x\to\infty}\left(1+\frac{1}{x}\right)^x=\mathrm{e}\quad（证略）.$$

令 $\frac{1}{x}=t$，则当 $x\to\infty$ 时，$t\to0$，于是这个极限又可写成另一种等价形式：

$$\lim_{t\to0}(1+t)^{\frac{1}{t}}=\mathrm{e}.$$

例 25　求 $\lim\limits_{x\to\infty}\left(1+\dfrac{3}{x}\right)^x$.

解
$$\lim_{x\to\infty}\left(1+\frac{3}{x}\right)^x=\lim_{x\to\infty}\left[\left(1+\frac{1}{\frac{x}{3}}\right)^{\frac{x}{3}}\right]^3,$$

令 $\dfrac{x}{3}=t$，则当 $x\to\infty$ 时，$t\to\infty$，所以

$$\lim_{x\to\infty}\left(1+\frac{3}{x}\right)^x=\lim_{t\to\infty}\left[\left(1+\frac{1}{t}\right)^t\right]^3=\mathrm{e}^3.$$

例 26　求 $\lim\limits_{x\to\infty}\left(\dfrac{x+3}{x-1}\right)^{x+3}$.

解
$$\lim_{x\to\infty}\left(\frac{x+3}{x-1}\right)^{x+3}=\lim_{x\to\infty}\left(1+\frac{4}{x-1}\right)^{x+3},$$

令 $t=\dfrac{4}{x-1}$，则
$$x=\frac{4}{t}+1,\quad x+3=\frac{4}{t}+4,$$

由于当 $x\to\infty$ 时，$t\to0$，所以

$$\lim_{x\to\infty}\left(\frac{x+3}{x-1}\right)^{x+3}=\lim_{t\to0}(1+t)^{\frac{4}{t}+4}=\lim_{t\to0}(1+t)^{\frac{4}{t}}\cdot(1+t)^4$$
$$=\left[\lim_{t\to0}(1+t)^{\frac{1}{t}}\right]^4\left[\lim_{t\to0}(1+t)\right]^4=\mathrm{e}^4.$$

习　题　1.4

1. 求下列极限：

(1) $\lim\limits_{x\to-2}(2x^2-5x+3)$;

(2) $\lim\limits_{x\to0}\left(2-\dfrac{3}{x-1}\right)$;

(3) $\lim\limits_{x\to2}\dfrac{x-2}{x^2-x-2}$;

(4) $\lim\limits_{x\to0}\dfrac{5x^3-2x^2+x}{4x^2+2x}$;

(5) $\lim\limits_{x\to\infty}\dfrac{3x^2+5x+1}{4x^2-2x+5}$;

(6) $\lim\limits_{x\to\infty}\dfrac{3x^2+x+6}{x^4-3x^2+3}$;

(7) $\lim\limits_{n\to\infty}\dfrac{1+2+\cdots+n}{n^2}$;

(8) $\lim\limits_{x\to0}\dfrac{x^2}{1-\sqrt{1+x^2}}$;

(9) $\lim\limits_{x\to4}\dfrac{\sqrt{2x+1}-3}{\sqrt{x-2}-\sqrt{2}}$;

(10) $\lim\limits_{x\to\infty}\dfrac{\sin2x}{x^2}$;

(11) $\lim\limits_{x\to\infty}\dfrac{(x^2+x)\arctan x}{x^3-x+3}$;

2. 若 $\lim\limits_{x\to3}\dfrac{x^2-2x+k}{x-3}=4$，求 k 的值.

3. 若 $\lim\limits_{x\to\infty}\left(\dfrac{x^2+1}{x+1}-ax-b\right)=0$，求 a,b 的值.

4. 求下列极限：

(1) $\lim\limits_{x\to 0}\dfrac{\sin 4x}{\tan 5x}$；

(2) $\lim\limits_{x\to 0}\dfrac{\sin mx}{\sin nx}$；

(3) $\lim\limits_{x\to 0}\dfrac{a^x-1}{x}$；

(4) $\lim\limits_{x\to 0}\dfrac{2(1-\cos x)}{x\sin x}$；

(5) $\lim\limits_{x\to 0^+}\dfrac{x}{\sqrt{1-\cos x}}$；

(6) $\lim\limits_{x\to\frac{\pi}{2}}(1+2\cos x)^{-\sec x}$；

(7) $\lim\limits_{x\to\infty}x^2\sin^2\dfrac{1}{x}$；

(8) $\lim\limits_{x\to\infty}\left(1-\dfrac{3}{x}\right)^x$；

(9) $\lim\limits_{x\to 0}\sqrt[x]{1+3x}$；

(10) $\lim\limits_{x\to 0}\dfrac{\arcsin x}{x}$；

(11) $\lim\limits_{x\to 0}\dfrac{\sin(x^2)}{(\sin x)^3}$；

(12) $\lim\limits_{x\to\infty}\left(\dfrac{2x-1}{2x+1}\right)^x$.

1.5　函数的连续性与间断点

自然界中的许多现象，如空气的流动、气温的变化、动植物的生长等，都是随时间连续不断地变化着的，这些现象反映在数学上就是函数的连续性.

1.5.1　函数连续性的概念

1. 增量

设变量 u 从它的初值 u_0 变到终值 u_1，则终值与初值之差 u_1-u_0 就叫做变量 u 的**增量**，又叫做 u 的**改变量**，记作 Δu，即 $\Delta u=u_1-u_0$. 显然自变量的改变量 $\Delta x=x-x_0$，函数的改变量 $\Delta y=f(x)-f(x_0)$.

2. 函数 $f(x)$ 在点 x_0 处的连续性

函数 $y=f(x)$ 在 x_0 处连续，反映到图像上即为曲线在 x_0 的某个邻域内是没有间断的，如图 1-12 所示. 如果函数是不连续的，其图像就在该点处间断，如图 1-13 所示. 给自变量一个增量 Δx，相应地就有函数的增量 Δy，且当 Δx 趋于 0 时，Δy 的绝对值将无限变小.

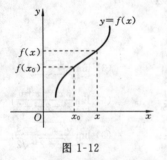

图 1-12

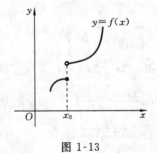

图 1-13

定义 1.13　设函数 $y=f(x)$ 在点 x_0 及其左右近旁有定义，如果 $\lim\limits_{\Delta x\to 0}\Delta y=\lim\limits_{\Delta x\to 0}[f(x_0+\Delta x)-f(x_0)]=0$，那么称函数 $f(x)$ 在点 x_0 处连续.

令 $x=x_0+\Delta x$，则当 $\Delta x\to 0$ 时，$x\to x_0$，同时 $\Delta y=f(x)-f(x_0)\to 0$ 时，$f(x)\to$

$f(x_0)$. 于是有：

定义 1.14　设函数 $y=f(x)$ 在点 x_0 及其左右近旁有定义，且有 $\lim\limits_{x \to x_0} f(x)=f(x_0)$，则称函数 $y=f(x)$ 在点 x_0 处连续.

例 27　证明函数 $f(x)=x^3-1$ 在点 $x=1$ 处连续.

证明　$\lim\limits_{x \to 1} f(x)=\lim\limits_{x \to 1}(x^3-1)=0$，又 $f(1)=1^3-1=0$，即 $\lim\limits_{x \to 1} f(x)=f(1)$.

由定义 1.13 和定义 1.14 知，函数 $f(x)=x^3-1$ 在点 $x=1$ 处连续.

由上述定义可知，$f(x)$ 在点 x_0 处连续必须同时满足三个条件：

(1) 函数 $f(x)$ 在点 x_0 处有定义；

(2) $\lim\limits_{x \to x_0} f(x)$ 存在；

(3) $\lim\limits_{x \to x_0} f(x)=f(x_0)$.

例 28　判断函数 $f(x)=\begin{cases} x^2+1, & x \geqslant 1 \\ 3x-1, & x<1 \end{cases}$ 在点 $x=1$ 处是否连续.

解　$f(x)$ 在点 $x=1$ 处及其附近有定义，$f(1)=1^2+1=2$，且

$$f(1-0)=\lim\limits_{x \to 1^-} f(x)=\lim\limits_{x \to 1^-}(3x-1)=2=f(1),$$

$$f(1+0)=\lim\limits_{x \to 1^+} f(x)=\lim\limits_{x \to 1^+}(x^2+1)=2=f(1),$$

于是　　　　　　　　　　$f(1-0)=f(1+0)=f(1)$，

因此，函数 $f(x)$ 在点 $x=1$ 处连续.

3. 函数 $f(x)$ 在区间 (a,b) 内（或 $[a,b]$ 上）的连续性

定义 1.15　如果函数 $y=f(x)$ 在区间 (a,b) 内每一点连续，则称函数在区间 (a,b) 内连续，区间 (a,b) 称为函数 $y=f(x)$ 的连续区间；如果函数 $f(x)$ 在区间 (a,b) 内连续，并且 $\lim\limits_{x \to a^+} f(x)=f(a)$，$\lim\limits_{x \to b^-} f(x)=f(b)$，则称函数 $f(x)$ 在闭区间 $[a,b]$ 上连续，区间 $[a,b]$ 称为函数 $y=f(x)$ 的连续区间.

在连续区间上，连续函数的图像是一条连绵不断的曲线.

1.5.2　初等函数的连续性

1. 基本初等函数的连续性

基本初等函数在其定义域内都是连续的.

2. 连续函数的和、差、积、商的连续性

如果 $f(x)$，$g(x)$ 都在点 x_0 处连续，则 $f(x) \pm g(x)$，$f(x)g(x)$，$\dfrac{f(x)}{g(x)}(g(x) \neq 0)$ 都在点 x_0 处连续（证略）.

3. 复合函数的连续性

法则 1.2　设函数 $y=f(u)$ 在点 u_0 处连续，又函数 $u=\varphi(x)$ 在点 x_0 处连续，且

$u_0 = \varphi(x_0)$，则复合函数 $y = f[\varphi(x)]$ 在点 x_0 处连续.

这个法则说明了连续函数的复合函数仍为连续函数，并可得到如下结论：

$$\lim_{x \to x_0} f[\varphi(x)] = f[\varphi(x_0)] = f[\lim_{x \to x_0} \varphi(x)].$$

特别地，当 $\varphi(x) = x$ 时，$\lim_{x \to x_0} f(x) = f(x_0) = f(\lim_{x \to x_0} x)$，这表示连续函数极限符号与函数符号可以交换次序.

4. 初等函数的连续性

一切初等函数在其定义区间内都是连续的. 因此，求初等函数在其定义区间内某点处的极限时，只需求函数在该点的函数值即可.

例 29　求下列极限：

(1) $\lim\limits_{x \to \frac{\pi}{2}} \ln \sin x$；

(2) $\lim\limits_{x \to 2} \dfrac{\sqrt{2+x} - 2}{x - 2}$；

(3) $\lim\limits_{x \to 0} \dfrac{\log_a(1+x)}{x}$ $(a > 0, a \neq 1)$；

(4) $\lim\limits_{x \to 0} \dfrac{e^x - 1}{x}$.

解　(1) 因为 $x = \dfrac{\pi}{2}$ 是函数 $y = \ln \sin x$ 定义区间 $(0, \pi)$ 内的一个点，所以

$$\lim_{x \to \frac{\pi}{2}} \ln \sin x = \ln \sin\left(\frac{\pi}{2}\right) = 0.$$

(2) 因为 $x = 2$ 不是函数 $\dfrac{\sqrt{2+x} - 2}{x - 2}$ 定义区间 $[-2, 2) \cup (2, +\infty)$ 内的点，自然不能将 $x = 2$ 代入函数计算. 当 $x \neq 2$ 时，一般先作变形，再求其极限：

$$\lim_{x \to 2} \frac{\sqrt{2+x} - 2}{x - 2} = \lim_{x \to 2} \frac{(\sqrt{2+x} - 2)(\sqrt{2+x} + 2)}{(x - 2)(\sqrt{2+x} + 2)}$$

$$= \lim_{x \to 2} \frac{x - 2}{(x - 2)(\sqrt{2+x} + 2)}$$

$$= \lim_{x \to 2} \frac{1}{\sqrt{2+x} + 2} = \frac{1}{\sqrt{2+2} + 2} = \frac{1}{4}.$$

(3) $\lim\limits_{x \to 0} \dfrac{\log_a(1+x)}{x} = \lim\limits_{x \to 0} \log_a(1+x)^{\frac{1}{x}} = \log\left[\lim\limits_{x \to 0}(1+x)^{\frac{1}{x}}\right] = \log_a e = \dfrac{1}{\ln a}$.

(4) 令 $e^x - 1 = t$，则 $x = \ln(1+t)$，且当 $x \to 0$ 时，$t \to 0$. 由上题得

$$\lim_{x \to 0} \frac{e^x - 1}{x} = \lim_{t \to 0} \frac{t}{\ln(1+t)} = \lim_{t \to 0} \frac{1}{\dfrac{\ln(1+t)}{t}} = \frac{1}{\ln e} = 1.$$

1.5.3　函数的间断点

定义 1.16　如果函数 $f(x)$ 在点 x_0 处不满足连续的条件，则称函数 $f(x)$ 在点 x_0 处**不连续**或**间断**. 点 x_0 称为函数 $f(x)$ 的**不连续点**或**间断点**.

显然,如果函数 $f(x)$ 在点 x_0 处有下列三种情形之一,则点 x_0 为 $f(x)$ 的间断点.

(1) 在点 x_0 处 $f(x)$ 没有定义;

(2) $\lim\limits_{x \to x_0} f(x)$ 不存在;

(3) 虽然 $f(x_0)$ 有定义,且 $\lim\limits_{x \to x_0} f(x)$ 存在,但 $\lim\limits_{x \to x_0} f(x) \neq f(x_0)$.

通常把函数间断点分为两类:函数 $f(x)$ 在点 x_0 处的左、右极限都存在的间断点称为**第一类间断点**;否则称为**第二类间断点**. 在第一类间断点中左、右极限相等的称为**可去间断点**,不相等的称为**跳跃间断点**.

例 30　讨论函数 $f(x) = \dfrac{x^2 - 4}{x - 2}$ 的连续性.

解　函数 $f(x) = \dfrac{x^2 - 4}{x - 2}$ 在点 $x = 2$ 处没有定义,所以 $x = 2$ 是该函数的间断点. 由于

$$\lim_{x \to 2} f(x) = \lim_{x \to 2} \frac{x^2 - 4}{x - 2} = \lim_{x \to 2}(x + 2) = 4,$$

即当 $x \to 2$ 时,极限是存在的,所以 $x = 2$ 是第一类的可去间断点(图 1-14).

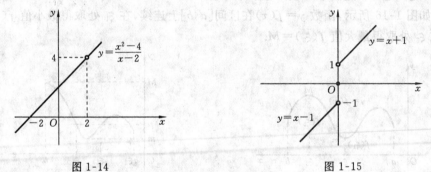

图 1-14　　　　　　　　　　　　　　　　图 1-15

例 31　讨论函数 $f(x) = \begin{cases} x - 1, & x < 0 \\ 0, & x = 0 \\ x + 1, & x > 0 \end{cases}$ 在 $x = 0$ 处的连续性.

解　函数 $f(x)$ 虽在 $x = 0$ 处有定义,但

$$\lim_{x \to 0^-} f(x) = \lim_{x \to 0^-}(x - 1) = -1,$$
$$\lim_{x \to 0^+} f(x) = \lim_{x \to 0^+}(x + 1) = 1,$$

即在点 $x = 0$ 处左、右极限不相等,所以 $\lim\limits_{x \to 0} f(x)$ 不存在,因此点 $x = 0$ 是函数的第一类的跳跃间断点(图 1-15).

例 32　讨论函数 $y = \dfrac{1}{x}$ 的间断点,并判断其类型.

解 函数 $y=\dfrac{1}{x}$ 在 $x=0$ 处无定义，所以 $x=0$ 是间断点.

由于 $\lim\limits_{x\to 0^+}\dfrac{1}{x}=+\infty$，$\lim\limits_{x\to 0^-}\dfrac{1}{x}=-\infty$，即在点 $x=0$ 处左、右极限都不存在. 所以 $x=0$ 是函数的第二类的**无穷间断点**.

例 33 讨论函数 $y=\sin\dfrac{1}{x}$ 的间断点，并判断其类型.

解 对于函数 $y=\sin\dfrac{1}{x}$，其值在 -1 与 1 之间振荡，当 $x\to 0$ 时，$\lim\limits_{x\to 0^+}\sin\dfrac{1}{x}$ 和 $\lim\limits_{x\to 0^-}\sin\dfrac{1}{x}$ 都不存在，所以 $x=0$ 是 $y=\sin\dfrac{1}{x}$ 的第二类的**振荡间断点**.

1.5.4 闭区间上连续函数的性质

闭区间上的连续函数有一些重要性质，这些性质在直观上比较明显，因此在此只简单介绍，不予证明.

定理 1.5（最大值、最小值性质） 设函数 $f(x)$ 在闭区间 $[a,b]$ 上连续，则函数 $f(x)$ 在 $[a,b]$ 上一定能取得最大值和最小值.

如图 1-16 所示，函数 $y=f(x)$ 在区间 $[a,b]$ 上连续，在 ξ_1 处取得最小值 $f(\xi_1)=m$，在 ξ_2 处取得最大值 $f(\xi_2)=M$.

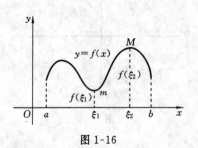

图 1-16　　　　　　　　图 1-17

推论 1.3 闭区间上的连续函数是有界的.

定理 1.6（介值性质） 如果 $f(x)$ 在 $[a,b]$ 上连续，μ 是介于 $f(x)$ 的最小值和最大值之间的任一实数，则在点 a 和 b 之间至少可找到一点 ξ，使得 $f(\xi)=\mu$（图 1-17）.

可以看出，水平直线 $y=\mu$（$m\leqslant\mu\leqslant M$）与 $[a,b]$ 上的连续曲线 $y=f(x)$ 至少相交一次，如果交点的横坐标为 $x=\xi$，则有 $f(\xi)=\mu$.

推论 1.4（方程根的存在定理） 如果函数 $f(x)$ 在闭区间 $[a,b]$ 上连续，且 $f(a)$ 与 $f(b)$ 异号，则至少存在一点 $\xi\in(a,b)$，使得 $f(\xi)=0$.

如图 1-18 所示，$f(a)<0$，$f(b)>0$，连续曲线上

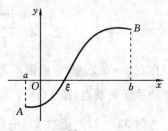

图 1-18

的点由 A 到 B,至少要与 x 轴相交一次.设交点为 ξ,则 $f(\xi)=0$.

　　例 34　证明方程 $x^4+x=1$ 至少有一个根介于 0 和 1 之间.

　　证明　设 $f(x)=x^4+x-1$,则 $f(x)$ 在 $[0,1]$ 上连续,且

$$f(0)=-1<0,\quad f(1)=1>0.$$

　　根据推论 1.4,至少存在一点 $\xi\in(0,1)$,使 $f(\xi)=0$,此即说明了方程 $x^4+x=1$ 至少有一个根介于 0 和 1 之间.

习　题　1.5

1. 设函数 $f(x)=\begin{cases} x, & 0<x<1 \\ 2, & x=1 \\ 2-x, & 1<x<2 \end{cases}$,讨论函数 $f(x)$ 在 $x=1$ 处的连续性,并求函数的连续区间.

2. 求下列函数的间断点,并判断其类型:

　　(1) $f(x)=x\cos\dfrac{1}{x}$;　　　　　　　　　(2) $f(x)=\dfrac{x^2-1}{x^2-3x+2}$;

　　(3) $f(x)=2^{-\frac{1}{x}}+1$;　　　　　　　　　(4) $f(x)=\begin{cases} x+1, & 0<x\leqslant 1 \\ 2-x, & 1<x\leqslant 3 \end{cases}$.

3. 在下列函数中,当 K 取何值时,函数 $f(x)$ 在其定义域内连续?

　　(1) $f(x)=\begin{cases} Ke^x, & x<0 \\ K^2+x, & x\geqslant 0 \end{cases}$;　　　　(2) $f(x)=\begin{cases} \dfrac{\sin 2x}{x}, & x<0 \\ 3x^2-2x+K, & x\geqslant 0 \end{cases}$.

4. 证明方程 $x2^x-1=0$ 至少有一个小于 1 的正根.

〰〰〰〰〰〰〰〰〰〰〰〰〰〰〰〰〰〰〰〰〰〰〰〰〰〰〰〰〰〰〰〰〰〰〰〰

【数学史话】

极限思想的产生和发展

　　1. 极限思想的由来

　　与一切科学的思想方法一样,极限思想也是社会实践的产物.极限的思想可以追溯到古代.刘徽的割圆术就是建立在直观基础上的一种原始的极限思想的应用;古希腊人的穷竭法也蕴含了极限思想,但由于希腊人"对无限的恐惧",他们避免明显地"取极限",而是借助于间接证法——归谬法来完成了有关的证明.

　　到了 16 世纪,荷兰数学家斯泰文在考察三角形重心的过程中改进了古希腊人的穷竭法.他借助几何直观,大胆地运用极限思想思考问题,放弃了归谬法的证明.如此,他就在无意中"指出了把极限方法发展成为一个实用概念的方向".

　　2. 极限思想的发展

　　极限思想的进一步发展是与微积分的建立紧密相联系的.16 世纪的欧洲处于资

本主义萌芽时期,生产力得到极大的发展,生产和技术中大量的问题,只用初等数学的方法已无法解决,要求数学突破只研究常量的传统范围,而提供能够用以描述和研究运动、变化过程的新工具,这是促进极限发展、建立微积分的社会背景.

起初牛顿和莱布尼茨以无穷小概念为基础建立微积分,后来因遇到了逻辑困难,所以在他们的晚期都不同程度地接受了极限思想.牛顿用路程的改变量 Δs 与时间的改变量 Δt 之比 $\dfrac{\Delta s}{\Delta t}$ 表示运动物体的平均速度,让 Δt 无限趋近于零,得到物体的瞬时速度,并由此引出导数概念和微分学理论.他意识到极限概念的重要性,试图以极限概念作为微积分的基础,他说:"两个量和量之比,如果在有限时间内不断趋于相等,且在这一时间终止前互相靠近,使得其差小于任意给定的差,则最终就成为相等."但牛顿的极限观念也是建立在几何直观上的,因而他无法得出极限的严格表述.牛顿所运用的极限概念,只是接近于下列直观性的语言描述:"如果当 n 无限增大时,a_n 无限地接近于常数 A,那么就说 a_n 以 A 为极限".

这种描述性语言,人们容易接受,现代一些初等的微积分读物中还经常采用这种定义,但是,这种定义没有定量地给出两个"无限过程"之间的联系,不能作为科学论证的逻辑基础.

正因为当时缺乏严格的极限定义,微积分理论才受到人们的怀疑与攻击.例如,在瞬时速度概念中,究竟 Δt 是否等于零? 如果说是零,怎么能用它去作除法呢? 如果它不是零,又怎么能把包含着它的那些项去掉呢? 这就是数学史上所说的无穷小悖论.英国哲学家、大主教贝克莱对微积分的攻击最为激烈,他说微积分的推导是"分明的诡辩".

贝克莱之所以激烈地攻击微积分,一方面是为宗教服务,另一方面是由于当时的微积分缺乏牢固的理论基础,连牛顿自己也无法摆脱极限概念中的混乱.这个事实表明,弄清极限概念,建立严格的微积分理论基础,不但是数学本身所需要的,而且有着认识论上的重大意义.

3. 极限思想的完善

极限思想的完善与微积分的严格化密切联系.在很长一段时间里,对于微积分理论基础的问题,许多人都曾尝试解决,但都未能如愿以偿.这是因为数学的研究对象已从常量扩展到变量,而人们对变量数学特有的规律还不十分清楚,对变量数学和常量数学的区别和联系还缺乏了解,对有限和无限的对立统一关系还不明确.这样,人们使用习惯了的处理常量数学的传统思想方法,就不能适应变量数学的新需要,仅用旧的概念说明不了这种"零"与"非零"相互转换的辩证关系.

到了 18 世纪,罗宾斯、达朗贝尔与罗依里埃等人先后明确地表示必须将极限作为微积分的基础概念,并且都对极限作出过各自的定义.其中达朗贝尔的定义是:"一个量是另一个量的极限,假如第二个量比任意给定的值更为接近第一个量".它接近于极限的正确定义.然而,这些人的定义都无法摆脱对几何直观的依赖.事情也只能如此,因为 19 世纪以前的算术和几何概念大部分都是建立在几何量的概念上面的.

首先用极限概念给出导数正确定义的是捷克数学家波尔查诺,他把函数 $f(x)$ 的导数定义为差商 $\dfrac{\Delta y}{\Delta x}$ 的极限 $f'(x)$,他强调指出 $f'(x)$ 不是两个零的商.波尔查诺的思想是有价值的,但关于极限的本质他仍未说清楚.

到了 19 世纪,法国数学家柯西在前人工作的基础上,比较完整地阐述了极限概念及其理论.他在《分析教程》中指出:"当一个变量逐次所取的值无限趋于一个定值,最终使变量的值和该定值之差要多小就多小时,这个定值就称为所有其他值的极限值,特别地,当一个变量的数值(绝对值)无限地减小使之收敛到极限 0 时,就说这个变量为无穷小".

柯西把无穷小视为以 0 为极限的变量,这就澄清了无穷小"似零非零"的模糊认识,这就是说,在变化过程中,它的值可以是非零,但它变化的趋向是"零",可以无限地接近于零.

柯西试图消除极限概念中的几何直观,作出极限的明确定义,然后去完成牛顿的愿望.但柯西的叙述中还存在描述性的词语,如"无限趋近"、"要多小就多小"等,因此还保留着几何和物理的直观痕迹,没有达到彻底严密化的程度.

为了排除极限概念中的直观痕迹,维尔斯特拉斯提出了极限的静态的定义,给微积分提供了严格的理论基础.所谓 $a_n = A$,就是指:"如果对任何 $\varepsilon > 0$,总存在自然数 N,使得当 $n > N$ 时,不等式 $|a_n - A| < \varepsilon$ 恒成立".

这个定义借助不等式,通过 ε 和 N 之间的关系,定量地、具体地刻画了两个"无限过程"之间的联系.因此,这样的定义是严格的,可以作为科学论证的基础,至今仍在数学分析书籍中使用.在该定义中,涉及的仅仅是数及其大小关系,此外只是给定、存在、任取等词语,已经摆脱了"趋近"一词,不再求助于运动的直观.

众所周知,常量数学静态地研究数学对象,自从解析几何和微积分问世以后,运动进入了数学,人们有可能对物理过程进行动态研究.之后,维尔斯特拉斯建立的 $\varepsilon\text{-}N$ 语言,则用静态的定义刻画变量的变化趋势.这种"静态—动态—静态"的螺旋式的演变,反映了数学发展的辩证规律.

第 2 章 导数和微分

导数和微分是微分学的基本概念.导数概念最初是从寻找曲线的切线以及确定变速直线运动的瞬时速度而产生的,它在理论上和实践中有着广泛的应用.微分是伴随着导数而产生的概念.本章将首先介绍导数的概念及计算方法,然后介绍微分的概念、计算方法及其在近似计算中的应用.

2.1 导数的概念

2.1.1 导数的定义

1. 引例

1) 变速直线运动的瞬时速度

设一质点作变速直线运动,它所移动的路程 s 是时间 t 的函数,记作 $s=f(t)$.下面求质点在某一时刻 t_0 的速度 $v(t_0)$(图 2-1).

考虑从 t_0 到 $t_0+\Delta t$ 这一段时间内,质点经过的路程为

$$\Delta s=f(t_0+\Delta t)-f(t_0),$$

平均速度为

$$\bar{v}=\frac{\Delta s}{\Delta t}=\frac{f(t_0+\Delta t)-f(t_0)}{\Delta t}.$$

图 2-1

当时间间隔 $|\Delta t|$ 很小时,平均速度 $\bar{v}$ 可用来作为质点在时刻 t_0 的速度 $v(t_0)$ 的近似值.$|\Delta t|$ 越小,精确度就越高.若 $\Delta t\to0$,则 $\bar{v}\to v(t_0)$,即

$$v(t_0)=\lim_{\Delta t\to0}\bar{v}=\lim_{\Delta t\to0}\frac{\Delta s}{\Delta t}=\lim_{\Delta t\to0}\frac{f(t_0+\Delta t)-f(t_0)}{\Delta t}.$$

2) 曲线的切线斜率

设曲线的方程为 $y=f(x)$(图 2-2),$M(x_0,y_0)$ 为曲线 $y=f(x)$ 上一点,另取一点 $P(x_0+\Delta x,y_0+\Delta y)$,连接 M 与 P 得割线 MP,当点 P 沿曲线趋向于点 M 时,割线 MP 的极限位置 MT 称为曲线 $y=f(x)$ 在点 M 处的切线.下面求切线 MT 的斜率 k.

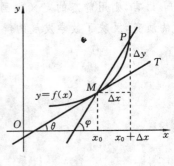

图 2-2

设割线 MP 的倾斜角为 φ，切线 MT 的倾斜角为 θ，则当点 P 沿曲线趋向于点 M（即 $\Delta x \to 0$）时，有 $\varphi \to \theta$，从而有 $\tan\varphi \to \tan\theta$. 于是

$$k = \tan\theta = \lim_{\Delta x \to 0} \tan\varphi = \lim_{\Delta x \to 0} \frac{\Delta y}{\Delta x} = \lim_{\Delta x \to 0} \frac{f(x_0 + \Delta x) - f(x_0)}{\Delta x}.$$

2. 导数的定义

上述两个问题，一个是物理问题，另一个是几何问题，它们的实际意义不同，但解决问题的数学方法是相同的，都把所求的量归结为求当自变量的改变量趋向于零时，函数的改变量与自变量的改变量之比的极限. 这类极限问题，在其他实际问题中也会遇到，如电学中的电流、物理学中的物体的比热容等. 撇开这些问题的具体意义，抽象出它们的数量方面的共性，就可以得到函数的导数的定义.

定义 2.1　设函数 $y = f(x)$ 在点 x_0 及其附近有定义，当自变量 x 在点 x_0 处有改变量 Δx 时，相应地函数 y 有改变量 $\Delta y = f(x_0 + \Delta x) - f(x_0)$. 如果极限

$$\lim_{\Delta x \to 0} \frac{\Delta y}{\Delta x} = \lim_{\Delta x \to 0} \frac{f(x_0 + \Delta x) - f(x_0)}{\Delta x}$$

存在，则称函数 $y = f(x)$ 在点 x_0 处**可导**，并称此极限值为函数 $y = f(x)$ 在点 x_0 处的**导数**，记作 $f'(x_0)$、$y'|_{x=x_0}$、$\dfrac{\mathrm{d}y}{\mathrm{d}x}\big|_{x=x_0}$ 或 $\dfrac{\mathrm{d}f(x)}{\mathrm{d}x}\big|_{x=x_0}$，即

$$f'(x_0) = \lim_{\Delta x \to 0} \frac{\Delta y}{\Delta x} = \lim_{\Delta x \to 0} \frac{f(x_0 + \Delta x) - f(x_0)}{\Delta x}.$$

如果极限不存在，则称函数 $y = f(x)$ 在点 x_0 处**不可导**.

令 $x_0 + \Delta x = x$，则当 $\Delta x \to 0$ 时，有 $x \to x_0$，因此在点 x_0 处的导数 $f'(x_0)$ 也可表示为

$$f'(x_0) = \lim_{x \to x_0} \frac{f(x) - f(x_0)}{x - x_0}.$$

根据导数的定义，上述两个实际问题又可叙述如下：

(1) 作变速直线运动的物体在时刻 t_0 的瞬时速度，就是路程函数 $s = f(t)$ 在 t_0 处对时间 t 的导数，即 $v(t_0) = \dfrac{\mathrm{d}s}{\mathrm{d}t}\big|_{t=t_0}$；

(2) 曲线 $y = f(x)$ 在点 $M(x_0, f(x_0))$ 处的切线斜率，就是函数 $y = f(x)$ 在点 x_0 处对自变量 x 的导数，即 $k = \dfrac{\mathrm{d}y}{\mathrm{d}x}\big|_{x=x_0}$.

例 1　求函数 $y = x^2$ 在 $x_0 = 1$ 处的导数，即 $f'(1)$.

解　对于自变量 x 的改变量 Δx，函数的改变量为

$$\Delta y = f(x_0 + \Delta x) - f(x_0) = (x_0 + \Delta x)^2 - x_0^2 = 2x_0\Delta x + (\Delta x)^2,$$

于是

$$\frac{\Delta y}{\Delta x} = \frac{2x_0\Delta x + (\Delta x)^2}{\Delta x} = 2x_0 + \Delta x \quad (\Delta x \neq 0),$$

$$f'(x_0) = \lim_{\Delta x \to 0} \frac{\Delta y}{\Delta x} = \lim_{\Delta x \to 0}(2x_0 + \Delta x) = 2x_0,$$

所以　　　　　　　　　　　$f'(1) = 2x_0 \big|_{x_0=1} = 2.$

定义 2.2　如果函数 $y = f(x)$ 在区间 (a,b) 内的每一点都可导,则称函数 $y = f(x)$ 在区间 (a,b) 内可导. 这时,对于 (a,b) 内的每一个确定的 x 值,都对应着一个确定的函数值 $f'(x)$,于是就确定了一个新的函数,称为函数 $y = f(x)$ 的**导函数**,记作 $f'(x)$、y'、$\dfrac{\mathrm{d}y}{\mathrm{d}x}$ 或 $\dfrac{\mathrm{d}f(x)}{\mathrm{d}x}$ 等,即

$$f'(x) = \lim_{\Delta x \to 0} \frac{f(x + \Delta x) - f(x)}{\Delta x}, \quad x \in (a,b).$$

在不致混淆的情况下,导函数也简称**导数**.

显然,函数 $y = f(x)$ 在点 x_0 处的导数 $f'(x_0)$ 就是导函数 $f'(x)$ 在点 $x = x_0$ 处的函数值,即

$$f'(x_0) = f'(x) \big|_{x=x_0}.$$

3. 求导数举例

由导数的定义可知,求 $y = f(x)$ 的导数 y' 的一般步骤如下:

(1) 求出函数的改变量 $\Delta y = f(x + \Delta x) - f(x)$;

(2) 算比值 $\dfrac{\Delta y}{\Delta x}$;

(3) 求极限 $\lim\limits_{\Delta x \to 0} \dfrac{\Delta y}{\Delta x}$.

下面根据导数的定义求出常数和几个基本初等函数的导数公式.

例 2　求 $y = C$ (C 为常数)的导数.

解　因为　　　　　　　　　　$\Delta y = C - C = 0,$

所以　　　　　　　　　　　$\dfrac{\Delta y}{\Delta x} = \dfrac{0}{\Delta x} = 0,$

从而有　　　　　　　　　$y' = \lim\limits_{\Delta x \to 0} \dfrac{\Delta y}{\Delta x} = 0,$

即　　　　　　　　　　　　　$(C)' = 0.$

例 3　求 $y = x^n$ ($n \in \mathbf{N}$)的导数.

解　因为　　$\Delta y = (x + \Delta x)^n - x^n = nx^{n-1}\Delta x + C_n^2 x^{n-2}(\Delta x)^2 + \cdots + (\Delta x)^n,$

所以　　　　　　$\dfrac{\Delta y}{\Delta x} = nx^{n-1} + C_n^2 x^{n-2}\Delta x + \cdots + (\Delta x)^{n-1},$

从而有　　　　　　$y' = \lim\limits_{\Delta x \to 0} \dfrac{\Delta y}{\Delta x} = nx^{n-1},$

即　　　　　　　　　　　　$(x^n)' = nx^{n-1}.$

可以证明,一般的幂函数 $y = x^a$ (a 为实数)的导数为

$$(x^a)' = ax^{a-1}.$$

例如，

$$(\sqrt{x})' = (x^{\frac{1}{2}})' = \frac{1}{2}x^{-\frac{1}{2}} = \frac{1}{2\sqrt{x}},$$

$$\left(\frac{1}{x}\right)' = (x^{-1})' = -x^{-2} = -\frac{1}{x^2}.$$

例 4　求 $y = \sin x$ 的导数.

解　因为　　　$\Delta y = \sin(x + \Delta x) - \sin x = 2\cos\left(x + \frac{\Delta x}{2}\right)\sin\frac{\Delta x}{2},$

所以

$$\frac{\Delta y}{\Delta x} = \frac{2\cos\left(x + \frac{\Delta x}{2}\right)\sin\frac{\Delta x}{2}}{\Delta x} = \cos\left(x + \frac{\Delta x}{2}\right)\frac{\sin\frac{\Delta x}{2}}{\frac{\Delta x}{2}},$$

从而有　　　　　　　$y' = \lim_{\Delta x \to 0}\frac{\Delta y}{\Delta x} = \cos x,$

即　　　　　　　　$(\sin x)' = \cos x.$

用类似的方法可以求得 $y = \cos x$ 的导数为

$$(\cos x)' = -\sin x.$$

例 5　求 $y = \log_a x$ $(a > 0$ 且 $a \neq 1)$的导数.

解　因为　　　$\Delta y = \log_a(x + \Delta x) - \log_a x = \log_a\left(1 + \frac{\Delta x}{x}\right),$

所以　　　　$\frac{\Delta y}{\Delta x} = \frac{1}{\Delta x}\log_a\left(1 + \frac{\Delta x}{x}\right) = \frac{1}{x}\log_a\left[\left(1 + \frac{\Delta x}{x}\right)^{\frac{x}{\Delta x}}\right],$

从而有　　$y' = \lim_{\Delta x \to 0}\frac{\Delta y}{\Delta x} = \lim_{\Delta x \to 0}\frac{1}{x}\log_a\left[\left(1 + \frac{\Delta x}{x}\right)^{\frac{x}{\Delta x}}\right] = \frac{1}{x}\log_a e = \frac{1}{x\ln a},$

即　　　　　　　　$(\log_a x)' = \frac{1}{x\ln a}.$

特别地，当 $a = e$ 时，有 $(\ln x)' = \frac{1}{x}$.

从以上求导数的过程可以看出，按求改变量、算比值、求极限三个步骤求导数，即便是求最简单的基本初等函数 x^n, $\sin x$, $\log_a x$ 的导数，也需要许多技巧，对于稍复杂的函数来说就更困难了. 为了使求导数有实际可行的简便方法，在 2.2 节中将建立起一系列求导的法则.

2.1.2　可导与连续的关系

函数的可导与连续是两个重要概念，两者有如下关系.

定理 2.1　如果函数 $y = f(x)$ 在点 x_0 处可导，则 $f(x)$ 在点 x_0 处连续.

证明 设 $y=f(x)$ 在点 x_0 处可导,则在点 x_0 处有

$$\lim_{\Delta x \to 0} \frac{\Delta y}{\Delta x} = f'(x_0),$$

从而 $$\lim_{\Delta x \to 0} \Delta y = \lim_{\Delta x \to 0} \frac{\Delta y}{\Delta x} \cdot \Delta x = f'(x_0) \times 0 = 0,$$

即 $y=f(x)$ 在点 x_0 处连续.

但该定理的逆命题不成立,也就是说,一个函数 $y=f(x)$ 在某点处连续,在该点处不一定可导.

例如,函数 $y=|x|$ 在点 $x=0$ 处连续,但它在点 $x=0$ 处不可导. 这是因为在点 $x=0$ 处有

$$\frac{\Delta y}{\Delta x} = \frac{|0+\Delta x| - |0|}{\Delta x} = \frac{|\Delta x|}{\Delta x} = \begin{cases} 1, & \Delta x > 0 \\ -1, & \Delta x < 0 \end{cases},$$

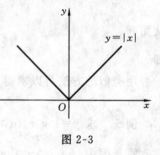

因而 $$\lim_{\Delta x \to 0^+} \frac{\Delta y}{\Delta x} = 1, \quad \lim_{\Delta x \to 0^-} \frac{\Delta y}{\Delta x} = -1,$$

于是 $\lim_{\Delta x \to 0} \frac{\Delta y}{\Delta x}$ 不存在,所以函数 $y=|x|$ 在点 $x=0$ 处不可导(图 2-3).

由上面讨论可知,函数在某点连续是函数在该点可导的必要条件,但不是充分条件.

图 2-3

2.1.3 导数的实际意义

1. 导数的几何意义

由前面的讨论可知,函数 $y=f(x)$ 在点 x_0 处的导数的几何意义就是曲线 $y=f(x)$ 在点 $(x_0, f(x_0))$ 处的切线斜率. 过切点 $M(x_0, f(x_0))$ 且垂直于切线的直线称为曲线 $y=f(x)$ 在点 M 处的法线.

如果 $f'(x_0)$ 存在,则曲线 $y=f(x)$ 在点 $M(x_0, f(x_0))$ 处的切线方程为

$$y - f(x_0) = f'(x_0)(x - x_0),$$

法线方程为

$$y - f(x_0) = -\frac{1}{f'(x_0)}(x - x_0) \quad (f'(x_0) \neq 0).$$

请读者考虑,当 $f'(x_0)=0$ 时,切线方程和法线方程分别是什么?

例 6 已知曲线 $y=x^2$,试求:

(1) 曲线在点 $(1,1)$ 处的切线方程和法线方程;

(2) 曲线上哪一点处的切线与直线 $y=4x-1$ 平行.

解 (1) 因为 $y'=2x$,根据导数的几何意义,曲线 $y=x^2$ 在点 $(1,1)$ 处的切线的斜率为 $y'|_{x=1}=2$,故所求的切线方程为

$$y-1=2(x-1),$$

即
$$2x-y-1=0.$$

法线方程为
$$y-1=-\frac{1}{2}(x-1),$$

即
$$x+2y-3=0.$$

（2）设所求的切点为 $M(x_0,y_0)$，曲线 $y=x^2$ 在点 M 处的切线斜率为

$$y'|_{x=x_0}=2x|_{x=x_0}=2x_0,$$

切线与直线 $y=4x-1$ 平行时，它们的斜率相等，即 $2x_0=4$，$x_0=2$，此时 $y_0=4$，所以曲线在点 $M(2,4)$ 处的切线与直线 $y=4x-1$ 平行.

2. 导数的物理意义

对于不同的物理量，导数的物理意义不同. 例如：变速直线运动路程函数 $s=f(t)$ 的导数就是速度，即 $s'(t)=v(t)$；$Q=Q(t)$ 是通过导体某截面的电荷量，它是时间 t 的函数，$Q(t)$ 对时间的导数就是电流，即 $Q'(t)=i(t)$；$M=M(x)$ 是质量分布函数，它是长度 x 的函数，$M(x)$ 对长度 x 的导数，就是质量非均匀分布的细杆在 x 处的线密度，即 $M'(x)=\rho(x)$.

习　题　2.1

1. 物体作直线运动，运动方程为 $s=3t^2-5t$，求：（1）物体在 2 s 到 $2+\Delta t$ 的平均速度；（2）物体在 2 s 时的速度；（3）物体在 t_0 到 $t+t_0$ 的平均速度；（4）物体在 t_0 时的速度.

2. 有一长为 4 m 的金属细棒，沿着长度方向的质量分布不均匀，从左端算起到 x 处（图 2-4），该段的质量 $m(x)=2x^{\frac{3}{2}}$，求：（1）从 $x=1$ m 到 $x=2$ m 处，棒的平均密度；（2）棒上某一点 $x=x_0$ 处的密度；（3）在 $x_0=1$ m，2 m，3 m 各点处的密度.

图 2-4

3. 利用导数定义求下列函数的导数：

　（1）$y=1/x^2$；　　　　（2）$y=\cos x$；　　　　（3）$y=ax+b$ （a,b 都是常数）.

4. 求下列函数的导数：

　（1）$y=\sqrt[3]{x^2}$；　　　　（2）$y=1/\sqrt{x}$；　　　　（3）$y=x^{-3}$；

　（4）$y=x^2\sqrt[3]{x}$；　　　（5）$y=\dfrac{x^2\sqrt{x}}{\sqrt[5]{x}}$.

5. 求下列曲线在指定点处的切线方程和法线方程：

　（1）$y=x^3$ 在点 $(1,1)$ 处；　　（2）$y=\ln x$ 在点 $(e,1)$ 处；　　（3）$y=\sin x$ 在点 $\left(\dfrac{2\pi}{3},\dfrac{\sqrt{3}}{2}\right)$ 处.

6. 在抛物线 $y=x^2$ 上依次取 $M_1(1,1)$，$M_2(3,9)$ 两点，过这两点作割线，问抛物线上哪一点的切线平行于这条割线？

7. 在曲线 $y=x^2$ 上哪一点的切线平行于直线 $y=12x-1$？哪一点的法线垂直于直线 $3x-y-1=0$？

8. 证明函数 $f(x) = \begin{cases} x\sin\dfrac{1}{x}, & x\neq 0 \\ 0, & x=0 \end{cases}$ 在 $x=0$ 处连续但不可导.

9. 问 a,b 取何值时,才能使函数 $f(x) = \begin{cases} x^2, & x\leqslant 2 \\ ax+b, & x>2 \end{cases}$ 在 $x=2$ 处连续且可导?

2.2　导数的运算

求函数导数的方法称为**微分法**. 我们将要介绍的微分法是指运用求导数的基本法则和基本初等函数的导数公式,求出初等函数导数的方法. 根据初等函数的结构,建立最基本的一组求导数的法则和公式,其中包括基本初等函数的导数公式、函数四则运算的求导法则、复合函数的求导法则、反函数的求导法则、隐函数的求导法则、由参数方程所确定的函数的求导法则. 利用这一系列的求导法则和公式,就能比较简捷地求出初等函数的导数.

2.2.1　函数四则运算的求导法则

定理 2.2　设函数 $u(x)$ 与 $v(x)$ 在点 x 处可导,则函数 $u\pm v$、uv、$\dfrac{u}{v}$ $(v\neq 0)$ 在点 x 处可导,并且

(1) $(u\pm v)' = u'\pm v'$;

(2) $(uv)' = u'v+uv'$;

(3) $\left(\dfrac{u}{v}\right)' = \dfrac{u'v-uv'}{v^2}$ $(v\neq 0)$.

定理 2.2 的(2)可以推广到有限个可导函数的乘积上去. 例如,设 $u(x)$,$v(x)$,$w(x)$ 都在点 x 处可导,则 uvw 也在点 x 处可导,且有

$$(uvw)' = u'vw+uv'w+uvw'.$$

在定理 2.2 的(2)中,若 $v(x) = C$(C 为常数),则

$$[Cu(x)]' = Cu'(x).$$

在定理 2.2 的(3)中,若 $u(x) = C$(C 为常数,$v\neq 0$),则

$$\left(\dfrac{C}{v}\right)' = -\dfrac{Cv'}{v^2}.$$

例 7　求函数 $y = \sqrt{x} - 3\sin x + \log_3 x + \cos\dfrac{\pi}{3}$ 的导数.

解　$y' = \left(\sqrt{x} - 3\sin x + \log_3 x + \cos\dfrac{\pi}{3}\right)'$

$$= (\sqrt{x})' - (3\sin x)' + (\log_3 x)' + \left(\cos\dfrac{\pi}{3}\right)' = \dfrac{1}{2\sqrt{x}} - 3\cos x + \dfrac{1}{x\ln 3}.$$

例 8　求函数 $y=x^4\ln x$ 的导数.

解　$y'=(x^4\ln x)'=(x^4)'\ln x+x^4(\ln x)'$

$$=4x^3\ln x+x^4\cdot\frac{1}{x}=x^3(4\ln x+1).$$

例 9　求函数 $y=x^2\ln x\cos x$ 的导数.

解　$y'=(x^2\ln x\cos x)'=(x^2)'\ln x\cos x+x^2(\ln x)'\cos x+x^2\ln x(\cos x)'$

$$=2x\ln x\cos x+x\cos x-x^2\ln x\sin x.$$

例 10　求函数 $y=\dfrac{1-x}{1+x}$ 的导数.

解　$y'=\left(\dfrac{1-x}{1+x}\right)'=\dfrac{(1-x)'(1+x)-(1-x)(1+x)'}{(1+x)^2}=-\dfrac{2}{(1+x)^2}.$

例 11　求函数 $y=\tan x$ 的导数.

解　$y'=(\tan x)'=\left(\dfrac{\sin x}{\cos x}\right)'=\dfrac{(\sin x)'\cos x-\sin x(\cos x)'}{(\cos x)^2}$

$$=\frac{\cos^2 x+\sin^2 x}{\cos^2 x}=\sec^2 x,$$

即
$$(\tan x)'=\sec^2 x.$$

用类似的方法可得 $(\cot x)'=-\csc^2 x.$

例 12　求函数 $y=\sec x$ 的导数.

解　$y'=(\sec x)'=\left(\dfrac{1}{\cos x}\right)'=-\dfrac{(\cos x)'}{(\cos x)^2}=\dfrac{\sin x}{\cos^2 x}=\sec x\tan x,$

即
$$(\sec x)'=\sec x\tan x.$$

用类似的方法可得 $(\csc x)'=-\csc x\cot x.$

例 13　设 $f(x)=\dfrac{\cos x}{1+\sin x}$,求 $f'\left(\dfrac{\pi}{4}\right)$ 和 $f'\left(\dfrac{\pi}{2}\right)$.

解　因为　　$f'(x)=\dfrac{(\cos x)'(1+\sin x)-\cos x(1+\sin x)'}{(1+\sin x)^2}$

$$=\frac{-\sin x(1+\sin x)-\cos x\cos x}{(1+\sin x)^2}$$

$$=\frac{-(1+\sin x)}{(1+\sin x)^2}=-\frac{1}{1+\sin x},$$

所以　　　　$f'\left(\dfrac{\pi}{4}\right)=-\dfrac{1}{1+\sin\dfrac{\pi}{4}}=-\dfrac{1}{1+\dfrac{\sqrt{2}}{2}}=\sqrt{2}-2,$

$$f'\left(\frac{\pi}{2}\right)=-\frac{1}{1+\sin\dfrac{\pi}{2}}=-\frac{1}{2}.$$

2.2.2　复合函数和反函数的求导法则

到现在为止,虽然利用函数的四则运算求导法则和基本初等函数的导数公式会求一些简单函数的导数,但在实际问题中会遇到较多的复合函数,如 $\ln\sin x$, $\sin\dfrac{2x}{1+x^2}$ 等,如何求它们的导数? 为此给出复合函数的求导法则.

定理 2.3（连锁法则）　设函数 $u=\varphi(x)$ 在点 x 处可导,函数 $y=f(u)$ 在对应点 u 处可导,则复合函数 $y=f[\varphi(x)]$ 在点 x 处可导,且有

$$\{f[\varphi(x)]\}'=f'(u)\varphi'(x),$$

上式也可写成

$$y'_x=y'_u \cdot u'_x \quad \text{或} \quad \frac{\mathrm{d}y}{\mathrm{d}x}=\frac{\mathrm{d}y}{\mathrm{d}u} \cdot \frac{\mathrm{d}u}{\mathrm{d}x}.$$

复合函数的求导法则可以推广到有限次复合的复合函数中去. 例如,设 $y=f(u),u=\varphi(v),v=\psi(x)$,且都可导,则

$$\frac{\mathrm{d}y}{\mathrm{d}x}=\frac{\mathrm{d}y}{\mathrm{d}u} \cdot \frac{\mathrm{d}u}{\mathrm{d}v} \cdot \frac{\mathrm{d}v}{\mathrm{d}x}.$$

复合函数的求导法则是微分法中一个重要的法则,这个法则是把复合函数的导数用构成它的各函数的导数表达出来.

例 14　设 $y=2\cos(x^2+3)$,求 $\dfrac{\mathrm{d}y}{\mathrm{d}x}$.

解　因 $y=2\cos(x^2+3)$ 是由 $y=2\cos u,u=x^2+3$ 复合而成,所以

$$\frac{\mathrm{d}y}{\mathrm{d}x}=\frac{\mathrm{d}y}{\mathrm{d}u} \cdot \frac{\mathrm{d}u}{\mathrm{d}x}=-2\sin u \cdot (2x+0)=-4x\sin(x^2+3).$$

例 15　设 $y=\tan\sqrt{1-2x^2}$,求 $\dfrac{\mathrm{d}y}{\mathrm{d}x}$.

解　因 $y=\tan\sqrt{1-2x^2}$ 是由 $y=\tan u,u=\sqrt{v},v=1-2x^2$ 复合而成,所以

$$\frac{\mathrm{d}y}{\mathrm{d}x}=\frac{\mathrm{d}y}{\mathrm{d}u} \cdot \frac{\mathrm{d}u}{\mathrm{d}v} \cdot \frac{\mathrm{d}v}{\mathrm{d}x}=\sec^2 u \cdot \frac{1}{2}v^{-\frac{1}{2}} \cdot (0-4x)$$

$$=-\frac{2x}{\sqrt{1-2x^2}}\sec^2\sqrt{1-2x^2}.$$

如对复合函数的复合过程掌握熟练、正确,则可不写出中间变量,只要记住复合过程,就可进行复合函数的导数计算.

例 16　设 $y=\sec^2\dfrac{x}{2}$,求 y'.

解　$y'=\left(\sec^2\dfrac{x}{2}\right)'=2\sec\dfrac{x}{2} \cdot \left(\sec\dfrac{x}{2}\right)'$

$$=2\sec\frac{x}{2} \cdot \sec\frac{x}{2}\tan\frac{x}{2} \cdot \left(\frac{x}{2}\right)'$$

$$= 2\sec\frac{x}{2} \cdot \sec\frac{x}{2}\tan\frac{x}{2} \cdot \frac{1}{2} = \sec^2\frac{x}{2}\tan\frac{x}{2}.$$

例 17　设 $y = \ln\tan 2x$，求 y'.

解　$y' = (\ln\tan 2x)' = \dfrac{1}{\tan 2x} \cdot (\tan 2x)' = \dfrac{1}{\tan 2x} \cdot \sec^2 2x \cdot (2x)'$

$$= \frac{2\sec^2 2x}{\tan 2x} = \frac{4}{\sin 4x}.$$

例 18　设 $y = \ln(x + \sqrt{x^2 + a^2})\ (a > 0)$，求 y'.

解　$y' = [\ln(x + \sqrt{x^2 + a^2})]' = \dfrac{1}{x + \sqrt{x^2 + a^2}}(x + \sqrt{x^2 + a^2})'$

$$= \frac{1}{x + \sqrt{x^2 + a^2}}\left(1 + \frac{2x}{2\sqrt{x^2 + a^2}}\right) = \frac{1}{\sqrt{x^2 + a^2}}.$$

定理 2.4　设函数 $x = \varphi(y)$ 在某一区间内单调、连续、可导，且 $\varphi'(y) \neq 0$，则其反函数 $y = f(x)$ 在对应区间内可导，且

$$f'(x) = \frac{1}{\varphi'(y)} \quad\text{或}\quad y'_x = \frac{1}{x'_y},$$

即反函数的导数等于直接函数导数的倒数（证明略）.

例 19　设 $y = a^x\ (a > 0, a \neq 1)$，求 y'.

解　因为 $y = a^x$ 与 $x = \log_a y$ 互为反函数，由反函数的求导法则，得

$$y'_x = \frac{1}{x'_y} = \frac{1}{(\log_a y)'} = \frac{1}{\dfrac{1}{y\ln a}} = y\ln a = a^x\ln a,$$

即　　　　　　　　　　　　$(a^x)' = a^x\ln a.$

特别地　　　　　　　　　　$(e^x)' = e^x.$

例 20　设 $y = \arcsin x\ (-1 < x < 1)$，求 y'.

解　因为 $y = \arcsin x (-1 < x < 1)$ 与 $x = \sin y\left(-\dfrac{\pi}{2} < y < \dfrac{\pi}{2}\right)$ 互为反函数，由反函数的求导法则，得

$$y'_x = \frac{1}{x'_y} = \frac{1}{(\sin y)'} = \frac{1}{\cos y} = \frac{1}{\sqrt{1 - \sin^2 y}} = \frac{1}{\sqrt{1 - x^2}},$$

即　　　　　　$(\arcsin x)' = \dfrac{1}{\sqrt{1 - x^2}} \quad (-1 < x < 1).$

类似地　　　　$(\arccos x)' = -\dfrac{1}{\sqrt{1 - x^2}} \quad (-1 < x < 1),$

$$(\arctan x)' = \frac{1}{1 + x^2} \quad (-\infty < x < +\infty),$$

$$(\operatorname{arccot} x)' = -\frac{1}{1 + x^2} \quad (-\infty < x < +\infty).$$

至此,我们已经求出了所有基本初等函数的导数公式,而且还给出了函数四则运算的求导法则与复合函数、反函数的求导法则.因为任意初等函数都是由基本初等函数和常数经过有限次四则运算或复合构成的,所以求初等函数的导数,只要运用基本初等函数导数公式及四则运算求导法则和复合函数求导法则,就可以顺利地解决了.由此可见,基本初等函数的求导公式和前面所述的求导法则,在初等函数的求导运算中是非常重要的.为此,我们把这些求导公式和求导法则归纳如下.

导数基本公式

(1) $(C)' = 0$;

(2) $(x^a)' = ax^{a-1}$;

(3) $(e^x)' = e^x$;

(4) $(a^x)' = a^x \ln a$;

(5) $(\log_a x)' = \dfrac{1}{x \ln a}$;

(6) $(\ln x)' = \dfrac{1}{x}$;

(7) $(\sin x)' = \cos x$;

(8) $(\cos x)' = -\sin x$;

(9) $(\tan x)' = \sec^2 x$;

(10) $(\cot x)' = -\csc^2 x$;

(11) $(\sec x)' = \sec x \tan x$;

(12) $(\csc x)' = -\csc x \cot x$;

(13) $(\arcsin x)' = \dfrac{1}{\sqrt{1-x^2}}$;

(14) $(\arccos x)' = -\dfrac{1}{\sqrt{1-x^2}}$;

(15) $(\arctan x)' = \dfrac{1}{1+x^2}$;

(16) $(\operatorname{arccot} x)' = -\dfrac{1}{1+x^2}$.

函数四则运算的求导法则

(1) $(u \pm v)' = u' \pm v'$;

(2) $(uv)' = u'v + uv'$, $\quad (Cu)' = Cu'$ $\quad$ (C 为常数);

(3) $\left(\dfrac{u}{v}\right)' = \dfrac{u'v - uv'}{v^2}$, $\left(\dfrac{C}{v}\right)' = -\dfrac{Cv'}{v^2}$ $(v \neq 0)$.

复合函数的求导法则

设 $y = f(u)$,而 $u = \varphi(x)$,则复合函数 $y = f[\varphi(x)]$ 的导数为

$$\frac{dy}{dx} = \frac{dy}{du} \cdot \frac{du}{dx} \quad \text{或} \quad y_x' = y_u' \cdot u_x'.$$

反函数的求导法则

设 $y = f(x)$ 与 $x = \varphi(y)$ 互为反函数,则 $y = f(x)$ 的导数为

$$f'(x) = \frac{1}{\varphi'(y)} \quad \text{或} \quad y_x' = \frac{1}{x_y'}.$$

2.2.3 隐函数和由参数方程所确定函数的求导法则

1. 隐函数的求导法则

前面我们所遇到的函数 y 都可由自变量 x 的解析式 $y = f(x)$ 来表示,例如,$y = x^2 + \sin x$,$y = \ln \cos(2x + 1)$ 等.这样的函数称为**显函数**.在实际问题中有一些函数不

是显函数的形式,而是由一个含有变量 x,y 的二元方程所确定的函数 $y=f(x)$,例如,$3x^2+2y-5=0$,$\sin(x+y)=e^y$ 等.这些二元方程都确定了 y 是 x 的函数,这样的函数称为**隐函数**.一般地,由方程 $F(x,y)=0$ 所确定的函数称为隐函数.

有些隐函数容易化成显函数,如 $2x-3y+1=0$ 所确定的函数,即 $y=\dfrac{2x+1}{3}$.有些隐函数则不易甚至不可能化为显函数,如方程 $\sin(x+y)=e^y$ 所确定的函数等.因此,有必要建立直接由方程求出隐函数的导数的方法,它可表述如下:要求方程 $F(x,y)=0$ 确定的隐函数 y 的导数 $\dfrac{dy}{dx}$,只要将方程中的 y 看成是 x 的函数,函数 $F(x,y)$ 看成是 x 的复合函数,利用复合函数的求导法则,在方程两边同时对 x 求导,得到一个关于 $\dfrac{dy}{dx}$ 的方程,从中解出 $\dfrac{dy}{dx}$ 即可.下面举例说明这种方法.

例 21 求由方程 $xy=\ln(x+y)$ 所确定的隐函数的导数 $\dfrac{dy}{dx}$.

解 注意到 y 是 x 的函数,$\ln(x+y)$ 是 x 的复合函数,在方程 $xy=\ln(x+y)$ 两边同时对 x 求导,得

$$(xy)'_x=[\ln(x+y)]'_x,$$

$$y+x\frac{dy}{dx}=\frac{1}{x+y}\left(1+\frac{dy}{dx}\right),$$

$$\frac{dy}{dx}=\frac{y^2+xy-1}{1-xy-x^2}.$$

例 22 求由方程 $y^5+2y-x-3x^7=0$ 所确定的函数在点 $x=0$ 处的导数 $\dfrac{dy}{dx}\Big|_{x=0}$.

解 在方程两边同时对 x 求导,得

$$5y^4\frac{dy}{dx}+2\frac{dy}{dx}-1-21x^6=0,$$

所以

$$\frac{dy}{dx}=\frac{1+21x^6}{5y^4+2},$$

当 $x=0$ 时,由原方程得 $y=0$,所以

$$\frac{dy}{dx}\Big|_{x=0}=\frac{1+21x^6}{5y^4+2}\Big|_{\substack{x=0\\y=0}}=\frac{1}{2}.$$

例 23 求由方程 $x^2+xy+y^2=4$ 确定的曲线上点 $(2,-2)$ 处的切线方程和法线方程.

解 在方程两边同时对 x 求导,得

$$2x+y+x\frac{dy}{dx}+2y\frac{dy}{dx}=0,$$

所以
$$\frac{\mathrm{d}y}{\mathrm{d}x}=-\frac{2x+y}{x+2y},$$

因此曲线在点$(2,-2)$处切线的斜率为
$$k=\frac{\mathrm{d}y}{\mathrm{d}x}\Big|_{\substack{x=2\\y=-2}}=1.$$

切线方程为
$$y-(-2)=1\cdot(x-2),\quad 即\quad y=x-4.$$

在点$(2,-2)$处的法线方程为
$$y-(-2)=-1(x-2),\quad 即\quad y=-x.$$

2. 由参数方程所确定的函数的求导法则

在平面解析几何中,我们学过参数方程,它的一般形式为
$$\begin{cases}x=\varphi(t)\\y=\psi(t)\end{cases}(a\leqslant t\leqslant b,t\ 为参数).$$

一般地,这个方程确定了y是x的函数,它是通过参数t联系起来的.

当$\varphi'(t),\psi'(t)$都存在,且$\varphi'(t)\neq0$时,可以证明
$$\frac{\mathrm{d}y}{\mathrm{d}x}=\frac{\mathrm{d}y}{\mathrm{d}t}\Big/\frac{\mathrm{d}x}{\mathrm{d}t}.$$

这就是由参数方程所确定的函数y对x的求导公式.

例 24　已知圆的参数方程为$\begin{cases}x=a\cos\theta\\y=a\sin\theta\end{cases}(a>0,\theta\ 为参数)$,求$\frac{\mathrm{d}y}{\mathrm{d}x}$.

解　因为
$$\frac{\mathrm{d}x}{\mathrm{d}\theta}=-a\sin\theta,\quad \frac{\mathrm{d}y}{\mathrm{d}\theta}=a\cos\theta,$$

所以
$$\frac{\mathrm{d}y}{\mathrm{d}x}=\frac{\mathrm{d}y}{\mathrm{d}\theta}\Big/\frac{\mathrm{d}x}{\mathrm{d}\theta}=\frac{a\cos\theta}{-a\sin\theta}=-\cot\theta.$$

例 25　求由参数方程$\begin{cases}x=a(t-\sin t)\\y=a(1-\cos t)\end{cases}$所确定的曲线在$t=\frac{\pi}{2}$处的切线方程和法线方程.

解　因为$\frac{\mathrm{d}x}{\mathrm{d}t}=a(1-\cos t),\frac{\mathrm{d}y}{\mathrm{d}t}=a\sin t$,所以
$$\frac{\mathrm{d}y}{\mathrm{d}x}=\frac{\mathrm{d}y}{\mathrm{d}t}\Big/\frac{\mathrm{d}x}{\mathrm{d}t}=\frac{a\sin t}{a(1-\cos t)}=\cot\frac{t}{2}.$$

当$t=\frac{\pi}{2}$时,有
$$x=a\left(\frac{\pi}{2}-1\right),\quad y=a.$$

曲线上点$\left(a\left(\frac{\pi}{2}-1\right),a\right)$处的切线斜率为
$$k=\frac{\mathrm{d}y}{\mathrm{d}x}\Big|_{t=\frac{\pi}{2}}=\cot\frac{t}{2}\Big|_{t=\frac{\pi}{2}}=1,$$

所求切线方程为

$$y-a=x-a\left(\frac{\pi}{2}-1\right),\quad 即\quad x-y-a\left(\frac{\pi}{2}-2\right)=0.$$

法线方程为

$$y-a=-x+a\left(\frac{\pi}{2}-1\right),\quad 即\quad x+y-\frac{a\pi}{2}=0.$$

习　题　2.2

1. 求下列函数的导数：

(1) $y=\dfrac{x^4+x^2+1}{\sqrt{x}}$;　　　　　(2) $y=3x(\ln x)\sin x$;　　　　(3) $y=\dfrac{\sin x}{\sin x+\cos x}$;

(4) $y=\sqrt[3]{x^2}-3\tan x+\ln 4$;　　(5) $y=\sqrt{x\sqrt{x\sqrt{x}}}$;　　　　(6) $y=\dfrac{10^x-1}{10^x+1}$.

2. 求下列函数在指定点处的导数：

(1) $f(x)=x\sin x+\dfrac{1}{2}\cos x, x=\dfrac{\pi}{4}$;　　　　　(2) $f(x)=\dfrac{x-\sin x}{x+\sin x}, x=\dfrac{\pi}{2}$.

3. 求下列函数的导数：

(1) $y=(x^2-3x-5)^4$;　　　　(2) $y=3\sin(x^2+1)$;　　　　(3) $y=x\sin^3 x-\cos x^2$;

(4) $y=\dfrac{1}{x-\sqrt{x^2+a^2}}\ (a>0)$;　(5) $y=\cot^2(5-2x)$;　　　(6) $y=\ln^2 x+\ln x^2$;

(7) $y=\ln\sec 3x$;　　　　　　(8) $y=\sqrt[3]{1+\cos 2x}$;　　　(9) $y=x^{10}+10^x$;

(10) $y=\mathrm{e}^{\arctan\sqrt{x}}$;　　　　(11) $y=2^{\frac{x}{\ln x}}$;　　　　　(12) $y=\mathrm{e}^{2t}\sin 3t$;

(13) $y=\arcsin\sqrt{\dfrac{1-x}{1+x}}$;　　(14) $y=\arctan 3x^2$.

4. 求由下列方程所确定的隐函数的导数 $\dfrac{\mathrm{d}y}{\mathrm{d}x}$:

(1) $xy-\mathrm{e}^x+y=0$;　　　　　　　　　(2) $xy=\mathrm{e}^{x+y}$;

(3) $x\mathrm{e}^y+y\mathrm{e}^x=0$;　　　　　　　　(4) $x=\cos(xy)$.

5. $\mathrm{e}^{xy}+xy^2+y=\sin 3x$, 求 $\dfrac{\mathrm{d}y}{\mathrm{d}x}\Big|_{x=0}$.

2.3　高　阶　导　数

2.3.1　高阶导数的概念

定义 2.3　一般地, 函数 $y=f(x)$ 的导数 $y'=f'(x)$ 仍然是 x 的函数. 如果它能求导, 我们把 $y'=f'(x)$ 的导数称为函数 $y=f(x)$ 的**二阶导数**, 记作 y'', $f''(x)$ 或

$\dfrac{\mathrm{d}^2 y}{\mathrm{d}x^2}$,即

$$y''=(y')',\quad f''(x)=[f'(x)]',\quad \dfrac{\mathrm{d}^2 y}{\mathrm{d}x^2}=\dfrac{\mathrm{d}}{\mathrm{d}x}\left(\dfrac{\mathrm{d}y}{\mathrm{d}x}\right).$$

相应地,把 $y=f(x)$ 的导数 $f'(x)$ 称为函数 $y=f(x)$ 的一阶导数.

类似地,如果 $f''(x)$ 可导,则二阶导数的导数称为函数 $y=f(x)$ 的三阶导数.三阶导数的导数称为 $f(x)$ 的四阶导数,……一般地,如果 $y=f(x)$ 的 $(n-1)$ 阶导数仍可导,则称 $(n-1)$ 阶导数的导数为 $f(x)$ 的 n 阶导数,它们分别记作

$$y''',\quad y^{(4)},\quad \cdots,\quad y^{(n)},$$

或

$$f'''(x),\quad f^{(4)}(x),\quad \cdots,\quad f^{(n)}(x),$$

或

$$\dfrac{\mathrm{d}^3 y}{\mathrm{d}x^3},\quad \dfrac{\mathrm{d}^4 y}{\mathrm{d}x^4},\quad \cdots,\quad \dfrac{\mathrm{d}^n y}{\mathrm{d}x^n}.$$

二阶或二阶以上的导数统称为**高阶导数**.

2.3.2　二阶导数的力学意义

二阶导数有明显的力学意义,如质点作变速直线运动的路程函数为 $s=f(t)$,则速度 $v(t)=f'(t)$,而加速度 $a(t)=v'(t)=[f'(t)]'=f''(t)$,即加速度 a 是路程函数 $s=f(t)$ 对时间 t 的二阶导数.

例 26　求下列函数的二阶导数:

(1) $y=\cos^2\dfrac{x}{2}$;　　　　(2) $y=\ln(1-x^2)$;　　　　(3) $y=\mathrm{e}^{-t}\cos t$.

解　(1) $y'=\left(\cos^2\dfrac{x}{2}\right)'=2\cos\dfrac{x}{2}\left(-\sin\dfrac{x}{2}\right)\times\dfrac{1}{2}=-\dfrac{1}{2}\sin x$,

$$y''=\left(-\dfrac{1}{2}\sin x\right)'=-\dfrac{1}{2}\cos x.$$

(2) $y'=[\ln(1-x^2)]'=-\dfrac{2x}{1-x^2}$,

$$y''=\left(-\dfrac{2x}{1-x^2}\right)'=\dfrac{-2(1-x^2)-(-2x)(-2x)}{(1-x^2)^2}=-\dfrac{2(1+x^2)}{(1-x^2)^2}.$$

(3) $y'=(\mathrm{e}^{-t}\cos t)'=-\mathrm{e}^{-t}\cos t-\mathrm{e}^{-t}\sin t=-\mathrm{e}^{-t}(\cos t+\sin t)$,

$$y''=\mathrm{e}^{-t}(\cos t+\sin t)-\mathrm{e}^{-t}(-\sin t+\cos t)=2\mathrm{e}^{-t}\sin t.$$

例 27　设 $y=f(x)=\arctan x$,求 $f'(0)$,$f''(0)$.

解　因为 $y'=(\arctan x)'=\dfrac{1}{1+x^2}$,$\quad y''=\left(\dfrac{1}{1+x^2}\right)'=-\dfrac{2x}{(1+x^2)^2}$,

所以

$$f'(0)=\dfrac{1}{1+0}=1,\quad f''(0)=0.$$

例 28·　已知物体作变速直线运动,其运动方程为 $s=A\cos(\omega t+\varphi)$ $(A,\omega,\varphi$ 是常

数),求物体运动的加速度.

解 因为
$$s = A\cos(\omega t + \varphi),$$
所以
$$v = s' = -A\omega\sin(\omega t + \varphi),$$
$$a = s'' = -A\omega^2\cos(\omega t + \varphi).$$

习 题 2.3

1. 求下列函数的二阶导数:

(1) $y = xe^{x^2}$;

(2) $y = \ln(1 - x^2)$;

(3) $y = (1 + x^2)\arctan x$;

(4) $y = \sqrt{a^2 - x^2}$.

2. 求下列函数在指定点处的二阶导数:

(1) $f(x) = \dfrac{x}{\sqrt{1 - x^2}}, x = 0$;

(2) $f(x) = \cos\ln x, x = e$.

2.4 微分的概念

2.4.1 微分的定义

我们先看一个简单的例子.

一块正方形金属薄片(图 2-5),由于温度的变化,其边长由 x_0 变化到 $x_0 + \Delta x$,问其面积改变了多少?

设此薄片边长为 x,面积为 A,则 $A = x^2$. 当边长由 x_0 变化到 $x_0 + \Delta x$ 时,面积的改变量为

$$\Delta A = (x_0 + \Delta x)^2 - x_0^2 = 2x_0 \cdot \Delta x + (\Delta x)^2,$$

这个 ΔA 分成两部分,第一部分为 $2x_0\Delta x$,是 Δx 的线性函数,第二部分为 $(\Delta x)^2$. 当 $\Delta x \to 0$ 时,$(\Delta x)^2$ 是比 Δx 高阶的无穷小,可忽略不计,而用 $2x_0\Delta x$ 作为 ΔA 的近似值,即

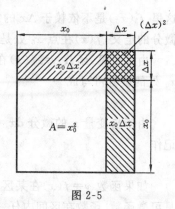

图 2-5

$$\Delta A \approx 2x_0\Delta x.$$

对于一般的函数,通常有下面的定义.

定义 2.4 如果函数 $y = f(x)$ 在点 x_0 处的改变量 Δy 可以表示为 Δx 的线性函数 $A\Delta x$(A 是常数)与一个比 Δx 高阶的无穷小之和 $\Delta y = A\Delta x + o(\Delta x)$,则称函数 $y = f(x)$ 在点 x_0 处可微,且 $A\Delta x$ 称为函数 $y = f(x)$ 在点 x_0 处的**微分**,记作 $dy|_{x = x_0}$,即

$$dy|_{x=x_0} = A\Delta x.$$

函数的微分 $A\Delta x$ 是 Δx 的线性函数,且与函数的改变量 Δy 相差一个比 Δx 高阶的无穷小,当 $A\neq 0$ 时,它是 Δy 的主要部分,所以也称微分 dy 是改变量 Δy 的线性主部,当 $|\Delta x|$ 很小时,就可以用微分 dy 作为改变量 Δy 的近似值.

下面讨论函数 $y=f(x)$ 在点 x_0 处可导与可微的关系.

如果函数 $y=f(x)$ 在点 x_0 处可微,则按定义有

$$\Delta y = A\Delta x + o(\Delta x),$$

上式两端同除以 Δx,在 $\Delta x\to 0$ 时取极限,得

$$\lim_{\Delta x\to 0}\frac{\Delta y}{\Delta x} = \lim_{\Delta x\to 0}\left[A + \frac{o(\Delta x)}{\Delta x}\right] = A, \quad 即 \quad A = f'(x_0).$$

这说明,若函数在点 x_0 处可微,则在点 x_0 处也一定可导,且 $f'(x_0)=A$.

反之,如果函数 $y=f(x)$ 在点 x_0 处可导,即

$$\lim_{\Delta x\to 0}\frac{\Delta y}{\Delta x} = f'(x_0)$$

存在,根据极限与无穷小的关系,上式可写成

$$\frac{\Delta y}{\Delta x} = f'(x_0) + \alpha,$$

其中 α 在 $\Delta x\to 0$ 时为无穷小,从而

$$\Delta y = f'(x_0)\Delta x + \alpha\Delta x,$$

这里 $f'(x_0)$ 是不依赖于 Δx 的常数,$\alpha\Delta x$ 是当 $\Delta x\to 0$ 时比 Δx 高阶的无穷小,所以按微分的定义,$f(x)$ 在点 x_0 处是可微的,且 $f(x)$ 的微分为 $f'(x_0)\Delta x$.

由此可见,函数 $y=f(x)$ 在点 x_0 处可导与可微是等价的,且函数 $y=f(x)$ 在点 x_0 处的微分可写成

$$dy|_{x=x_0} = f'(x_0)\Delta x.$$

由于自变量 x 的微分 $dx=(x)'\Delta x=\Delta x$,所以 $y=f(x)$ 在点 x_0 处的微分,又可记作

$$dy|_{x=x_0} = f'(x_0)dx.$$

如果函数 $y=f(x)$ 在某区间内每一点处都可微,则称函数 $y=f(x)$ 在该区间内是可微函数.函数在区间内任一点 x 处的微分记作

$$dy = f'(x)dx.$$

由上式可得,$f'(x)=\dfrac{dy}{dx}$,因此导数 $\dfrac{dy}{dx}$ 可以看做函数的微分 dy 与自变量的微分 dx 的商,故导数也称为微商.

例 29　求函数 $y=x^2+1$ 在 $x=1,\Delta x=0.1$ 时的改变量 Δy 和微分 dy.

解
$$\Delta y = f(x+\Delta x) - f(x)$$
$$= (x+\Delta x)^2 + 1 - (x^2+1) = 2x\Delta x + (\Delta x)^2,$$

所以 $$\Delta y\Big|_{\substack{x=1\\\Delta x=0.1}}=2\times1\times0.1+(0.1)^2=0.21.$$

而 $$dy=f'(x)\Delta x=(x^2+1)'\Delta x=2x\Delta x,$$

所以 $$dy\Big|_{\substack{x=1\\\Delta x=0.1}}=2\times1\times0.1=0.2.$$

例 30 球的体积 $V=\dfrac{4}{3}\pi r^3$,当半径 r 有一个改变量 Δr 时,求体积 V 的改变量 ΔV 和微分 dV.

解 $$\Delta V=\frac{4}{3}\pi(r+\Delta r)^3-\frac{4}{3}\pi r^3=4\pi r^2\Delta r+4\pi r(\Delta r)^2+\frac{4}{3}\pi(\Delta r)^3,$$

$$dV=\frac{dV}{dr}\Delta r=4\pi r^2\Delta r.$$

2.4.2 微分的基本公式与运算法则

由微分的定义可知,要计算函数 $y=f(x)$ 的微分,只需求出它的导数,然后再乘以 dx 即可.由导数公式和导数的运算法则,就能得到相应的微分公式和微分法则.

1. 基本初等函数的微分公式

(1) $d(C)=0$;　　　　　　　　　(2) $d(x^a)=ax^{a-1}dx$;

(3) $d(a^x)=a^x\ln a dx$;　　　　　(4) $d(e^x)=e^x dx$;

(5) $d(\log_a x)=\dfrac{1}{x\ln a}dx$;　　　(6) $d(\ln x)=\dfrac{1}{x}dx$;

(7) $d(\sin x)=\cos x dx$;　　　　(8) $d(\cos x)=-\sin x dx$;

(9) $d(\tan x)=\sec^2 x dx$;　　　(10) $d(\cot x)=-\csc^2 x dx$;

(11) $d(\sec x)=\sec x\tan x dx$;　(12) $d(\csc x)=-\csc x\cot x dx$;

(13) $d(\arcsin x)=\dfrac{1}{\sqrt{1-x^2}}dx$;　(14) $d(\arccos x)=-\dfrac{1}{\sqrt{1-x^2}}dx$;

(15) $d(\arctan x)=\dfrac{1}{1+x^2}dx$;　(16) $d(\text{arccot}x)=-\dfrac{1}{1+x^2}dx$.

2. 函数的和、差、积、商的微分法则

(1) $d(u\pm v)=du\pm dv$;

(2) $d(uv)=udv+vdu$, $d(Cu)=Cdu$ （C 为常数）;

(3) $d\left(\dfrac{u}{v}\right)=\dfrac{vdu-udv}{v^2}$, $d\left(\dfrac{C}{v}\right)=-\dfrac{Cdv}{v^2}$ （$v\neq0$）.

3. 复合函数的微分法则

设函数 $y=f(u)$,$u=\varphi(x)$,由复合函数的求导法则可得复合函数 $y=f[\varphi(x)]$ 的微分为

$$dy=f'(u)\varphi'(x)dx,$$

由于 $du=\varphi'(x)dx$,所以上式也可以写成

$$dy = f'(u)du.$$

上式表明,不论 u 是自变量还是中间变量,函数 $y = f(u)$ 的微分形式总是 $dy = f'(u)du$,这个性质称为一阶微分形式的不变性.

例 31 设 $y = \sin \sqrt{2x}$,求 dy.

解 $dy = \cos \sqrt{2x} d(\sqrt{2x}) = \cos \sqrt{2x} \dfrac{1}{2\sqrt{2x}} d(2x) = \dfrac{1}{\sqrt{2x}} \cos \sqrt{2x} dx.$

例 32 设 $y = e^{-3x} \cos 2x$,求 dy.

解
$$\begin{aligned}
dy &= e^{-3x} d(\cos 2x) + \cos 2x d(e^{-3x})\\
&= -e^{-3x} \sin 2x d(2x) + \cos 2x e^{-3x} d(-3x)\\
&= -2e^{-3x} \sin 2x dx - 3\cos 2x e^{-3x} dx = -e^{-3x}(2\sin 2x + 3\cos 2x)dx.
\end{aligned}$$

例 33 在括号里填上适当的函数,使下列等式成立:

(1) $\dfrac{1}{1+x^2} dx = d(\quad\quad)$;

(2) $d[\ln(2x+3)] = (\quad\quad)d(2x+3) = (\quad\quad)dx.$

解 (1) 因为 $(\arctan x + C)' = \dfrac{1}{1+x^2}$ (C 为常数),

所以
$$\frac{1}{1+x^2} dx = d(\arctan x + C).$$

(2) 设 $2x+3$ 为复合函数的中间变量,则有

$$d[\ln(2x+3)] = \frac{1}{2x+3} d(2x+3) = \frac{2}{2x+3} dx.$$

2.4.3 微分在近似计算中的应用举例

工程设计和科学研究都离不开数值计算,而在计算过程中经常用到复杂的公式,或遇到繁杂的数据. 为简便起见,往往要寻求简单的近似公式或简单的计算方法. 利用微分概念能使我们在这些方面得到满意的结果. 下面讨论微分在近似计算中的应用.

由前述知道,当函数 $y = f(x)$ 在点 x_0 处的导数 $f'(x_0) \neq 0$ 且 $|\Delta x|$ 很小时,有
$$\Delta y \approx dy = f'(x_0)\Delta x,$$
此式可用于计算函数改变量 Δy 的近似值,该式也可表示为
$$\Delta y = f(x_0 + \Delta x) - f(x_0) \approx f'(x_0)\Delta x,$$
即
$$f(x_0 + \Delta x) \approx f(x_0) + f'(x_0)\Delta x.$$
在上式中令 $x_0 + \Delta x = x$,则
$$f(x) \approx f(x_0) + f'(x_0)(x - x_0),$$
可用于计算 $f(x_0 + \Delta x)$ 或 $f(x)$ 的近似值.

例 34 一个充满气的气球,半径为 4 m,升空后,因外部气压降低,气球的半径

增大了 10 cm,问气球的体积近似增加多少?

解　球的体积公式是 $V = \dfrac{4}{3}\pi r^3$.

当 r 由 4 m 增加到 $(4+0.1)$ m 时,V 增加了 ΔV,$\Delta V \approx dV$,而

$$dV = V'dr = 4\pi r^2\,dr,$$

即
$$\Delta V \approx 4\pi r^2\,dr.$$

此处 $dr = 0.1$ m,$r = 4$ m,代入上式得体积近似增加值为

$$\Delta V \approx 4 \times 3.14 \times 4^2 \times 0.1 \text{ m}^3 = 20 \text{ m}^3.$$

例 35　计算 $\cos 30°30'$ 的近似值.

解　设函数 $f(x) = \cos x$,则 $f'(x) = -\sin x$. 取 $x_0 = 30° = \dfrac{\pi}{6}$,$\Delta x = \dfrac{\pi}{360}$. 因

$f\left(\dfrac{\pi}{6}\right) = \dfrac{\sqrt{3}}{2}$,$f'\left(\dfrac{\pi}{6}\right) = -\dfrac{1}{2}$,故

$$\cos\left(\dfrac{\pi}{6} + \dfrac{\pi}{360}\right) \approx \cos\dfrac{\pi}{6} + \left(-\sin\dfrac{\pi}{6}\right)\dfrac{\pi}{360},$$

即
$$\cos 30°30' \approx \dfrac{\sqrt{3}}{2} - \dfrac{1}{2} \times 0.008\,7 = 0.866 - 0.004\,4 = 0.862.$$

在 $f(x) \approx f(x_0) + f'(x_0)(x - x_0)$ 中取 $x_0 = 0$,得 $f(x) \approx f(0) + f'(0)x$,应用此式可以建立以下几个工程上常用的近似公式.

假设 $|x|$ 很小,则有

(1) $\sqrt[n]{1+x} \approx 1 + \dfrac{x}{n}$　$(n \in \mathbf{N})$;

(2) $\sin x \approx x$（x 为弧度）;

(3) $\tan x \approx x$（x 为弧度）;

(4) $e^x \approx 1 + x$;

(5) $\ln(1+x) \approx x$.

下面对(1)与(4)进行证明.

证明　对(1),取 $f(x) = \sqrt[n]{1+x}$,则有

$$f(0) = 1,\quad f'(x) = \dfrac{1}{n}(1+x)^{\frac{1}{n}-1},\quad f'(0) = \dfrac{1}{n}.$$

代入 $f(x) \approx f(0) + f'(0)x$,得

$$\sqrt[n]{1+x} \approx 1 + \dfrac{x}{n}.$$

对(4),取 $f(x) = e^x$,则有

$$f(0) = 1,\quad f'(x) = e^x,\quad f'(0) = 1.$$

代入 $f(x) \approx f(0) + f'(0)x$,得

$$e^x \approx 1+x.$$

例 36　求 $\sqrt[3]{126}$ 的近似值.

解
$$\sqrt[3]{126}=\sqrt[3]{125+1}=5\times\sqrt[3]{1+\frac{1}{125}},$$

由 $\sqrt[n]{1+x}\approx 1+\dfrac{x}{n}$,得

$$\sqrt[3]{126}\approx 5\times\left(1+\frac{1}{3}\times\frac{1}{125}\right)=5.013.$$

例 37　求 $e^{-0.003}$ 的近似值.

解　由 $e^x\approx 1+x$,得

$$e^{-0.003}\approx 1-0.003=0.997.$$

例 38　求 $\ln 1.01$ 的近似值.

解
$$\ln 1.01=\ln(1+0.01),$$
由 $\ln(1+x)\approx x$,可得

$$\ln 1.01\approx 0.01.$$

2.4.4　弧微分

在曲线 $y=f(x)$(图 2-6)上取固定点 A 作为度量弧长的起点,并规定 x 增大的方向为弧的正向,$M(x,y)$ 为曲线上任意点,s 表示曲线弧 $\overset{\frown}{AM}$ 的长度.

显然,弧长 s 是随着 $M(x,y)$ 的确定而确定.也就是说,s 是 x 的函数,记为 $s=s(x)$.为讨论方便,我们假定 s 是 x 的单调增函数.

下面求弧长 $s=s(x)$ 的微分 $\mathrm{d}s$.由于在一般情况下,给出的是曲线的方程 $y=f(x)$,而 $s=s(x)$ 是未知的,我们将通过适当变换,用已知函数 $y=f(x)$ 的导数来表示 $\mathrm{d}s$.

给 x 以改变量 $\Delta x(\Delta x\neq 0)$,于是 y 相应地有改变量 $\Delta y=RN$,s 有改变量 Δs.由导数的定义,可知

$$s'=\frac{\mathrm{d}s}{\mathrm{d}x}=\lim_{\Delta x\to 0}\frac{\Delta s}{\Delta x}.$$

由图 2-6 可以看出,当 Δx 足够小时,弧的改变量 Δs 和弦长 $|MN|$ 足够接近,即 $\dfrac{\Delta s}{|MN|}\approx 1$.可以证明,当 $\Delta x\to 0$ 时,点 N 沿曲线无限接近于点 M,这时,弧的长度与弦的长度之比的极限为 1,即

$$\lim_{\Delta x\to 0}\frac{\Delta s}{|MN|}=1.$$

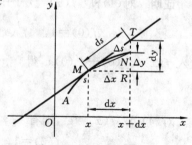

图 2-6

此外,还可以看出,在直角三角形 MRN 中,$|MN|^2=(\Delta x)^2+(\Delta y)^2$,它可变形为

$$\left(\frac{|MN|}{\Delta s}\right)^2\left(\frac{\Delta s}{\Delta x}\right)^2=1+\left(\frac{\Delta y}{\Delta x}\right)^2.$$

当 $\Delta x\rightarrow0$ 时,对上式两边求极限得

$$\lim_{\Delta x\to0}\left(\frac{|MN|}{\Delta s}\right)^2\left(\frac{\Delta s}{\Delta x}\right)^2=\lim_{\Delta x\to0}\left[1+\left(\frac{\Delta y}{\Delta x}\right)^2\right],$$

即

$$\left(\frac{\mathrm{d}s}{\mathrm{d}x}\right)^2=1+\left(\frac{\mathrm{d}y}{\mathrm{d}x}\right)^2.$$

上式两边开平方,得

$$\frac{\mathrm{d}s}{\mathrm{d}x}=\pm\sqrt{1+\left(\frac{\mathrm{d}y}{\mathrm{d}x}\right)^2}.$$

根据前面的规定,s 是 x 的单调增函数,因此根号前应取正号,于是有

$$\mathrm{d}s=\sqrt{1+\left(\frac{\mathrm{d}y}{\mathrm{d}x}\right)^2}\,\mathrm{d}x \quad 或 \quad \mathrm{d}s=\sqrt{(\mathrm{d}x)^2+(\mathrm{d}y)^2}.$$

这就是弧微分的计算公式.

例 39 求抛物线 $y=2x^2-3x+4$ 的弧微分.

解 由弧微分公式得

$$\mathrm{d}s=\sqrt{1+\left(\frac{\mathrm{d}y}{\mathrm{d}x}\right)^2}\,\mathrm{d}x=\sqrt{1+(4x-3)^2}\,\mathrm{d}x=\sqrt{16x^2-24x+10}\,\mathrm{d}x.$$

例 40 求椭圆 $\begin{cases}x=a\cos t\\y=b\sin t\end{cases}$ 的弧微分.

解 由弧微分公式得

$$\mathrm{d}s=\sqrt{(\mathrm{d}x)^2+(\mathrm{d}y)^2}=\sqrt{(-a\sin t)^2+(b\cos t)^2}\,\mathrm{d}t=\sqrt{a^2\sin^2t+b^2\cos^2t}\,\mathrm{d}t.$$

习 题 2.4

1. 求下列函数的微分:

(1) $y=(2x^3-3x^2+6x)^2$;   (2) $y=\mathrm{e}^{\sin3x}$;

(3) $y=\ln\sqrt{1-x^3}$;   (4) $y=\sin^2(2x+3)$;

(5) $y=\tan^2(1+2x^2)$;   (6) $y=(\mathrm{e}^x+\mathrm{e}^{-x})^2$.

2. 将适当的函数填入下列括号,使等式成立:

(1) $\mathrm{d}(\quad)=\cos\omega t\mathrm{d}t$;   (2) $\mathrm{d}(\quad)=\mathrm{e}^{-2x}\mathrm{d}x$;

(3) $\mathrm{d}(\cos^2x)=(\quad)\mathrm{d}(\cos x)=(\quad)\mathrm{d}x$;   (4) $\mathrm{d}(\sin3x)=(\quad)\mathrm{d}(3x)=(\quad)\mathrm{d}x$.

3. 利用微分求近似值:

(1) $\mathrm{e}^{0.2}$;   (2) $\ln1.04$;   (3) $\sqrt[3]{1.98}$;   (4) $\sin30°30'$.

4. 有一个平面圆环,它的内径为 10 cm,宽为 0.1 cm,求其面积的近似值与精确值.

5. 求下列各曲线的弧微分:

(1) $y = x^3 - x$;

(2) $y = e^x$;

(3) $y = \sin^4 x + \cos^4 x$;

(4) $y = \sqrt{4x - x^2} + 4\arcsin\dfrac{\sqrt{x}}{2}$;

(5) $y = \ln(x + \sqrt{1 + x^2})$;

(6) $y^2 = 2px \ (p > 0)$;

(7) $\begin{cases} x = a(t - \sin t) \\ y = a(1 - \cos t) \end{cases} (a > 0)$;

(8) $\begin{cases} x = a\cos^3 t \\ y = a\sin^3 t \end{cases} (a > 0)$.

【数学史话】

微积分学的产生和发展

微积分学(Calculus,拉丁语,意为用来计数的小石头)是研究极限、微分学、积分学和无穷级数的一个数学分支,并成为现代大学教育的重要组成部分.历史上,微积分曾经指无穷小的计算.更本质地讲,微积分学是一门研究变化的科学,正如几何学是研究空间的科学一样.

微积分学在科学、经济学和工程学领域有广泛的应用,用来解决那些仅依靠代数学不能有效解决的问题.微积分学是在代数学、三角学和解析几何学的基础上建立起来的,包括微分学、积分学两大分支.

微分学包括求导数的运算,是一套关于变化率的理论.它使得函数、速度、加速度和曲线的斜率等均可用一套通用的符号进行演绎.积分学包括求积分的运算,为定义和计算面积、体积等提供一套通用的方法.微积分学基本定理指出,微分和积分互为逆运算,这也是两种理论被统一成微积分学的原因.我们可以以两者中任意一者为起点来讨论微积分学,但是在教学中,微分学一般会先被引入.

公元前 3 世纪,古希腊的阿基米德在研究解决抛物弓形的面积、球和球冠面积、螺旋面面积和旋转双曲体的体积的问题中,就隐含着近代积分学的思想.作为微分学基础的极限理论,早在古代已有比较清楚的论述.比如我国的庄周所著的《庄子》一书的“天下篇”中,记有“一尺之棰,日取其半,万世不竭”.三国时期的刘徽在他的割圆术中提到“割之弥细,所失弥小,割之又割,以至于不可割,则与圆周合体而无所失矣”.这些都是朴素的、典型的极限概念.

到了 17 世纪,有许多科学问题需要解决,这些问题也就成了促使微积分产生的因素.归结起来,大约有四种主要类型的问题:第一类是研究运动的时候直接出现的,也就是求即时速度的问题;第二类问题是求曲线的切线的问题;第三类问题是求函数的最大值和最小值的问题;第四类问题是求曲线长、曲线围成的面积、曲面围成的体积、物体的重心、一个体积相当大的物体作用于另一物体上的引力的问题.

17 世纪的许多著名的数学家、天文学家、物理学家都为解决上述几类问题做了大量的研究工作,如法国的费马、笛卡儿、罗伯瓦、笛沙格,英国的巴罗、瓦里士,德国的开普勒,意大利的卡瓦列利等人都提出许多很有建树的理论,为微积分的创立作出了贡献.

17 世纪下半叶,在前人工作的基础上,英国科学家牛顿和德国数学家莱布尼茨分别在自己的国度里独自研究和完成了微积分的创立工作,虽然这只是十分初步的工作.他们的最大功绩是把两个貌似毫不相关的问题联系在一起,一个是切线问题(微分学的中心问题),一个是求积问题(积分学的中心问题).

牛顿和莱布尼茨建立微积分的出发点是直观的无穷小量,因此这门学科早期也称为无穷小分析,这正是分析学这一大分支名称的来源.牛顿研究微积分着重于从运动学来考虑,莱布尼茨却是侧重于几何学来考虑的.

牛顿在 1671 年写了《流数法和无穷级数》,这本书直到 1736 年才出版。他在这本书中指出,变量是由点、线、面的连续运动产生的,否定了以前自己认为的变量是无穷小元素的静止集合.他把连续变量称为流动量,把这些流动量的导数称为流数.牛顿在流数术中所提出的中心问题是:已知连续运动的路径,求给定时刻的速度(微分法);已知运动的速度,求给定时间内经过的路程(积分法).

德国的莱布尼茨是一个博学多才的学者,1684 年,他发表了现在世界上认为是最早的微积分文献,这篇文章有一个很长而且很古怪的名字——《一种求极大极小和切线的新方法,它也适用于分式和无理量,以及这种新方法的奇妙类型的计算》.就是这样一篇说理也颇含糊的文章,却有划时代的意义.它已含有现代的微分符号和基本微分法则.1686 年,莱布尼茨发表了第一篇积分学的文献.他是历史上最伟大的符号学者之一,他所创设的微积分符号,远远优于牛顿的符号,这对微积分的发展有极大的影响.现在我们使用的微积分通用符号就是当时莱布尼茨精心选用的.

微积分学的创立极大地推动了数学的发展,过去很多初等数学束手无策的问题,运用微积分,往往迎刃而解,显示出微积分学的非凡威力.

一门科学的创立决不是某一个人的业绩,它必定是经过多少人的努力后,在积累了大量成果的基础上,最后由某个人或几个人总结完成的.微积分也是这样.

不幸的是,人们在欣赏微积分的宏伟功效之余,在提出谁是这门学科的创立者的时候,竟然引起了一场轩然大波,造成了欧洲大陆的数学家和英国数学家的长期对立.英国数学在一个时期里闭关锁国,囿于民族偏见,过于拘泥在牛顿的"流数术"中停步不前,因而数学发展整整落后了 100 年.

其实,牛顿和莱布尼茨分别是自己独立研究,在大体上相近的时间内先后完成的.比较特殊的是牛顿创立微积分要比莱布尼茨早 10 年左右,但是正式公开发表微积分这一理论,莱布尼茨却要比牛顿早 3 年.他们的研究各有长处,也都各有短处.那时候,由于民族偏见,关于发明优先权的争论竟从 1699 年始延续了一百多年.

　　应该指出,这是和历史上任何一项重大理论的完成都要经历一段时间一样,牛顿和莱布尼茨的工作也都是不完善的.他们在无穷和无穷小量这个问题上,其说不一,十分含糊.牛顿的无穷小量,有时候是零,有时候不是零而是有限的小量;莱布尼茨的也不能自圆其说.这些基础方面的缺陷,最终导致了第二次数学危机的产生.

　　直到 19 世纪初,法国科学学院的科学家以柯西为首,对微积分的理论进行了认真研究,建立了极限理论,后来又经过德国数学家维尔斯特拉斯进一步的严格化,使极限理论成为了微积分的坚定基础,才使微积分进一步地发展开来.

　　任何新兴的、具有无量前途的科学成就都吸引着广大的科学工作者.在微积分的历史上也闪烁着这样的一些明星:瑞士的雅科布·贝努利和他的兄弟约翰·贝努利、欧拉,法国的拉格朗日、柯西……

　　欧氏几何也好,上古和中世纪的代数学也好,都是一种常量数学,微积分才是真正的变量数学,是数学史上的一次大革命.微积分是高等数学的主要分支,不只是局限在解决力学中的变速问题,它驰骋在近代和现代科学技术园地里,建立了数不清的丰功伟绩.

第3章 导数的应用

第 2 章已经详尽地阐明了导数和微分的概念,以及它们的密切关系,并建立了求导数和微分的方法——微分法. 本章将利用导数来研究函数的各种性态. 例如,把判别函数的单调增减性问题转化为判别其一阶导数的正负性问题,把判别曲线的凹凸性问题转化为判别其二阶导数的正负性问题,而与此相联系的还要研究如何求函数的极值和实践中的最值问题. 由于微分中值定理是用导数研究函数的各种性态的理论基础,所以本章首先介绍微分中值定理.

3.1 微分中值定理

微分中值定理指的是罗尔定理、拉格朗日中值定理和柯西中值定理,本书只介绍前面两个定理.

3.1.1 罗尔定理

定理 3.1(罗尔定理) 如果函数 $f(x)$ 满足下列条件:

(1) 在闭区间 $[a,b]$ 上连续;

(2) 在开区间 (a,b) 内可导;

(3) $f(a) = f(b)$.

则在 (a,b) 内至少存在一点 $\xi (a < \xi < b)$,使得
$$f'(\xi) = 0.$$

定理的证明略,只给出几何说明. 如果连续曲线 $y = f(x)$ 的弧 $\overset{\frown}{AB}$ 上除端点外处处具有不垂直于 x 轴的切线且两端点的纵坐标相等,那么这弧上至少有一点 M_0,使曲线在点 M_0 处的切线平行于弦 AB(图 3-1).

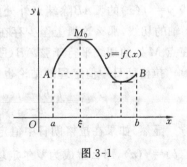

图 3-1

由罗尔定理可知,如果函数 $y = f(x)$ 满足定理的三个条件,则方程 $f'(x) = 0$ 在区间 (a,b) 内至少有一个实根.

值得注意的是,该定理要求函数 $y = f(x)$ 应同时满足三个条件,否则结论就不一定成立.

例 1 在区间 $[-1,1]$ 上验证函数 $f(x) = 1 - x^2$ 满足罗尔定理的条件.

解　(1) $f(x)=1-x^2$ 在区间 $[-1,1]$ 上连续.

(2) 因 $f'(x)=-2x$ 在区间 $(-1,1)$ 内存在,故 $f(x)=1-x^2$ 在区间 $(-1,1)$ 内可导.

(3) 由于 　　　　$f(-1)=1-(-1)^2=0,\quad f(1)=1-1^2=0,$
所以 　　　　　　　　　　　　$f(-1)=f(1).$

综上所述,$f(x)=1-x^2$ 在区间 $[-1,1]$ 上满足罗尔定理的条件.

例 2　如果方程 $ax^3+bx^2+cx=0$ 有正根 x_0,证明方程 $3ax^2+2bx+c=0$ 至少有一个小于 x_0 的正根.

证明　设 $f(x)=ax^3+bx^2+cx$,则
$$f'(x)=3ax^2+2bx+c.$$

因为 $f(x)$ 在区间 $[0,x_0]$ 上连续,在区间 $(0,x_0)$ 内可导,$f(0)=f(x_0)=0$,由罗尔定理知,至少存在一点 $\xi\in(0,x_0)$,使得
$$f'(\xi)=3a\xi^2+2b\xi+c=0.$$

因此,方程 $3ax^2+2bx+c=0$ 至少有一个小于 x_0 的正根.

由此例可见,罗尔定理可以用来判定方程实根的存在性.

3.1.2　拉格朗日中值定理

定理 3.2（拉格朗日中值定理）　如果函数 $f(x)$ 满足下列条件:

(1) 在闭区间 $[a,b]$ 上连续;

(2) 在开区间 (a,b) 内可导.

则在区间 (a,b) 内至少存在一点 $\xi(a<\xi<b)$,使得
$$f(b)-f(a)=f'(\xi)(b-a).$$

定理的证明略,只给出几何说明.如果连续曲线 $y=f(x)$ 的弧 $\overset{\frown}{AB}$ 除端点外处处具有不垂直于 x 轴的切线,那么这弧上至少存在一点 M,使曲线在点 M 处的切线平行于弦 AB（图 3-2）.

拉格朗日中值定理的结论也可以写成
$$f'(\xi)=\frac{f(b)-f(a)}{b-a}.$$

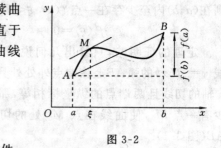

图 3-2

显然,如果在拉格朗日中值定理中加上条件,
$f(b)=f(a)$,那么就成为罗尔定理,所以拉格朗日中值定理是罗尔定理的推广,或者说罗尔定理是拉格朗日中值定理的特例.

由拉格朗日中值定理可以得出以下推论.

推论 3.1　如果函数 $y=f(x)$ 在 (a,b) 内的导数恒为零,则在 (a,b) 内,$f(x)$ 为常数.

推论 3.2　如果函数 $f(x)$ 和 $g(x)$ 在 (a,b) 内可导,且 $f'(x)=g'(x)$,则 $f(x)$ 和 $g(x)$ 相差一个常数,即

$$f(x)-g(x)=C \quad (C \text{ 为常数}).$$

推论的证明从略.

拉格朗日中值定理在微分学中占有重要的位置,它精确地表达了函数在一个区间上的改变量与该区间内某点处的导数之间的关系,从而使我们可以用导数去研究函数在区间上的性态.

例 3　验证函数 $f(x)=x^3-3x$ 在区间 $[0,2]$ 上是否满足拉格朗日中值定理的条件. 如果满足,求出使定理成立的 ξ 值.

解　因 $f(x)=x^3-3x$ 在区间 $[0,2]$ 上连续,且在区间 $(0,2)$ 内可导,故满足拉格朗日中值定理的条件. 于是有以下等式

$$\frac{f(2)-f(0)}{2-0}=f'(\xi),$$

又 $f'(x)=3x^2-3$,$f(2)=2$,$f(0)=0$,代入上式得

$$3\xi^2-3=1, \quad \xi=\frac{2}{\sqrt{3}}\in(0,2).$$

习　题　3.1

1. 下列函数在指定的区间上是否满足拉格朗日中值定理的条件? 如果满足,求出使定理结论成立的 ξ 的值.

   (1) $f(x)=\dfrac{1}{1+x^2}$,$[-2,2]$;　　　　　　(2) $f(x)=e^{x^2}-1$,$[-1,1]$;

   (3) $f(x)=\ln\sin x$,$\left[\dfrac{\pi}{6},\dfrac{5\pi}{6}\right]$;　　　　(4) $f(x)=\dfrac{1}{x^2}$,$[-1,1]$.

2. 证明函数 $y=px^2+qx+r$ 在 $[a,b]$ 上应用拉格朗日中值定理时所求得的点 $\xi=\dfrac{a+b}{2}$.

3.2　洛必达法则

在第 1 章的学习中,我们遇到过如下情形:在某个变化过程中,$f(x)$,$g(x)$ 都趋于零(或都趋于无穷大),$\dfrac{f(x)}{g(x)}$ 的极限可能存在,也可能不存在,我们把这种类型的极限分别称为 $\dfrac{0}{0}$ 型或 $\dfrac{\infty}{\infty}$ 型未定式. 我们也曾通过适当的变形求出某些未定式的极限. 下面介绍一种简便而有效的求未定式极限的方法——**洛必达法则**.

3.2.1 $\dfrac{0}{0}$ 型未定式

定理 3.3（洛必达法则 I） 若函数 $f(x)$ 与 $g(x)$ 满足下列条件：

(1) $\lim\limits_{x \to x_0} f(x) = 0$，$\lim\limits_{x \to x_0} g(x) = 0$；

(2) $f(x)$ 与 $g(x)$ 在 x_0 某个邻域内可导（点 x_0 除外），且 $g'(x) \neq 0$；

(3) $\lim\limits_{x \to x_0} \dfrac{f'(x)}{g'(x)} = A$ （或 ∞）.

则有

$$\lim_{x \to x_0} \frac{f(x)}{g(x)} = \lim_{x \to x_0} \frac{f'(x)}{g'(x)} = A \quad （或 \infty）.$$

证明从略.

例 4 求 $\lim\limits_{x \to 0} \dfrac{e^x - 1}{x}$.

解 由洛必达法则得

$$\lim_{x \to 0} \frac{e^x - 1}{x} \xlongequal{\frac{0}{0}} \lim_{x \to 0} \frac{(e^x - 1)'}{(x)'} = \lim_{x \to 0} \frac{e^x}{1} = 1.$$

例 5 求 $\lim\limits_{x \to 0} \dfrac{\ln(1 + x)}{x^2}$.

解 由洛必达法则得

$$\lim_{x \to 0} \frac{\ln(1 + x)}{x^2} \xlongequal{\frac{0}{0}} \lim_{x \to 0} \frac{[\ln(1 + x)]'}{(x^2)'} = \lim_{x \to 0} \frac{1}{2x(1 + x)} = \infty.$$

例 6 求 $\lim\limits_{x \to \frac{\pi}{2}} \dfrac{\cos x}{x - \dfrac{\pi}{2}}$.

解 由洛必达法则得

$$\lim_{x \to \frac{\pi}{2}} \frac{\cos x}{x - \dfrac{\pi}{2}} \xlongequal{\frac{0}{0}} \lim_{x \to \frac{\pi}{2}} \frac{(\cos x)'}{\left(x - \dfrac{\pi}{2}\right)'} = \lim_{x \to \frac{\pi}{2}} \frac{-\sin x}{1} = -1.$$

如果 $\dfrac{f'(x)}{g'(x)}$ 当 $x \to x_0$ 时，仍属 $\dfrac{0}{0}$ 型，且仍满足洛必达法则中的条件，那么可继续应用洛必达法则进行计算，即

$$\lim_{x \to x_0} \frac{f(x)}{g(x)} \xlongequal{\frac{0}{0}} \lim_{x \to x_0} \frac{f'(x)}{g'(x)} \xlongequal{\frac{0}{0}} \lim_{x \to x_0} \frac{f''(x)}{g''(x)}.$$

例 7 求 $\lim\limits_{x \to 1} \dfrac{x^3 - 3x + 2}{x^3 - x^2 - x + 1}$.

解 $\lim\limits_{x \to 1} \dfrac{x^3 - 3x + 2}{x^3 - x^2 - x + 1} \xlongequal{\frac{0}{0}} \lim\limits_{x \to 1} \dfrac{(x^3 - 3x + 2)'}{(x^3 - x^2 - x + 1)'} = \lim\limits_{x \to 1} \dfrac{3x^2 - 3}{3x^2 - 2x - 1}$

$$\xlongequal{\frac{0}{0}} \lim_{x\to 1}\frac{6x}{6x-2}=\frac{3}{2}.$$

注意 若所求极限已不是未定式,则不能再应用洛必达法则,否则会导致错误的结果.

例 8 求 $\lim\limits_{x\to 0}\dfrac{e^x-e^{-x}-2x}{x-\sin x}$.

解 $\lim\limits_{x\to 0}\dfrac{e^x-e^{-x}-2x}{x-\sin x}\xlongequal{\frac{0}{0}}\lim\limits_{x\to 0}\dfrac{e^x+e^{-x}-2}{1-\cos x}\xlongequal{\frac{0}{0}}\lim\limits_{x\to 0}\dfrac{e^x-e^{-x}}{\sin x}\xlongequal{\frac{0}{0}}\lim\limits_{x\to 0}\dfrac{e^x+e^{-x}}{\cos x}=2.$

式中,$x\to 0$ 时,$\dfrac{e^x+e^{-x}}{\cos x}$ 已不是未定式.

上述关于 $x\to x_0$ 时,未定式 $\dfrac{0}{0}$ 型洛必达法则,对于 $x\to\infty$ 时的未定式 $\dfrac{0}{0}$ 型同样适用.

例 9 求 $\lim\limits_{x\to+\infty}\dfrac{\frac{\pi}{2}-\arctan x}{\frac{1}{x}}$.

解 $\lim\limits_{x\to+\infty}\dfrac{\frac{\pi}{2}-\arctan x}{\frac{1}{x}}\xlongequal{\frac{0}{0}}\lim\limits_{x\to+\infty}\dfrac{-\dfrac{1}{1+x^2}}{-\dfrac{1}{x^2}}=\lim\limits_{x\to+\infty}\dfrac{x^2}{1+x^2}=1.$

3.2.2 $\dfrac{\infty}{\infty}$ 型未定式

定理 3.4(洛必达法则Ⅱ) 若函数 $f(x)$ 与 $g(x)$ 满足下列条件:

(1) $\lim\limits_{x\to x_0}f(x)=\infty$,$\lim\limits_{x\to x_0}g(x)=\infty$;

(2) $f(x)$ 与 $g(x)$ 在 x_0 某个邻域内可导(点 x_0 除外),且 $g'(x)\neq 0$;

(3) $\lim\limits_{x\to x_0}\dfrac{f'(x)}{g'(x)}=A$ (或 ∞).

则有 $\lim\limits_{x\to x_0}\dfrac{f(x)}{g(x)}=\lim\limits_{x\to x_0}\dfrac{f'(x)}{g'(x)}=A$ (或 ∞).

证明从略.

对于 $x\to\infty$ 时的未定式 $\dfrac{\infty}{\infty}$ 型,定理 3.4 同样成立.

例 10 求 $\lim\limits_{x\to 0^+}\dfrac{\ln\sin 3x}{\ln\sin 2x}$.

解 $\lim\limits_{x\to 0^+}\dfrac{\ln\sin 3x}{\ln\sin 2x}\xlongequal{\frac{\infty}{\infty}}\lim\limits_{x\to 0^+}\dfrac{\dfrac{3}{\sin 3x}\cos 3x}{\dfrac{2}{\sin 2x}\cos 2x}=\lim\limits_{x\to 0^+}\dfrac{3\cos 3x\sin 2x}{2\cos 2x\sin 3x}$

$$= \lim_{x \to 0^+} \frac{3\cos 3x}{2\cos 2x} \lim_{x \to 0^+} \frac{\sin 2x}{\sin 3x} = \frac{3}{2} \lim_{x \to 0^+} \frac{\sin 2x}{\sin 3x}$$

$$\xlongequal{\frac{0}{0}} \frac{3}{2} \lim_{x \to 0^+} \frac{2\cos 2x}{3\cos 3x} = 1.$$

例 11　求 $\lim\limits_{x \to +\infty} \dfrac{\ln x}{x^3}$.

解　$\lim\limits_{x \to +\infty} \dfrac{\ln x}{x^3} \xlongequal{\frac{\infty}{\infty}} \lim\limits_{x \to +\infty} \dfrac{(\ln x)'}{(x^3)'} = \lim\limits_{x \to +\infty} \dfrac{\frac{1}{x}}{3x^2} = \lim\limits_{x \to +\infty} \dfrac{1}{3x^3} = 0.$

例 12　求 $\lim\limits_{x \to +\infty} \dfrac{x^n}{e^x}$（$n$ 为正整数）.

解　$\lim\limits_{x \to +\infty} \dfrac{x^n}{e^x} \xlongequal{\frac{\infty}{\infty}} \lim\limits_{x \to +\infty} \dfrac{nx^{n-1}}{e^x} \xlongequal{\frac{\infty}{\infty}} \lim\limits_{x \to +\infty} \dfrac{n(n-1)x^{n-2}}{e^x}$

$$\xlongequal{\frac{\infty}{\infty}} \cdots = \lim_{x \to +\infty} \frac{n!}{e^x} = 0.$$

习　题　3.2

1. 用洛必达法则求下列极限：

(1) $\lim\limits_{x \to 0} \dfrac{\ln(1+x)}{x}$；

(2) $\lim\limits_{x \to a} \dfrac{x^m - a^m}{x^n - a^n}$；

(3) $\lim\limits_{x \to \frac{\pi}{6}} \dfrac{1 - 2\sin x}{\cos 3x}$；

(4) $\lim\limits_{x \to \pi} \dfrac{\tan 3x}{\sin 5x}$；

(5) $\lim\limits_{x \to 0} \dfrac{e^x - e^{-x}}{\tan x}$；

(6) $\lim\limits_{x \to +\infty} \dfrac{\ln\left(1 + \frac{1}{x}\right)}{\operatorname{arccot} x}$；

(7) $\lim\limits_{x \to 0} \dfrac{\ln \sin x}{\ln 2x^2}$；

(8) $\lim\limits_{x \to 0} \left(\dfrac{1}{x} - \dfrac{1}{e^x - 1}\right)$；

(9) $\lim\limits_{x \to 0^+} x^{\sin x}$；

(10) $\lim\limits_{x \to 0} x \cot 2x$.

3.3　函数的单调性与极值

3.3.1　函数单调性的判定

一般地，根据函数在区间内单调增减性的定义，如果函数 $y = f(x)$ 在区间 I 上单调增加，则其图像是一条沿 x 轴正方向逐渐上升的曲线（图 3-3（a）），从图上还可以看到曲线上各点的切线的倾斜角 α 都是锐角，其斜率 $\tan\alpha > 0$，即 $f'(x) > 0$. 如果函

数 $y=f(x)$ 在区间 I 上单调减少,则其图像是一条沿 x 轴正方向逐渐下降的曲线(图 3-3(b)),从图上还可以看到曲线上各点的切线的倾斜角 α 都是钝角,其斜率 $\tan\alpha<0$,即 $f'(x)<0$.这充分说明在函数可导的条件下,函数的单调增减性问题可以转化为函数的一阶导数的正负性问题.

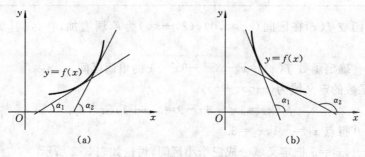

图 3-3

反过来,如果在区间 I 上 $f'(x)>0$,则函数 $y=f(x)$ 在 I 上是否单调增加? 如果 $f'(x)<0$,则函数 $y=f(x)$ 在 I 上是否单调减少? 回答是肯定的.

下面给出函数单调性的判定定理.

定理 3.5　设函数 $y=f(x)$ 在区间 $[a,b]$ 上连续,在区间 (a,b) 内可导,那么

(1) 如果 $f'(x)>0$,则 $f(x)$ 在区间 $[a,b]$ 上单调增加(简记为↗);

(2) 如果 $f'(x)<0$,则 $f(x)$ 在区间 $[a,b]$ 上单调减少(简记为↘).

证明　仅证情况(1).

对任意的 $x_1,x_2\in[a,b]$,不妨设 $x_1<x_2$,在区间 $[x_1,x_2]$ 上应用拉格朗日中值定理,得

$$f(x_2)-f(x_1)=f'(\xi)(x_2-x_1),\quad \xi\in(x_1,x_2).$$

因为在区间 (a,b) 内 $f'(x)>0$,所以 $f'(\xi)>0$,又 $x_2-x_1>0$,得

$$f'(\xi)(x_2-x_1)>0,$$

故有

$$f(x_2)>f(x_1),$$

由 x_1,x_2 的任意性可知,函数 $f(x)$ 在区间 $[a,b]$ 上是单调增加的.

定理中的闭区间 $[a,b]$ 换成开区间 (a,b) 或半开区间 $(a,b]$,$[a,b)$,以及无穷区间,相应的结论仍然成立.

例 13　讨论函数 $f(x)=2x^3-6x^2+1$ 的单调性.

解　函数的定义域为 $(-\infty,+\infty)$.

$$f'(x)=6x^2-12x=6x(x-2),$$

令 $f'(x)=0$ 得点 $x_1=0,x_2=2$.

$x_1=0,x_2=2$ 把定义域分成三个小区间,讨论如表 3-1 所示.

表 3-1

x	$(-\infty,0)$	0	$(0,2)$	2	$(2,+\infty)$
$f'(x)$	$+$	0	$-$	0	$+$
$f(x)$	↗		↘		↗

所以,函数 $f(x)$ 在区间 $(-\infty,0),(2,+\infty)$ 为单调增加,在区间 $[0,2]$ 上单调减少.

例 14　确定函数 $f(x)=x^3-3x^2-9x+1$ 的单调区间.

解　函数的定义域为 $(-\infty,+\infty)$,

$$f'(x)=3x^2-6x-9=3(x+1)(x-3).$$

令 $f'(x)=0$ 得点 $x_1=-1,x_2=3$.

$x_1=-1,x_2=3$ 把定义域分成三个小区间,讨论如表 3-2 所示.

表 3-2

x	$(-\infty,-1)$	-1	$(-1,3)$	3	$(3,+\infty)$
$f'(x)$	$+$	0	$-$	0	$+$
$f(x)$	↗		↘		↗

所以,函数的单调增区间为 $(-\infty,-1),(3,+\infty)$,单调减区间为 $[-1,3]$.

3.3.2　函数的极值与最值

1. 极值

定义 3.1　设函数 $y=f(x)$ 在区间 (a,b) 内有意义,x_0 是 (a,b) 内的一个点,若点 x_0 附近的函数值都小于(或都大于)$f(x_0)$,则称 $f(x_0)$ 为函数 $f(x)$ 的一个**极大值**(或**极小值**),点 x_0 称为函数的**极大点**(或**极小点**).函数的极大值和极小值统称为**极值**,极大点和极小点统称为**极值点**.

图 3-4 中,$f(x_1),f(x_4)$ 是函数 $f(x)$ 的极大值,x_1,x_4 是函数的极大点;$f(x_2),f(x_5)$ 是函数 $f(x)$ 的极小值,x_2,x_5 是函数的极小点.

极值是一个局部性概念,它与极值点附近的函数值比较为最大值或最小值,而不是整个定义域内的最大值和最小值.由于极大值和极小值的比较范围不同,因而极大值不一定比极小值大.如图 3-4 所示,$f(x_1)$ 是极大值,$f(x_2),f(x_5)$ 都是极小值,极大值 $f(x_1)$ 大于极小值 $f(x_2)$,但小于极小值 $f(x_5)$,所以极大值不一定大于极小值.

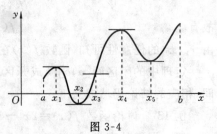

图 3-4

如何求函数的极值?从图 3-4 可以看出,如果函数是可导的,则曲线在极值点处所对应的切线一定平行于 x 轴,所以在极值点的导数为零,因此有以下结论.

定理 3.6　若函数 $f(x)$ 在点 x_0 可导,且在点 x_0 取得极值,则函数 $f(x)$ 在点 x_0 的导数 $f'(x_0)=0$.

定义 3.2　使导数为零的点(即方程 $f'(x)=0$ 的实根)称为函数 $f(x)$ 的**驻点**.

注意

(1) 可导函数的极值点必定是它的驻点,但是反过来,函数的驻点并不一定是它的极值点,图 3-4 中点 $x=x_3$,就是这类的点.

(2) 在不可导点上,也可能取极值,如 $y=|x|$ 在 $x=0$ 处不可导,但 $x=0$ 是 $y=|x|$ 的极小点.

从图 3-5 可以看出,在极大点 x_0 的左边是增区间,右边是减区间,因此当 x 自左至右通过点 x_0 时,导数由正变负;从图 3-6 可以看出,在极小点 x_0 的左边是减区间,右边是增区间,因此当 x 自左至右通过点 x_0 时,导数由负变正.

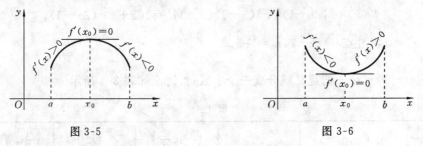

图 3-5　　　　　　　　　　　　　　图 3-6

由此得出函数极值的判定定理.

定理 3.7　设函数 $f(x)$ 在点 x_0 及其附近可导,且 $f'(x_0)=0$,当 x 值渐增经过点 x_0 时,

(1) 如果 $f'(x)$ 由正变负,则函数 $f(x)$ 在点 x_0 取得极大值;

(2) 如果 $f'(x)$ 由负变正,则函数 $f(x)$ 在点 x_0 取得极小值;

(3) 如果 $f'(x)$ 不变号,则函数 $f(x)$ 在点 x_0 没有极值.

证明从略.

若 $f(x)$ 在点 x_0 连续但不可导,仍可按定理 3.7 来判断 x_0 是否是 $f(x)$ 的极值点.

由定理 3.6、定理 3.7 得到求函数极值的一般方法如下:

(1) 求函数的定义域;

(2) 求 $f'(x)$,令 $f'(x)=0$,求出 $f(x)$ 的全部驻点及不可导点;

(3) 用驻点及不可导点把函数的定义区间分为若干部分区间,判别 $f'(x)$ 在各部分区间内的符号,确定极值点;

(4) 把极值点代入函数 $f(x)$ 中算出极值.

例 15　求函数 $f(x)=2x^3-9x^2+12x+1$ 的极值.

解　$f(x)$ 的定义域为 $(-\infty,+\infty)$.

$$f'(x)=6x^2-18x+12=6(x-1)(x-2),$$

令 $f'(x)=0$ 得驻点 $x_1=1,x_2=2$.

$x_1=1,x_2=2$ 把定义域分成三个小区间,讨论如表 3-3 所示.

表 3-3

x	$(-\infty,1)$	1	$(1,2)$	2	$(2,+\infty)$
$f'(x)$	+	0	−	0	+
$f(x)$	↗	极大值 6	↘	极小值 5	↗

由表 3-3 可知,当 $x=1$ 时,函数有极大值 $f(1)=6$;当 $x=2$ 时,函数有极小值 $f(2)=5$.

例 16　求函数 $f(x)=(x-1)(x+1)^3$ 的极值.

解　函数的定义域为 $(-\infty,+\infty)$.

$$f'(x)=(x+1)^3+3(x-1)(x+1)^2=2(x+1)^2(2x-1),$$

令 $f'(x)=0$ 得驻点 $x_1=-1,x_2=\dfrac{1}{2}$.

$x_1=-1,x_2=\dfrac{1}{2}$ 把定义域分成三个小区间,讨论如表 3-4 所示.

表 3-4

x	$(-\infty,-1)$	-1	$\left(-1,\dfrac{1}{2}\right)$	$1/2$	$\left(\dfrac{1}{2},+\infty\right)$
$f'(x)$	−	0	−	0	+
$f(x)$	↘	无极值	↘	极小值 $-\dfrac{27}{16}$	↗

由表 3-4 可知,函数的极小值是 $f\left(\dfrac{1}{2}\right)=-\dfrac{27}{16}$,驻点 $x_1=-1$ 不是极值点.

2. 函数的最大值和最小值

在生产实际中,常常会遇到要求在一定条件下,如何使材料最省、效率最高、利润最大等问题,在数学上,这类问题就是求函数的最大值或最小值的问题.

如果函数 $f(x)$ 在闭区间 $[a,b]$ 上连续,则 $f(x)$ 在区间 $[a,b]$ 上必有最大值和最小值(简称最值).如图 3-7 所示,x_1,x_2,x_3,x_4,x_5,x_6 都是函数 $f(x)$ 的极值点,函数在极值点 x_3 取得最小值 $f(x_3)$,在端点 $x=a$ 取得最大

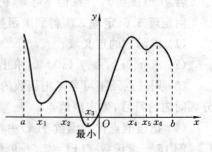

图 3-7

值 $f(a)$.

由于函数的最大值和最小值只可能在极值点或闭区间的端点上取得,所以可用下面的方法求函数 $y = f(x)$ 在区间 $[a,b]$ 上的最大值和最小值:

(1) 求出所有的驻点和不可导点;

(2) 求出上面各点的函数值和区间端点的函数值;

(3) 比较上面各函数值的大小,其中最大的就是最大值,最小的就是最小值.

例 17 求函数 $f(x) = x^4 - 8x^2 + 1$ 在区间 $[-3,3]$ 上的最大值和最小值.

解 (1) $\qquad f'(x) = 4x^3 - 16x = 4x(x+2)(x-2)$,

令 $f'(x) = 0$ 得驻点 $x_1 = -2, x_2 = 0, x_3 = 2$.

(2) 计算得 $f(-2) = f(2) = -15, f(0) = 1, f(-3) = f(3) = 10$.

(3) 比较上面各函数值的大小,得函数在区间 $[-3,3]$ 上的最大值为 $f(-3) = f(3) = 10$,最小值为 $f(-2) = f(2) = -15$.

例 18 求函数 $f(x) = x\ln x$ 在区间 $[1,e]$ 上的最大值和最小值.

解 $\qquad\qquad\qquad f'(x) = \ln x + 1$,

因为在 $(1,e)$ 内,$f'(x) > 0$,所以函数 $f(x) = x\ln x$ 在区间 $[1,e]$ 上单调增加,其最小值为 $f(1) = 0$,最大值为 $f(e) = e$.

通常,实际问题中的可导函数 $f(x)$,如果在某区间内只有一个极值点 x_0,则 $f(x_0)$ 就是函数的最大值(或最小值).在处理实际问题时,如果可以断定可导函数在某区间内有最大(小)值,而且函数 $f(x)$ 在该区间内又只有一个极值点 x_0,那么不必判断就可断言,$f(x_0)$ 就是所要求的最大(小)值.

例 19 把一根半径为 R 的圆木锯成矩形条木,问矩形的长和宽多大时,条木的截面积最大?

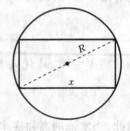

图 3-8

解 设矩形的长为 x,则宽为 $\sqrt{4R^2 - x^2}$,矩形的截面积(图 3-8)为

$$A = x\sqrt{4R^2 - x^2} \quad (0 < x < 2R).$$

现在来求 x 为何值时,函数 A 在区间 $(0,2R)$ 内取得最大值.

$$A' = \sqrt{4R^2 - x^2} + x\frac{-2x}{2\sqrt{4R^2 - x^2}} = \frac{2(2R^2 - x^2)}{\sqrt{4R^2 - x^2}},$$

令 $A' = 0$ 得

$$x_1 = -\sqrt{2}R \text{ (舍去)}, \quad x_2 = \sqrt{2}R.$$

由于函数 A 在 $(0,2R)$ 内只有一个驻点 $x = \sqrt{2}R$. 而从实际情况可知,函数 A 的最大值一定存在,因此,当 $x = \sqrt{2}R$ 时,函数 A 取得最大值,此时,矩形的宽为

$$\sqrt{4R^2 - (\sqrt{2}R)^2} = \sqrt{2}R,$$

也就是说,当矩形的长、宽都为 $\sqrt{2}R$ 时,条木的截面积最大.

例 20 某工厂要建造一个体积为 $10\ \text{m}^3$ 的无盖圆柱形水池(图 3-9),问这个水池的高和底半径应取多少,才能使所用的材料最省?

解 使所用的材料最省即圆柱形水池的表面积最小.设水池半径为 r,高为 h,则表面积为

$$A=\pi r^2+2\pi rh \quad (r>0),$$

由 $V=\pi r^2 h$,得

$$h=\frac{V}{\pi r^2},$$

代入上式得

$$A=\pi r^2+\frac{2\pi rV}{\pi r^2}=\pi r^2+\frac{2V}{r}.$$

下面求 h 和 r 取多少时,表面积 A 有最小值.

令 $A'=0$,即

$$2\pi r-\frac{2V}{r^2}=0,$$

得

$$r=\sqrt[3]{\frac{V}{\pi}}.$$

由于函数 A 在定义域内只有唯一驻点,而且从所要解决的问题来看,表面积一定有最小值,所以当 $r=\sqrt[3]{\dfrac{V}{\pi}}$ 时,A 的值最小,这时相应的高为

$$h=\frac{V}{\pi r^2}=\frac{\pi r^3}{\pi r^2}=r.$$

将 $V=10\ \text{m}^3$ 代入上式得

$$h=r=\sqrt[3]{\frac{10}{\pi}}=1.47\ \text{m}.$$

因此,当水池的高和底半径都为 $1.47\ \text{m}$ 时,所用的材料最省.

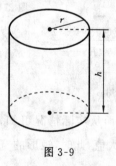

图 3-9

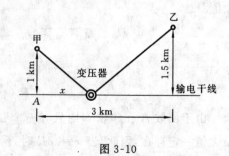

图 3-10

例 21　甲、乙两村合用一变压器(图 3-10),问变压器设在输电干线何处时,所需电线最短?

解　设变压器安装在距 A 处 x km,所需电线总长 y km,则

$$y=\sqrt{1+x^2}+\sqrt{(3-x)^2+1.5^2}\quad x\in(0,3).$$

现在求 x 在区间$(0,3)$上取何值时,函数 y 的值最小.

$$y'=\frac{x}{\sqrt{1+x^2}}-\frac{3-x}{\sqrt{(3-x)^2+1.5^2}},$$

令 $y'=0$ 得

$$x=1.2.$$

由于在区间$(0,3)$上函数 y 只有唯一驻点 $x=1.2$,所以当变压器设在输电干线上距 A 点 1.2 km 处时,所需电线最短.

习　题　3.3

1. 求下列函数的单调区间:

   (1) $f(x)=2x^2-\ln x$;　　　(2) $f(x)=2x^3-6x^2-18x-7$;　　　(3) $f(x)=\dfrac{2x}{1+x^2}$;

   (4) $f(x)=x^2\mathrm{e}^{-x}$;　　　(5) $f(x)=(x-1)(x+1)^3$.

2. 求下列函数的极值:

   (1) $y=x^3-3x+3$;　　　(2) $y=x+\tan x$;

   (3) $y=x-\ln(1+x)$;　　　(4) $y=2\mathrm{e}^x-\mathrm{e}^{-x}$.

3. 证明:如果函数 $f(x)=ax^3+bx^2+cx+d$ 满足条件 $b^2-3ac<0$(其中 $a>0$),那么这个函数没有极值.

4. 求下列函数的最大值和最小值:

   (1) $y=x+2\sqrt{x}$　$(0\leqslant x\leqslant 4)$;　　　(2) $y=2x-\sin 2x$　$\left(\dfrac{\pi}{4}\leqslant x\leqslant\pi\right)$.

5. 做一个底面为长方形的带盖盒子,其体积为 96 cm³,其底边长宽比为 1∶2.问各边长为多少时,才能使表面积最小?

3.4　曲线的凹凸性和拐点

我们已经研究了函数的单调性与极值,从而能够知道函数变化的大致情况.为了进一步讨论函数的性态,还必须研究曲线的凹凸性与拐点.

3.4.1　曲线的凹凸性

从图 3-11 可以看出曲线弧$\overparen{ABC}$在区间(a,c)内是向上凸起的,此时$\overparen{ABC}$位于该弧上任一点切线的下方;曲线弧$\overparen{CDE}$在区间(c,b)内是向下凹入的,此时$\overparen{CDE}$位于该

弧上任一点切线的上方.

关于曲线弯曲的方向,我们给出下面的定义.

定义3.3　如果在某区间内的曲线弧位于其任一点切线的上方,那么此曲线弧称为在该区间内是**凹的**;如果在某区间的曲线弧位于其任一点切线的下方,那么此曲线弧称为在该区间内是**凸的**.

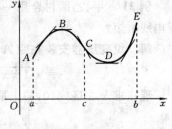

图 3-11

从图 3-11 还可看出,对于 $\overset{\frown}{ABC}$ 的曲线弧,切线的斜率随 x 的增大而减小;对于 $\overset{\frown}{CDE}$ 的曲线弧,切线的斜率随着 x 的增大而增大.由于切线的斜率就是函数 $y=f(x)$ 的一阶导数,因此凹的曲线弧,一阶导数是单调增加的,而凸的曲线弧,一阶导数是单调减少的.由此可见,曲线 $y=f(x)$ 的凹凸性可以用导数 $f'(x)$ 的单调性来判定.而 $f'(x)$ 的单调性又可用它的导数,即 $f(x)$ 的二阶导数 $f''(x)$ 的正负性来判定,故曲线 $y=f(x)$ 的凹凸性与 $f''(x)$ 的正负性有关.下面给出曲线凹凸性的判定定理.

定理3.8　设函数 $y=f(x)$ 在区间 $[a,b]$ 上连续,在区间 (a,b) 内具有二阶导数.

(1) 如果在区间 (a,b) 内,$f''(x)>0$,那么曲线 $y=f(x)$ 在区间 (a,b) 内是凹的;

(2) 如果在区间 (a,b) 内,$f''(x)<0$,那么曲线 $y=f(x)$ 在区间 (a,b) 内是凸的.

证明从略.

例22　判定曲线 $y=\ln(1+x^2)$ $(x>0)$ 的凹凸性.

解　函数的定义域为 $(0,+\infty)$.

$$y'=\frac{2x}{1+x^2},\qquad y''=\frac{2(1-x^2)}{(1+x^2)^2}.$$

因此当 $x=1$ 时,$y''=0$.用 $x=1$ 把 $(0,+\infty)$ 分成两个小区间,讨论如表 3-5 所示.

表 3-5

x	$(0,1)$	1	$(1,+\infty)$
y''	+	0	−
$y=f(x)$	凹		凸

由表 3-5 可知,曲线在区间 $(0,1)$ 内是凹的,在 $(1,+\infty)$ 内是凸的.

例23　判定曲线 $y=x^3$ 的凹凸性.

解　函数的定义域为 $(-\infty,+\infty)$.

$$y'=3x^2,\qquad y''=6x.$$

因为当 $x<0$ 时,$y''<0$;当 $x>0$ 时,$y''>0$,所以曲线在区间 $(-\infty,0)$ 内是凸的,在区间 $(0,+\infty)$ 内是凹的,这时点 $(0,0)$ 是连续曲线由凸变凹的分界点(图 3-12).

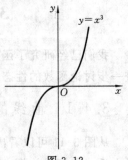

图 3-12

3.4.2　曲线的拐点

定义 3.4　连续曲线上凹的曲线弧和凸的曲线弧的分界点称为曲线的拐点.

下面来讨论曲线 $y=f(x)$ 的拐点的求法.

我们知道,由 $f''(x)$ 的正负性可以确定曲线的凹凸性,如果 $f''(x)$ 连续,那么当 $f''(x)$ 的符号由正变负或由负变正时,必定有一点 x_0,使 $f''(x_0)=0$. 这样,点 $(x_0,f(x_0))$ 就是曲线的一个拐点. 因此,如果函数 $y=f(x)$ 在区间 (a,b) 内具有二阶导数,就可以按下面的步骤来确定曲线 $y=f(x)$ 的拐点.

(1) 确定函数 $y=f(x)$ 的定义域;

(2) 求 $y''=f''(x)$;

(3) 令 $f''(x)=0$,解方程,并求出它在区间 (a,b) 内的一切实根;

(4) 对解出的每一个实根 x_0,考察 $f''(x)$ 在点 x_0 附近的符号. 如果 $f''(x)$ 在 x_0 两侧的符号相反,那么点 $(x_0,f(x_0))$ 就是拐点;如果 $f''(x)$ 在 x_0 两侧的符号相同,那么点 $(x_0,f(x_0))$ 就不是拐点.

例 24　求曲线 $f(x)=\dfrac{x^4}{4}-2x^2+1$ 的凹凸区间和拐点.

解　曲线的定义域为 $(-\infty,+\infty)$.
$$f'(x)=x^3-4x,\quad f''(x)=3x^2-4,$$

令 $f''(x)=0$ 得
$$x_1=-\frac{2\sqrt{3}}{3},\quad x_2=\frac{2\sqrt{3}}{3}.$$

用 x_1,x_2 把定义域分成三个区间,讨论如表 3-6 所示.

表 3-6

x	$\left(-\infty,-\dfrac{2\sqrt{3}}{3}\right)$	$-\dfrac{2\sqrt{3}}{3}$	$\left(-\dfrac{2\sqrt{3}}{3},\dfrac{2\sqrt{3}}{3}\right)$	$\dfrac{2\sqrt{3}}{3}$	$\left(\dfrac{2\sqrt{3}}{3},+\infty\right)$
y''	$+$	0	$-$	0	$+$
$f(x)$	凹	$-\dfrac{11}{9}$	凸	$-\dfrac{11}{9}$	凹

由表 3-6 可知,$\left(-\infty,-\dfrac{2\sqrt{3}}{3}\right)$ 和 $\left(\dfrac{2\sqrt{3}}{3},+\infty\right)$ 是曲线的凹区间,$\left(-\dfrac{2\sqrt{3}}{3},\dfrac{2\sqrt{3}}{3}\right)$ 是曲线的凸区间,拐点为点 $\left(-\dfrac{2\sqrt{3}}{3},-\dfrac{11}{9}\right)$ 和点 $\left(\dfrac{2\sqrt{3}}{3},-\dfrac{11}{9}\right)$.

例 25　求曲线 $y=(x-1)\sqrt[3]{x^2}$ 的凹凸区间及拐点.

解　函数的定义域为 $(-\infty,+\infty)$.
$$y'=(x^{\frac{5}{3}}-x^{\frac{2}{3}})'=\frac{5}{3}x^{\frac{2}{3}}-\frac{2}{3}x^{-\frac{1}{3}},$$

$$y''=\frac{10}{9}x^{-\frac{1}{3}}+\frac{2}{9}x^{-\frac{4}{3}}=\frac{2(5x+1)}{9\sqrt[3]{x^4}}.$$

当 $x=-\frac{1}{5}$ 时，$y''=0$；当 $x=0$ 时，y'' 不存在.用 $x=-\frac{1}{5}$ 和 $x=0$ 把定义域分成三个小区间，讨论如表 3-7 所示.

表 3-7

x	$\left(-\infty,-\frac{1}{5}\right)$	$-\frac{1}{5}$	$\left(-\frac{1}{5},0\right)$	0	$(0,+\infty)$
y''	−	0	+	不存在	+
$f(x)$	凸	$-\frac{6}{5}\sqrt[3]{\frac{1}{25}}$	凹	0	凹

由表 3-7 可知，$\left(-\infty,-\frac{1}{5}\right)$ 是曲线的凸区间，$\left(-\frac{1}{5},0\right),(0,+\infty)$ 是曲线的凹区间，拐点是 $\left(-\frac{1}{5},-\frac{6}{5}\sqrt[3]{\frac{1}{25}}\right)$.

习 题 3.4

1. 求下列函数的凹凸区间和拐点：

(1) $y=xe^x$；　　(2) $y=(x-2)^{\frac{5}{3}}$；　　(3) $y=\ln(1+x^2)$；

(4) $y=\frac{x}{(x+3)^2}$；　　(5) $y=x^3-5x^2+3x+5$；　　(6) $y=x\arcsin x$.

2. 当 a,b 为何值时，点 $(1,3)$ 为曲线 $y=ax^3+bx^2$ 的拐点？

3. 试确定 a,b,c 的值，使 $y=ax^3+bx^2+cx$ 有一拐点 $(1,2)$，且在该点处的切线斜率为 −1.

3.5 函数图像的描绘

3.5.1 曲线的渐近线

在中学的平面解析几何中，已学过双曲线 $\frac{x^2}{a^2}-\frac{y^2}{b^2}=1$ 有渐近线 $\frac{x}{a}\pm\frac{y}{b}=0$.通过对渐近线的讨论，可对双曲线的无限伸展部分有所了解，也有助于正确绘图.

定义 3.5 若曲线 C 上的动点 P 沿着曲线无限地远离原点时，点 P 与某固定直线 L 的距离趋于零，则称直线 L 为曲线 C 的**渐近线**.

一般来说，曲线 $y=f(x)$ 即使无限伸展下去，也不一定有渐近线.例如，曲线 $y=\sin x$ 显然是没有渐近线的.下面介绍两种特殊的渐近线.

1. 垂直渐进线

定义 3.6　若曲线 $y=f(x)$ 在点 x_0 处存在垂直于 x 轴的渐近线,则有

$$\lim_{x \to x_0} f(x)=\infty \text{ 或 } \lim_{x \to x_0^+} f(x)=\infty \text{ 或 } \lim_{x \to x_0^-} f(x)=\infty,$$

这时曲线的渐近线方程为 $x=x_0$,称它为**垂直渐近线**.

例 26　求曲线 $f(x)=\dfrac{1}{(x+1)(x-2)}$ 的垂直渐近线.

解　因为　$\lim\limits_{x \to -1}\dfrac{1}{(x+1)(x-2)}=\infty$,　$\lim\limits_{x \to 2}\dfrac{1}{(x+1)(x-2)}=\infty$,

故 $x=-1$ 和 $x=2$ 是曲线的两条垂直渐近线.

2. 水平渐进线

定义 3.7　若曲线 $y=f(x)$ 的定义域是无限区间,且

$$\lim_{x \to \infty} f(x)=C \quad (C \text{ 为常数}),$$

则称直线 $y=C$ 为曲线 $y=f(x)$ 的**水平渐近线**.

例 27　求曲线 $y=\dfrac{1}{x}$ 的水平渐近线.

解　因为　$\lim\limits_{x \to \infty}\dfrac{1}{x}=0$,

故 $y=0$ 是 $y=\dfrac{1}{x}$ 曲线的水平渐近线.

3.5.2　描绘简单函数的图像

在中学数学中,应用描点法描绘了一些简单函数的图像.但是,描点法有缺陷.这是因为描点法所选取的点不可能很多,而且一些关键性的点,如极值点、拐点等常常可能漏掉;曲线的单调性、凹凸性等一些重要的性态也没有掌握.因此,用描点法所描绘的函数图像常常不能真实地表现出函数的图像.现在,我们已经掌握了应用导数讨论函数的单调性、凹凸性、极值、拐点等方法,再结合前面学过的周期性、奇偶性等知识,就能比较准确地描绘函数的图像了.

一般地,描绘函数的图像可按下列步骤进行:

(1) 确定函数的定义域、值域(确定图像的范围);

(2) 讨论函数是否具有奇偶性、周期性(缩小描绘函数图像的范围,以便通过部分掌握整体);

(3) 讨论函数的间断点,间断点左、右两侧的变化情况,以及函数的曲线是否存在渐近线;

(4) 求出函数的驻点、单调区间、极值点、拐点及曲线的凹凸区间,并列表;

(5) 算出一些适当点的坐标;

(6) 描绘图像.

例 28　作函数 $y=f(x)=\dfrac{1}{\sqrt{2\pi}}e^{-\frac{x^2}{2}}$ 的图像.

解　(1) 该函数的定义域是 **R**.

(2) 因为 $f(-x)=f(x)$,故 $f(x)$ 是偶函数,图像关于 y 轴对称.

(3) 因为

$$\lim_{x\to\infty}f(x)=\lim_{x\to\infty}\frac{1}{\sqrt{2\pi}}e^{-\frac{x^2}{2}}=0,$$

故曲线 $y=f(x)$ 以 x 轴为水平渐近线,并且 $f(x)=\dfrac{1}{\sqrt{2\pi}}e^{-\frac{x^2}{2}}>0$,所以曲线在 x 轴上方.

(4) 令 $y'=-\dfrac{x}{\sqrt{2\pi}}e^{-\frac{x^2}{2}}=0$,得驻点 $x=0$;令 $y''=\dfrac{(x^2-1)}{\sqrt{2\pi}}e^{-\frac{x^2}{2}}=0$,得 $x=\pm1$.

(5) 函数的单调区间、凹凸区间如表 3-8 所示.

表 3-8

x	$(-\infty,-1)$	-1	$(-1,0)$	0	$(0,1)$	1	$(1,+\infty)$
y'	$+$	$+$	$+$	0	$-$	$-$	$-$
y''	$+$	0	$-$	$-$	$-$	0	$+$
y	↗	拐点	↗	$\dfrac{1}{\sqrt{2\pi}}$	↘	拐点	↘
	凹	$\dfrac{1}{\sqrt{2\pi e}}$	凸	极大值	凸	$\dfrac{1}{\sqrt{2\pi e}}$	凹

(6) 描点绘图,函数的图像如图 3-13 所示.

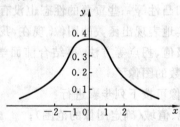

图 3-13

习　题　3.5

1. 求下列函数的渐近线:

(1) $y=1+\dfrac{36x}{(x+3)^2}$;　　　　(2) $f(x)=\dfrac{x}{(x+1)(x-1)}$;　　　　(3) $y=e^{-(x-1)^2}$.

2. 作出下列函数的图像：

(1) $y=\dfrac{1}{1-x^2}$；

(2) $y=\dfrac{1}{4}x^4-\dfrac{3}{2}x^2$；

(3) $y=e^x-x-1$；

(4) $y=\ln(x^2+1)$。

3.6　曲线的曲率

　　在实际问题中，有时需要考虑曲线的弯曲程度。例如，机械和建筑中的钢梁、车床上的轴等，在外力作用下，会发生弯曲，弯曲到一定程度就会断裂。又如，设计铁路时，如果弯曲程度不合适，便容易造成火车出轨。因此在计算梁的强度时，需要考虑它们的弯曲程度；铺设铁路时，必须考虑铁路弯道处的弯曲程度。在数学上，我们用曲率来表示曲线的弯曲程度。下面介绍曲率的概念及其计算方法。

3.6.1　曲率的概念

　　如何刻画曲线的弯曲程度呢？先看曲线的弯曲程度与哪些量有关。

　　当点 M 沿着曲线弧 $\overparen{MN}$ 变动到点 N（图 3-14）时，切线 MT 也跟着变动到切线 NT'。这时两切线间有一夹角，称它为切线的转角。假设切线的转角为 $\Delta\varphi$，曲线弧 $\overparen{MN}$ 的长度为 Δs，现在从图上来分析切线的转角、弧长和弯曲程度之间的关系，可得如下结论。

　　(1) 由图 3-14 可以看出，在两弧长度一定的条件下，切线的转角越大，弯曲程度越大；

　　(2) 由图 3-15 可以看出，在两弧的切线的转角相等的条件下，弧越长，弯曲程度越小。

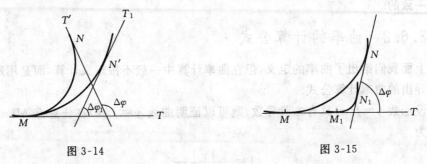

图 3-14　　　　　　　　　　　　　　　　　图 3-15

　　由此可见，曲线弧 $\overparen{MN}$ 的弯曲程度可用弧两端的切线的转角与弧长之比 $\left|\dfrac{\Delta\varphi}{\Delta s}\right|$ 来描述。这个比值越大，弧的弯曲程度就越大，这个比值越小，弧的弯曲程度就越小，将这一比值称为弧段 $\overparen{MN}$ 的平均曲率，记作 $\bar{k}$，即

$$\bar{k} = \left| \frac{\Delta\varphi}{\Delta s} \right|.$$

平均曲率只能用来表示整段弧的平均弯曲程度.显然,当弧愈短时,平均曲率就愈能近似地表示弧上某一点附近的弯曲程度.于是,我们将曲线在某一点的曲率定义如下.

定义 3.8　当点 N 沿曲线趋近于点 M 时,MN 的平均曲率的极限称为曲线在点 M 的**曲率**,记作 k,即

$$k = \lim_{\Delta s \to 0} \left| \frac{\Delta\varphi}{\Delta s} \right|.$$

注意　上式中 $\Delta\varphi$ 的单位用弧度.

例 29　已知圆的半径为 R,求：

(1) 圆上任一段弧的平均曲率；

(2) 圆上任一点的曲率.

解　(1) 在圆上任取一段弧 $\overset{\frown}{MN}$,它的长度为 Δs(图 3-16),根据平面几何知识,切线的转角 $\Delta\varphi$ 与圆心角 $\angle MON$ 相等.于是 $\Delta s = R\Delta\varphi$,因此,$\overset{\frown}{MN}$ 的平均曲率为

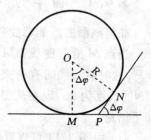

图 3-16

$$\bar{k} = \frac{\Delta\varphi}{\Delta s} = \frac{\Delta\varphi}{R\Delta\varphi} = \frac{1}{R}.$$

(2) 圆上任一点的曲率为

$$k = \lim_{\Delta s \to 0} \frac{\Delta\varphi}{\Delta s} = \lim_{\Delta s \to 0} \frac{\Delta\varphi}{R\Delta\varphi} = \frac{1}{R}.$$

说明：圆上任一段弧的平均曲率和任一点的曲率都相等,而且等于半径 R 的倒数.也就是说,圆的弯曲程度处处一样,且半径越小,弯曲程度越大.这与直观现象是完全一致的.

3.6.2　曲率的计算公式

上面我们给出了曲率的定义,但在曲率计算中一般不按定义计算,而是用通过定义推导出的曲率计算公式.

设函数 $y = f(x)$ 具有二阶导数,则可以证明曲线 $y = f(x)$ 在任意点 $M(x, y)$ 的曲率为

$$k = \frac{|y''|}{(1 + y'^2)^{\frac{3}{2}}}.$$

由上式可知,曲线 $y = f(x)$ 上二阶导数为零的点,曲率为零.所以直线上每点的曲率为零.

例 30　求抛物线 $y = x^2$ 的曲率 k 及 $k|_{x=0}$.

解　$y' = 2x$,$y'' = 2$,把 y',y'' 代入曲率的计算公式得

$$k = \frac{2}{(1 + 4x^2)^{\frac{3}{2}}},$$

$$k\big|_{x=0} = \frac{2}{(1+0)^{\frac{3}{2}}} = 2.$$

由上面 k 的表达式可以看出:在原点处,曲线的曲率 k 最大,因而,弯曲程度也最大;离原点越远处,曲率越小,弯曲程度也越小(图 3-17).

下面利用曲率来对铁路的弯道进行分析.

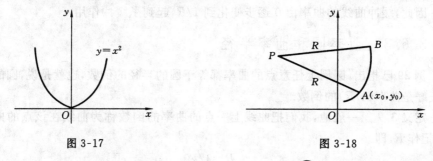

图 3-17　　　　　　　　　　　　　　　　图 3-18

铁路弯道的主要部分是圆弧状的,如图 3-18 中的弧 $\overparen{AB}$. 设半径为 R,则圆弧上每点的曲率为 $1/R$. 如果火车由直线轨道直接进入圆弧轨道行驶,在直线与圆弧的连接点的曲率将由零突然上升到 $1/R$,轨道的弯曲就有一个跳跃,这样就会影响火车平稳运行,甚至出轨.因此,在直线与圆弧之间必须接入一缓冲曲线.如图 3-18 中的弧 $\overparen{OA}$,使轨道的曲率由零逐步地过渡到 $1/R$.通常采用立方抛物线作为缓冲曲线,图 3-18 中 x 轴($x < 0$)表示直线轨道;$\overparen{AB}$ 是圆弧轨道,其圆心为 P;$\overparen{OA}$ 是立方抛物线,方程为

$$y = \frac{x^3}{6RL}.$$

其中 L 为缓冲曲线 $\overparen{OA}$ 的长度.

例 31　证明:当所取 L 比 R 小得多时,缓冲曲线 $\overparen{OA}$ 在端点 O 的曲率为零,在端点 A 的曲率近似于 $1/R$.

证明　由 $y = \dfrac{x^3}{6RL}$,得

$$y' = \frac{x^2}{2RL}, \quad y'' = \frac{x}{RL}.$$

因此

$$y'\big|_{x=0} = 0, \quad y''\big|_{x=0} = 0.$$

故缓冲曲线在点 O 处的曲率 $k_0 = 0$.

设点 A 的横坐标为 x_0,由于 $L \approx x_0$,于是

$$y'\big|_{x=x_0} = \frac{x_0^2}{2RL} \approx \frac{L^2}{2RL} = \frac{L}{2R},$$

$$y''|_{x=x_0} = \frac{x_0}{RL} \approx \frac{L}{RL} = \frac{1}{R},$$

故在 A 点的曲率为

$$k_A \approx \frac{1/R}{\{1+[L/(2R)]^2\}^{\frac{3}{2}}}.$$

因为 L 比 R 小得多,所以 $L/2R \approx 0$,于是

$$k_A \approx 1/R.$$

因此,缓冲曲线的曲率由 0 逐步变化到 $1/R$,起到了缓冲作用.

3.6.3　曲率圆和曲率半径

例 29 已指出,圆周上任意点的曲率都等于圆的半径的倒数,也就是说,圆的半径 R 正好是曲率 $(1/R)$ 的倒数.

定义 3.9　一般地,我们把曲线上一点的曲率的倒数称为曲线在该点的**曲率半径**,记作 R,即

$$R = 1/k.$$

将曲率的计算公式代入上式,得

$$R = \frac{(1+y'^2)^{\frac{3}{2}}}{|y''|}.$$

即曲率半径的计算公式.

下面介绍曲率半径的几何意义.

如图 3-19 所示,在点 A 处作曲线的法线,并在曲线凹的一侧的法线上取一点 O_1,使 $O_1A = R$(R 是曲线在点 A 的曲率半径). 然后以 O_1 为圆心,R 为半径作一个圆,这个圆称为曲线在点 A 处的曲率圆. 此圆与曲线在点 A 具有以下关系:

(1) 有共同的切线;

(2) 有共同的曲率.

因此,当讨论函数 $y=f(x)$ 在某点的性质时,如果

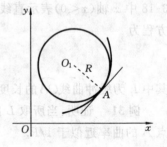

图 3-19

这个性质只与 x,y,y',y'' 有关,那么可以用曲线在该点的曲率圆来代替该点附近的曲线,使问题得到简化.

例 32　求曲线 $y = \ln(1-x^2)$ 在点 $(0,0)$ 处的曲率半径.

解　由 $y' = -\dfrac{2x}{1-x^2}$,$y'' = -\dfrac{2(x^2+1)}{(1-x^2)^2}$ 得

$$y'|_{x=0} = 0, \qquad y''|_{x=0} = -2,$$

代入曲率半径计算公式得

$$R=\frac{(1+0^2)^{\frac{3}{2}}}{|-2|}=\frac{1}{2}.$$

例 33 设某工件有一椭圆形孔(图 3-20),现要用圆柱形铣刀加工该孔,问铣刀半径最大可选为多少?

解 在加工工件时,为了不影响铣刀与工件接触处附近不应铣掉的部分,铣刀的半径最大只能等于椭圆上各点处曲率半径中的最小值. 由图知椭圆在 y 轴上两个顶点处弯曲程度最大,因而曲率半径最小.

下面求椭圆上曲率半径最小的点 $A(0,50)$ 处的曲率半径(单位:mm).

由椭圆的方程 $\dfrac{y^2}{50^2}+\dfrac{x^2}{40^2}=1$ 得

$$y'=-\frac{25x}{16y}, \quad y''=-\frac{25}{16}\frac{y-xy'}{y^2},$$

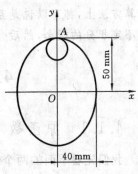

图 3-20

于是 $\quad y'\big|_{\substack{x=0\\y=50}}=0, \quad y''\big|_{\substack{x=0\\y=50}}=-\dfrac{1}{32},$

代入曲率半径计算公式得

$$R=\frac{(1+0^2)^{\frac{3}{2}}}{\left|-\dfrac{1}{32}\right|}=32.$$

因此,铣刀半径最大可选为 32 mm.

习 题 3.6

1. 求下列曲线在给定点的曲率:

(1) $y=x^2-4x+1$,点 $(2,-3)$;

(2) $y=x^{\frac{3}{2}}$,点 $(1,1)$;

(3) $y=\sin x$,点 $(0,0)$;

(4) $y=e^x$,点 $(0,1)$.

2. 求下列曲线在给定点的曲率半径:

(1) $y=\dfrac{1}{x}$,点 $(1,1)$;

(2) $y=\sin x$,点 $\left(\dfrac{\pi}{2},1\right)$;

(3) $y=\ln x$,点 $(1,0)$;

(4) $y=\ln(1-x^2)$,点 $(0,0)$.

第 4 章 不 定 积 分

前面我们已经研究了一元函数的微分学,但是在科学技术中,常常需要研究与它相反的问题,因而引进一元函数的积分学.微分学和积分学无论在概念的确定上还是运算方法上,都可以说是互逆的.本章将从已知某函数的导函数求这个函数入手来引进不定积分的概念,然后介绍四种基本的积分方法.

4.1 原函数与不定积分

4.1.1 原函数

我们先看下面的两个例子.

例 1 已知真空中的自由落体在任意时刻 t 的运动速度为 $v=gt$,其中常量 g 是重力加速度.又知当时间 $t=0$ 时,路程 $s=0$.求自由落体的运动规律.

解 所求运动规律就是指落体经过的路程 s 与时间 t 之间的函数关系,设所求的运动规律为 $s=s(t)$.于是有

$$s'=s'(t)=v=gt,$$

根据导数公式,可知

$$\left(\frac{1}{2}gt^2+C\right)'=gt,$$

所以

$$s=\frac{1}{2}gt^2+C,$$

再由 $t=0$ 时,$s=0$ 得

$$C=0.$$

因此自由落体的运动规律为

$$s=\frac{1}{2}gt^2.$$

例 2 设曲线上任意一点 $M(x,y)$ 处的切线的斜率为 $k=2x$,又知曲线经过坐标原点,求该曲线的方程.

解 设所求的曲线方程为 $y=F(x)$,则曲线上任意一点 $M(x,y)$ 处的切线的斜率为

$$k=y'=F'(x)=2x.$$

根据导数公式,可知

$$(x^2+C)'=2x,$$

所以

$$y=F(x)=x^2+C,$$

由于曲线经过坐标原点,所以当 $x=0$ 时,$y=0$,得

$$C=0.$$

因此所求曲线方程为 $\qquad y = x^2.$

以上两个问题,如果抽掉其物理意义和几何意义,可以归结为同一个问题,就是已知某函数的导函数,求这个函数,即已知 $F'(x) = f(x)$,求 $F(x)$.

定义 4.1 设函数 $F(x)$ 与 $f(x)$ 定义在某一区间内,并且在该区间内的任一点都有 $F'(x) = f(x)$ 或 $dF(x) = f(x)dx$,那么 $F(x)$ 就称为函数 $f(x)$ 的一个原函数.

例如,函数 x^2 是函数 $2x$ 的一个原函数,因为 $(x^2)' = 2x$ 或 $d(x^2) = 2xdx$. 又因为 $(x^2+1)' = 2x, (x^2 - \sqrt{3})' = 2x, \left(x^2 + \dfrac{1}{4}\right)' = 2x, (x^2 + C)' = 2x$,其中 C 为任意常数,所以 $x^2+1, x^2 - \sqrt{3}, x^2 + \dfrac{1}{4}, x^2 + C$ 等都是 $2x$ 的原函数.

从上面的例子可以看出:一个已知函数,如果有一个原函数,那么它就有无限多个原函数,并且其中任意两个原函数之间只相差一个常数. 现在要问,任何函数的原函数是否都是这样?

定理 4.1(原函数族定理) 如果函数 $f(x)$ 有原函数,那么,它就有无限多个原函数,并且其中任意两个原函数的差是常数.

证明 上述定理要求我们证明下列两点:

(1) $f(x)$ 的原函数有无限多个.

设函数 $f(x)$ 的一个原函数为 $F(x)$,即 $F'(x) = f(x)$,并设 C 为任意常数,由于
$$[F(x) + C]' = F'(x) = f(x),$$
所以 $F(x) + C$ 也是 $f(x)$ 的原函数,又因为 C 为任意常数,即 C 可以取无限多个值,所以 $f(x)$ 有无限多个原函数.

(2) $f(x)$ 的任意两个原函数的差是常数.

设 $F(x)$ 和 $G(x)$ 都是 $f(x)$ 的原函数,根据原函数的定义,则有
$$F'(x) = f(x), \quad G'(x) = f(x).$$
令 $\qquad h(x) = F(x) - G(x),$
于是有 $\qquad h'(x) = [F(x) - G(x)]' = F'(x) - G'(x) = f(x) - f(x) \equiv 0.$

根据导数恒为零的函数必为常数的定理可知 $h(x) = C$(C 为常数),即
$$F(x) - G(x) = C.$$

从这个定理可以推得下面的结论:

如果 $F(x)$ 是 $f(x)$ 的一个原函数,那么 $F(x) + C$ 就是 $f(x)$ 的全部原函数(称为**原函数族**),这里 C 为任意常数.

上面的结论已经指出,假定已知函数有一个原函数,它就有无限多个原函数. 现在要问,任何一个函数是不是一定有一个原函数?

定理 4.2(原函数存在定理) 如果函数 $f(x)$ 在闭区间 $[a, b]$ 上连续,则函数 $f(x)$ 在该区间上的原函数必定存在(证明从略).

4.1.2　不定积分

定义 4.2　函数 $f(x)$ 的全部原函数称为 $f(x)$ 的不定积分,记为 $\int f(x)\mathrm{d}x$,其中 "$\int$" 称为**积分号**,$f(x)$ 称为**被积函数**,$f(x)\mathrm{d}x$ 称为**被积表达式**,x 称为**积分变量**.

根据上面的讨论可知,如果 $F(x)$ 是 $f(x)$ 的一个原函数,那么 $f(x)$ 的不定积分 $\int f(x)\mathrm{d}x$ 就是原函数族 $F(x)+C$,即

$$\int f(x)\mathrm{d}x = F(x)+C.$$

为了简便起见,今后在不致发生混淆的情况下,不定积分也简称为积分. 求不定积分的运算和方法分别称为积分运算和积分法.

例 3　用微分法验证下列各等式:

(1) $\int x^3 \mathrm{d}x = \dfrac{x^4}{4}+C$;　　　　　　(2) $\int \mathrm{e}^x \mathrm{d}x = \mathrm{e}^x + C.$

解　(1) 由于 $\left(\dfrac{x^4}{4}+C\right)' = x^3$,所以

$$\int x^3 \mathrm{d}x = \frac{x^4}{4}+C.$$

(2) 由于 $(\mathrm{e}^x + C)' = \mathrm{e}^x$,所以

$$\int \mathrm{e}^x \mathrm{d}x = \mathrm{e}^x + C.$$

由不定积分的定义可以知道,求不定积分和求导数或求微分互为逆运算,即有

$$\left[\int f(x)\mathrm{d}x\right]' = f(x),$$

或

$$\mathrm{d}\left[\int f(x)\mathrm{d}x\right] = f(x)\mathrm{d}x.$$

反之,则有

$$\int F'(x)\mathrm{d}x = F(x)+C,$$

或

$$\int \mathrm{d}F(x) = F(x)+C.$$

这就是说:若先积分后微分,则两者的作用互相抵消;若先微分后积分,则应该在抵消后再加上任意常数 C.

4.1.3　不定积分的几何意义

根据不定积分的定义可知,例 2 中提出的切线斜率为 $2x$ 的全部曲线是

$$y = \int 2x\mathrm{d}x = x^2 + C,$$

即 $$y = x^2 + C.$$

对于任意常数 C 的每一个确定的值 C_0(例如 $-1, 0, 1$ 等),就得到函数 $2x$ 的一个确定的原函数,也就是一条确定的抛物线 $y = x^2 + C_0$. 在例 2 中,所求的曲线通过点 $(0,0)$,即 $x = 0$ 时,$y = 0$,把它们代入上式,得 $C = 0$. 于是所求曲线为 $y = x^2$.

因为 C 可取任意实数,所以 $y = x^2 + C$ 就表达了无穷多条抛物线,所有这些抛物线构成一个曲线的集合,称为**曲线族**. 在图 4-1 中,任意两条曲线对应于相同的横坐标 x,它们对应的纵坐标 y 的差总是一个常数,即曲线族中任一条抛物线可由另一条抛物线沿 y 轴方向平移而得到.

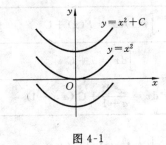

图 4-1

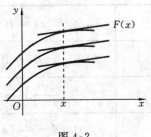

图 4-2

一般地,若 $F(x)$ 是 $f(x)$ 的一个原函数,则 $f(x)$ 的不定积分 $\int f(x) \mathrm{d}x = F(x) + C$ 是 $f(x)$ 的原函数族. 对于 C 每取一个值 C_0,就确定了 $f(x)$ 的一个原函数,在直角坐标系中就确定一条曲线 $y = F(x) + C_0$,这条曲线称为函数 $f(x)$ 的一条**积分曲线**. 所有这些积分曲线构成一个曲线族,称为 $f(x)$ 的**积分曲线族**(图 4-2). 这就是不定积分的几何意义. 积分曲线族中每一条曲线上横坐标相同的点处的切线互相平行.

习 题 4.1

1. 用微分法验证下列各等式:

(1) $\displaystyle\int \frac{1}{x^2} \mathrm{d}x = -\frac{1}{x} + C$;

(2) $\displaystyle\int \cos(2x + 3) \mathrm{d}x = \frac{1}{2} \sin(2x + 3) + C$;

(3) $\displaystyle\int \frac{x}{\sqrt{a^2 + x^2}} \mathrm{d}x = \sqrt{a^2 + x^2} + C$;

(4) $\displaystyle\int \cos^2 x \mathrm{d}x = \frac{x}{2} + \frac{1}{4} \sin 2x + C$.

2. 已知某曲线上任意一点 (x, y) 的切线的斜率等于 x,且曲线通过点 $M(0, 1)$,求曲线的方程.

3. 设物体的运动速度为 $v = \cos t$(v 的单位为 m/s). 当 $t = \frac{\pi}{2}$ s 时,物体所经过的路程为 10 m,求物体的运动规律.

4. 计算下列各不定积分:

(1) $\displaystyle\int x^5 \sqrt{x} \mathrm{d}x$;

(2) $\displaystyle\int 6^x \mathrm{d}x$;

(3) $\displaystyle\int (2\mathrm{e})^x \mathrm{d}x$;

(4) $\displaystyle\int (1 + \tan^2 x) \mathrm{d}x$;

(5) $\displaystyle\int \frac{\sin x}{\cos^2 x} \mathrm{d}x$.

4.2　不定积分的基本公式和运算法则　　直接积分法

4.2.1　不定积分的基本公式

由于不定积分是微分的逆运算,因此,我们可以从导数的基本公式得到相应的积分基本公式,现把它们列表对照如下:

表 4-1

	$F'(x) = f(x)$	$\int f(x)\mathrm{d}x = F(x) + C$
1	$(x)' = 1$	$\int \mathrm{d}x = x + C$
2	$\left(\dfrac{x^{a+1}}{a+1}\right)' = x^a$	$\int x^a \mathrm{d}x = \dfrac{x^{a+1}}{a+1} + C\ (a \neq -1)$
3	$(\ln x)' = \dfrac{1}{x}\ (x > 0)$ $[\ln(-x)]' = \dfrac{1}{x}\ (x < 0)$	$\int \dfrac{1}{x}\mathrm{d}x = \ln \mid x \mid + C$
4	$(\arctan x)' = \dfrac{1}{1+x^2}$	$\int \dfrac{1}{1+x^2}\mathrm{d}x = \arctan x + C$
5	$(\arcsin x)' = \dfrac{1}{\sqrt{1-x^2}}$	$\int \dfrac{1}{\sqrt{1-x^2}}\mathrm{d}x = \arcsin x + C$
6	$\left(\dfrac{a^x}{\ln a}\right)' = a^x$	$\int a^x \mathrm{d}x = \dfrac{a^x}{\ln a} + C$
7	$(\mathrm{e}^x)' = \mathrm{e}^x$	$\int \mathrm{e}^x \mathrm{d}x = \mathrm{e}^x + C$
8	$(\sin x)' = \cos x$	$\int \cos x \mathrm{d}x = \sin x + C$
9	$(-\cos x)' = \sin x$	$\int \sin x \mathrm{d}x = -\cos x + C$
10	$(\tan x)' = \sec^2 x$	$\int \sec^2 x \mathrm{d}x = \tan x + C$
11	$(-\cot x)' = \csc^2 x$	$\int \csc^2 x \mathrm{d}x = -\cot x + C$
12	$(\sec x)' = \sec x \tan x$	$\int \sec x \tan x \mathrm{d}x = \sec x + C$
13	$(-\csc x)' = \csc x \cot x$	$\int \csc x \cot x \mathrm{d}x = -\csc x + C$

表 4-1 中公式是求不定积分的基础,读者必须熟记.

例 4　计算下列不定积分:

(1) $\int \dfrac{1}{x^2}\mathrm{d}x$;　　　(2) $\int x\sqrt[3]{x}\mathrm{d}x$.

解　(1) $\int \dfrac{1}{x^2}\mathrm{d}x = \int x^{-2}\mathrm{d}x = \dfrac{x^{-2+1}}{-2+1} + C = -\dfrac{1}{x} + C.$

(2) $\int x\sqrt[3]{x}\mathrm{d}x = \int x^{\frac{4}{3}}\mathrm{d}x = \dfrac{x^{\frac{4}{3}+1}}{\frac{4}{3}+1} + C = \dfrac{3}{7}x^{\frac{7}{3}} + C.$

例 4 表明,对某些分式或根式函数求积分,可先把它们化为 x^a 的形式,然后应用幂函数的积分公式求积分.

4.2.2　不定积分的运算法则

由不定积分的定义,很容易得到下面的法则.

法则 4.1　两个函数的代数和的积分等于各个函数积分的代数和,即

$$\int [f_1(x) \pm f_2(x)]\mathrm{d}x = \int f_1(x)\mathrm{d}x \pm \int f_2(x)\mathrm{d}x.$$

上述法则对于有限个函数的代数和也是成立的.

法则 4.2　被积表达式中的常数因子可以提到积分号的前面,即当 k 为不等于零的常数时,则有

$$\int kf(x)\mathrm{d}x = k\int f(x)\mathrm{d}x.$$

例 5　计算 $\int (2x^3 + 1 - \mathrm{e}^x)\mathrm{d}x$.

解　根据积分法则,得

$$\int (2x^3 + 1 - \mathrm{e}^x)\mathrm{d}x = 2\int x^3\mathrm{d}x + \int \mathrm{d}x - \int \mathrm{e}^x\mathrm{d}x,$$

然后再应用基本公式,得

$$\int (2x^3 + 1 - \mathrm{e}^x)\mathrm{d}x = 2 \cdot \dfrac{x^4}{4} + x - \mathrm{e}^x + C = \dfrac{1}{2}x^4 + x - \mathrm{e}^x + C.$$

其中每一项的积分虽然都应当有一个积分常数,但是这里并不需要在每一项后面各加上一个积分常数.因为任意常数之和还是任意常数,所以这里只把它们的和 C 写在末尾.

应当注意,检验积分结果是否正确,只要把结果求导,看它的导数是否等于被积函数.

如上例,由于 $\left(\dfrac{1}{2}x^4 + x - \mathrm{e}^x + C\right)' = 2x^3 + 1 - \mathrm{e}^x$,所以结果是正确的.

4.2.3　直接积分法

在求积分问题中,可以直接用积分基本公式和运算法则求出结果(见例 5),但有时,被积函数常需要经过适当的恒等变形(包括代数和三角的恒等变形),再利用积分的运算法则,然后运用基本公式求出结果,这样的积分方法称为**直接积分法**.

例 6　计算 $\int (x^2 + 2)x\mathrm{d}x$.

解　$\int (x^2 + 2)x\mathrm{d}x = \int (x^3 + 2x)\mathrm{d}x = \int x^3 \mathrm{d}x + \int 2x\mathrm{d}x = \dfrac{1}{4}x^4 + x^2 + C.$

例 7　计算 $\int \dfrac{x^3 - 3x^2 + 2x + 4}{x^2}\mathrm{d}x$.

解　$\displaystyle\int \frac{x^3 - 3x^2 + 2x + 4}{x^2}\mathrm{d}x = \int \left(x - 3 + \frac{2}{x} + \frac{4}{x^2} \right)\mathrm{d}x$

$$= \int x\mathrm{d}x - 3\int \mathrm{d}x + 2\int \frac{1}{x}\mathrm{d}x + 4\int \frac{1}{x^2}\mathrm{d}x$$

$$= \frac{1}{2}x^2 - 3x + 2\ln|x| - \frac{4}{x} + C.$$

例 8　计算 $\int \left(\cos x - a^x + \dfrac{1}{\cos^2 x} \right)\mathrm{d}x$.

解　$\displaystyle\int \left(\cos x - a^x + \frac{1}{\cos^2 x} \right)\mathrm{d}x = \int \cos x\mathrm{d}x - \int a^x \mathrm{d}x + \int \sec^2 x\mathrm{d}x$

$$= \sin x - \frac{a^x}{\ln a} + \tan x + C.$$

例 9　计算 $\int \dfrac{2x^2 + 1}{x^2(x^2 + 1)}\mathrm{d}x$.

解　在积分基本公式中没有这种类型的积分公式,我们可以先把被积函数作恒等变形,再逐项求积分.

$$\int \frac{2x^2 + 1}{x^2(x^2 + 1)}\mathrm{d}x = \int \frac{x^2 + 1 + x^2}{x^2(x^2 + 1)}\mathrm{d}x = \int \frac{x^2 + 1}{x^2(x^2 + 1)}\mathrm{d}x + \int \frac{x^2}{x^2(x^2 + 1)}\mathrm{d}x$$

$$= \int \frac{1}{x^2}\mathrm{d}x + \int \frac{1}{x^2 + 1}\mathrm{d}x = -\frac{1}{x} + \arctan x + C.$$

例 10　计算 $\int \dfrac{x^4}{1 + x^2}\mathrm{d}x$.

解　$\displaystyle\int \frac{x^4}{1 + x^2}\mathrm{d}x = \int \frac{x^4 - 1 + 1}{1 + x^2}\mathrm{d}x = \int \frac{(x^2 + 1)(x^2 - 1) + 1}{1 + x^2}\mathrm{d}x$

$$= \int (x^2 - 1)\mathrm{d}x + \int \frac{1}{1 + x^2}\mathrm{d}x = \frac{x^3}{3} - x + \arctan x + C.$$

例 11　计算 $\int \tan^2 x\mathrm{d}x$.

解 先利用三角恒等式进行变形,然后再求积分.

$$\int \tan^2 x \mathrm{d}x = \int (\sec^2 x - 1)\mathrm{d}x = \int \sec^2 x \mathrm{d}x - \int \mathrm{d}x = \tan x - x + C.$$

例 12 计算 $\displaystyle\int \frac{\cos 2x}{\cos x - \sin x}\mathrm{d}x.$

解 $\displaystyle\int \frac{\cos 2x}{\cos x - \sin x}\mathrm{d}x = \int \frac{\cos^2 x - \sin^2 x}{\cos x - \sin x}\mathrm{d}x = \int \frac{(\cos x + \sin x)(\cos x - \sin x)}{\cos x - \sin x}\mathrm{d}x$

$$= \int (\cos x + \sin x)\mathrm{d}x \ (\cos x \neq \sin x, \text{即 } \tan x \neq 1)$$

$$= \sin x - \cos x + C.$$

例 13 已知物体以速度 $v = 2t^2 + 1$ (v 的单位为 m/s) 作直线运动. 当 $t = 1$ s 时,物体经过的路程为 3 m,求物体的运动规律.

解 设所求的运动规律为 $s = s(t)$,于是有

$$[s(t)]' = v = 2t^2 + 1, \quad s(t) = \int (2t^2 + 1)\mathrm{d}t = \frac{2}{3}t^3 + t + C.$$

$t = 1$ 时,$s = 3$,代入上式,得

$$3 = \frac{2}{3} + 1 + C, \quad \text{即} \quad C = \frac{4}{3}.$$

于是所求的物体的运动规律为

$$s(t) = \frac{2}{3}t^3 + t + \frac{4}{3}.$$

习 题 4.2

1. 计算下列不定积分:

(1) $\displaystyle\int (e^x + 1)\mathrm{d}x$;　　　(2) $\displaystyle\int (ax^2 + bx + c)\mathrm{d}x$;　　　(3) $\displaystyle\int \frac{3x^3 - 2x^2 + x + 1}{x^3}\mathrm{d}x$;

(4) $\displaystyle\int \frac{x-4}{\sqrt{x}+2}\mathrm{d}x$;　　　(5) $\displaystyle\int \frac{1}{x^2(1+x^2)}\mathrm{d}x$;　　　(6) $\displaystyle\int \frac{x^3}{1+x}\mathrm{d}x$.

2. 已知某函数的导数是 $\sin x + \cos x$,又知当 $x = \dfrac{\pi}{2}$ 时,函数的值等于 2,求此函数.

3. 一物体以速度 $v = 3t^2 + 4t$ (v 的单位为 m/s) 作直线运动,当 $t = 2$ s 时,物体经过的路程 $s = 16$ m,试求此物体的运动规律.

4.3 换元积分法

4.3.1 第一类换元积分法

用直接积分法所能计算的不定积分是非常有限的,因此,有必要进一步研究不

定积分的计算方法.这里先介绍第一类换元积分法,它是与微分学中的复合函数求导法则(或微分形式的不变性)相对应的积分方法.为了说明这种方法,我们先看下面的例子.

例 14　计算 $\int \cos 3x \mathrm{d}x$.

解　在基本积分公式里虽有 $\int \cos x \mathrm{d}x = \sin x + C$,但我们这里不能直接应用,这是因为被积函数 $\cos 3x$ 是一个复合函数,为了套用这个积分公式,先把原积分作下列变形,然后进行计算.

$$\int \cos 3x \mathrm{d}x = \int \frac{1}{3}\cos 3x \mathrm{d}(3x) \xrightarrow{\;\text{令}\, 3x = u\;} \frac{1}{3}\int \cos u \mathrm{d}u$$

$$= \frac{1}{3}\sin u + C \xrightarrow{\;\text{回代}\, u = 3x\;} \frac{1}{3}\sin 3x + C.$$

验证:$\left(\dfrac{1}{3}\sin 3x + C\right)' = \cos 3x$,所以 $\dfrac{1}{3}\sin 3x + C$ 确实是 $\cos 3x$ 的原函数,这说明上面的方法是正确的.

例 14 的解法特点是引入变量 $u = 3x$,从而把原积分化为积分变量为 u 的积分,再用基本积分公式求解.它就是利用 $\int \cos x \mathrm{d}x = \sin x + C$ 得 $\int \cos u \mathrm{d}u = \sin u + C$.

如果更一般地,若 $\int f(x)\mathrm{d}x = F(x) + C$ 成立,那么当 u 是 x 的任一可导函数 $u = \varphi(x)$ 时,$\int f(u)\mathrm{d}u = F(u) + C$ 是否成立?回答是肯定的.事实上,由 $\int f(x)\mathrm{d}x = F(x) + C$,得

$$\mathrm{d}F(x) = f(x)\mathrm{d}x.$$

根据微分形式不变性可以知道,当 $u = \varphi(x)$ 可导时,有

$$\mathrm{d}F(u) = f(u)\mathrm{d}u,$$

从而根据不定积分的定义,有

$$\int f(u)\mathrm{d}u = F(u) + C.$$

这个结论充分表明:在基本积分公式中,自变量 x 换成任一可导函数 $u = \varphi(x)$ 时,公式仍成立.这就大大扩大了基本积分公式的使用范围.

一般地,若不定积分的被积表达式能写成

$$f[\varphi(x)]\varphi'(x)\mathrm{d}x = f[\varphi(x)]\mathrm{d}\varphi(x)$$

的形式,则令 $u = \varphi(x)$,当积分 $\int f(u)\mathrm{d}u = F(u) + C$ 容易用直接积分法求得时,那么就按下述方法计算不定积分:

$$\int f[\varphi(x)]\varphi'(x)\mathrm{d}x = \int f[\varphi(x)]\mathrm{d}\varphi(x) \xrightarrow{\diamondsuit\ \varphi(x)=u} \int f(u)\mathrm{d}u$$

$$= F(u) + C \xrightarrow{\text{回代}\ u=\varphi(x)} F[\varphi(x)] + C$$

通常把这样的积分方法称为**第一类换元积分法**.

例 15 计算 $\int (3x-1)^{10}\mathrm{d}x$.

解 基本积分公式中有

$$\int x^a \mathrm{d}x = \frac{x^{a+1}}{a+1} + C \quad (a \neq -1),$$

因为 $\qquad\qquad\qquad 3\mathrm{d}x = \mathrm{d}(3x-1),$

所以 $\qquad \int (3x-1)^{10}\mathrm{d}x = \frac{1}{3}\int (3x-1)^{10}\mathrm{d}(3x-1) \xrightarrow{\diamondsuit\ 3x-1=u} \frac{1}{3}\int u^{10}\mathrm{d}u$

$$= \frac{1}{33}u^{11} + C \xrightarrow{\text{回代}\ u=3x-1} \frac{1}{33}(3x-1)^{11} + C.$$

从上例可以看出,求积分时经常需要用到下面两个微分性质:

(1) $\mathrm{d}[a\varphi(x)] = a\mathrm{d}\varphi(x)$,即常系数可以从微分号内移出、移进,如

$$2\mathrm{d}x = \mathrm{d}(2x), \mathrm{d}(-x) = -\mathrm{d}x, \ \mathrm{d}\left(\frac{1}{2}x^2\right) = \frac{1}{2}\mathrm{d}(x^2);$$

(2) $\mathrm{d}\varphi(x) = \mathrm{d}[\varphi(x) \pm b]$,即微分号内的函数可加(或减)一个常数,如 $\mathrm{d}x = \mathrm{d}(x+1), \mathrm{d}(x^2) = \mathrm{d}(x^2 \pm 1)$.

上例是把这两个微分性质结合起来运用得到 $\mathrm{d}x = \frac{1}{3}\mathrm{d}(3x-1)$.

例 16 计算 $\int \sqrt{ax+b}\,\mathrm{d}x \ (a \neq 0)$.

解 $\int \sqrt{ax+b}\,\mathrm{d}x = \frac{1}{a}\int \sqrt{ax+b}\,\mathrm{d}(ax+b) \xrightarrow{\diamondsuit\ ax+b=u} \frac{1}{a}\int u^{\frac{1}{2}}\mathrm{d}u$

$$= \frac{2}{3a}u^{\frac{3}{2}} + C \xrightarrow{\text{回代}\ u=ax+b} \frac{2}{3a}(ax+b)\sqrt{ax+b} + C.$$

例 17 计算 $\int xe^{x^2}\mathrm{d}x$.

解 $\int xe^{x^2}\mathrm{d}x = \frac{1}{2}\int e^{x^2}\mathrm{d}(x^2) \xrightarrow{\diamondsuit\ x^2=u} \frac{1}{2}\int e^u\mathrm{d}u = \frac{1}{2}e^u + C$

$$\xrightarrow{\text{回代}\ u=x^2} \frac{1}{2}e^{x^2} + C.$$

例 18 计算 $\int \frac{\ln x}{x}\mathrm{d}x$.

解 $\int \frac{\ln x}{x}\mathrm{d}x = \int \ln x\,\mathrm{d}(\ln x) \xrightarrow{\diamondsuit\ \ln x=u} \int u\mathrm{d}u = \frac{1}{2}u^2 + C$

$$\xrightarrow{\text{回代 } u = \ln x} \frac{1}{2}\ln^2 x + C.$$

由上面例题可以看出,用第一类换元积分法计算积分时,关键是把被积表达式凑成两部分,使其中一部分为 $\mathrm{d}\varphi(x)$,另一部分为 $\varphi(x)$ 的函数 $f[\varphi(x)]$. 因此,通常又把第一类换元积分法称为**凑微分法**.

在凑微分时,常要用到下列微分式子,熟悉它们是有助于求不定积分的.

$$\mathrm{d}x = \frac{1}{a}\mathrm{d}(ax + b) \ (a \neq 0); \qquad x\mathrm{d}x = \frac{1}{2}\mathrm{d}(x^2); \qquad \frac{1}{x}\mathrm{d}x = \mathrm{d}\ln|x|;$$

$$\frac{1}{\sqrt{x}}\mathrm{d}x = 2\mathrm{d}\sqrt{x}; \qquad \frac{1}{x^2}\mathrm{d}x = -\mathrm{d}\left(\frac{1}{x}\right); \qquad \frac{1}{1+x^2}\mathrm{d}x = \mathrm{d}(\arctan x);$$

$$\frac{1}{\sqrt{1-x^2}}\mathrm{d}x = \mathrm{d}(\arcsin x); \qquad \mathrm{e}^x\mathrm{d}x = \mathrm{d}(\mathrm{e}^x); \qquad \sin x\mathrm{d}x = -\mathrm{d}(\cos x);$$

$$\cos x\mathrm{d}x = \mathrm{d}(\sin x); \qquad \sec^2 x\mathrm{d}x = \mathrm{d}(\tan x); \qquad \csc^2 x\mathrm{d}x = -\mathrm{d}(\cot x);$$

$$\sec x\tan x\mathrm{d}x = \mathrm{d}(\sec x); \qquad \csc x\cot x\mathrm{d}x = -\mathrm{d}(\csc x).$$

显然,微分式子绝非只有这些,大量的式子是要根据具体问题具体分析的,读者应在熟记基本积分公式和一些常用微分式子的基础上,通过大量的练习积累经验,才能逐步掌握这一重要的积分方法.

例 19　计算 $\displaystyle\int \frac{\sin(\sqrt{x}+1)}{\sqrt{x}}\mathrm{d}x.$

解　$\displaystyle\int \frac{\sin(\sqrt{x}+1)}{\sqrt{x}}\mathrm{d}x = 2\int \sin(\sqrt{x}+1)\mathrm{d}(\sqrt{x}) = 2\int \sin(\sqrt{x}+1)\mathrm{d}(\sqrt{x}+1)$

$$\xrightarrow{\text{令}\sqrt{x}+1=u} 2\int \sin u\,\mathrm{d}u = -2\cos u + C$$

$$\xrightarrow{\text{回代 } u = \sqrt{x}+1} -2\cos(\sqrt{x}+1) + C.$$

当运算比较熟练后,设变量代换 $\varphi(x) = u$ 和回代这两个步骤可省略不写.

例 20　计算 $\displaystyle\int \frac{\mathrm{d}x}{a^2+x^2} \ (a > 0).$

解　$\displaystyle\int \frac{\mathrm{d}x}{a^2+x^2} = \frac{1}{a^2}\int \frac{\mathrm{d}x}{1+\left(\dfrac{x}{a}\right)^2} = \frac{1}{a}\int \frac{\mathrm{d}\left(\dfrac{x}{a}\right)}{1+\left(\dfrac{x}{a}\right)^2} = \frac{1}{a}\arctan \frac{x}{a} + C.$

类似地,可得

$$\int \frac{\mathrm{d}x}{\sqrt{a^2-x^2}} = \arcsin \frac{x}{a} + C \quad (a > 0).$$

有时需要通过代数或三角恒等变换,把被积函数适当变形,再用凑微分法求积分.

例 21 计算 $\int \dfrac{dx}{x^2 - a^2}$.

解 $\displaystyle\int \frac{dx}{x^2 - a^2} = \int \frac{dx}{(x+a)(x-a)} = \frac{1}{2a}\int \frac{(x+a)-(x-a)}{(x+a)(x-a)}dx$

$\displaystyle\qquad = \frac{1}{2a}\int\left(\frac{1}{x-a}-\frac{1}{x+a}\right)dx = \frac{1}{2a}\left[\int \frac{d(x-a)}{x-a}-\int \frac{d(x+a)}{x+a}\right]$

$\displaystyle\qquad = \frac{1}{2a}[\ln|x-a|-\ln|x+a|]+C = \frac{1}{2a}\ln\left|\frac{x-a}{x+a}\right|+C.$

例 22 计算 $\int \tan x\, dx$.

解 $\displaystyle\int \tan x\, dx = \int \frac{\sin x}{\cos x}dx = -\int \frac{d(\cos x)}{\cos x} = -\ln|\cos x|+C.$

类似地，可得

$$\int \cot x\, dx = \ln|\sin x|+C.$$

例 23 计算 $\int \csc x\, dx$.

解 $\displaystyle\int \csc x\, dx = \int \frac{1}{\sin x}dx = \int \frac{\sin^2 \frac{x}{2}+\cos^2 \frac{x}{2}}{2\sin \frac{x}{2}\cos \frac{x}{2}}dx = \int\left(\tan \frac{x}{2}+\cot \frac{x}{2}\right)d\left(\frac{x}{2}\right)$

$\displaystyle\qquad = -\ln\left|\cos \frac{x}{2}\right|+\ln\left|\sin \frac{x}{2}\right|+C = \ln\left|\tan \frac{x}{2}\right|+C.$

由三角恒等式，得

$$\tan \frac{x}{2} = \frac{1-\cos x}{\sin x} = \csc x - \cot x,$$

故 $$\int \csc x\, dx = \ln|\csc x - \cot x|+C.$$

例 24 计算 $\int \sec x\, dx$.

解 $\displaystyle\int \sec x\, dx = \int \frac{1}{\cos x}dx = \int \frac{d\left(\frac{\pi}{2}+x\right)}{\sin\left(\frac{\pi}{2}+x\right)}$ （利用上面的结果）

$\displaystyle\qquad = \ln\left|\csc\left(\frac{\pi}{2}+x\right)-\cot\left(\frac{\pi}{2}+x\right)\right|+C = \ln|\sec x + \tan x|+C.$

例 25 计算 $\int \cos^3 x\, dx$.

解 $\displaystyle\int \cos^3 x\, dx = \int \cos^2 x \cdot \cos x\, dx = \int(1-\sin^2 x)d(\sin x)$

$$= \int d(\sin x) - \int \sin^2 x d(\sin x) = \sin x - \frac{\sin^3 x}{3} + C.$$

例 26   计算 $\int \cos^2 x dx$.

解   如果仿照例 25 的方法化为 $\int \cos x d(\sin x)$ 是求不出结果的. 需要先用半角公式作恒等变换, 然后再求积分.

$$\int \cos^2 x dx = \int \frac{1 + \cos 2x}{2} dx = \frac{1}{2} \int dx + \frac{1}{2} \int \cos 2x dx$$

$$= \frac{1}{2} x + \frac{1}{4} \int \cos 2x d(2x) = \frac{1}{2} x + \frac{1}{4} \sin 2x + C.$$

类似地, 可得

$$\int \sin^2 x dx = \frac{x}{2} - \frac{1}{4} \sin 2x + C.$$

例 27   计算 $\int \tan x \sec^3 x dx$.

解 $\int \tan x \sec^3 x dx = \int \sec^2 x d(\sec x) = \frac{\sec^3 x}{3} + C.$

例 28   计算 $\int \cos 3x \sin x dx$.

解   先利用积化和差公式作恒等变换, 然后再求积分.

$$\int \cos 3x \sin x dx = \frac{1}{2} \int [\sin(3x + x) - \sin(3x - x)] dx = \frac{1}{2} \int (\sin 4x - \sin 2x) dx$$

$$= \frac{1}{8} \int \sin 4x d(4x) - \frac{1}{4} \int \sin 2x d(2x) = -\frac{1}{8} \cos 4x + \frac{1}{4} \cos 2x + C.$$

注意   同一积分可以有几种不同的解法, 其结果在形式上可能不同, 但实际上它们最多只是积分常数有区别.

例 29   计算 $\int \sin x \cos x dx$.

解一 $\int \sin x \cos x dx = \int \sin x d(\sin x) = \frac{1}{2} \sin^2 x + C_1.$

解二 $\int \sin x \cos x dx = -\int \cos x d(\cos x) = -\frac{1}{2} \cos^2 x + C_2.$

解三 $\int \sin x \cos x dx = \frac{1}{2} \int \sin 2x dx = \frac{1}{4} \int \sin 2x d(2x) = -\frac{1}{4} \cos 2x + C_3.$

利用三角公式不难验证上例三种解法的结果彼此只相差一个常数, 但很多的积分要把结果化为相同的形式有时会有一定的困难. 事实上, 要检查积分是否正确, 正如前面指出的那样, 只要对所得的结果求导, 如果这个导数与被积函数相同, 那么结果就是正确的.

4.3.2 第二类换元积分法

上一节讨论的第一类换元积分法是选择新积分变量 u,令 $u = \varphi(x)$ 进行换元. 但对于某些被积函数来说,例如,$\int \sqrt{a^2 - x^2}\,\mathrm{d}x$,用第一类换元积分法就很困难,而用相反的方式令 $x = a\sin t$ 进行换元,却能比较顺利地求出结果.

一般地,在计算 $\int f(x)\mathrm{d}x$ 时,适当地选择 $x = \varphi(t)$ 进行换元,如果积分 $\int f[\varphi(t)]\varphi'(t)\mathrm{d}t$ 容易用直接积分法求得,那么就按下述方法计算不定积分:

$$\int f(x)\mathrm{d}x \xrightarrow{\ \ 令\,x\,=\,\varphi(t)\ \ } \int f[\varphi(t)]\varphi'(t)\mathrm{d}t = F(t) + C$$
$$\xrightarrow{\ \ 回代\,t\,=\,\varphi^{-1}(x)\ \ } F[\varphi^{-1}(x)] + C$$

通常把这样的积分方法称为**第二类换元积分法**.

例 30 计算 $\int \dfrac{\mathrm{d}x}{1 + \sqrt{x}}$.

解 求这个积分的困难在于被积函数中含有根式 $\sqrt{x}$,为了去掉根式,容易想到令 $\sqrt{x} = t$,即 $x = t^2(t > 0)$,于是 $\mathrm{d}x = 2t\mathrm{d}t$. 把它们代入积分式,得

$$\int \frac{\mathrm{d}x}{1 + \sqrt{x}} = \int \frac{2t}{1 + t}\mathrm{d}t = 2\int \frac{1 + t - 1}{1 + t}\mathrm{d}t = 2\left[\int \mathrm{d}t - \int \frac{1}{1 + t}\mathrm{d}t\right]$$
$$= 2[t - \ln(1 + t)] + C.$$

为了使所得结果仍用原变量 x 来表示,把 $t = \sqrt{x}$ 回代入上式,最后得

$$\int \frac{\mathrm{d}x}{1 + \sqrt{x}} = 2[\sqrt{x} - \ln(1 + \sqrt{x})] + C.$$

从例 30 可以看出,第二类换元积分法的特点是:它的换元表达式 $x = t^2$ 中新变量 t 处于自变量的地位,而在第一类换元积分法中新变量 u 是因变量. 还值得注意的是,在令 $x = t^2$ 的同时给出了 $t > 0$ 的条件,这一方面是使被积函数中的 $\sqrt{x}$ 在代换后等于 t,而不必写成 $|t|$,另一方面是在最后需要回代时,保证它的反函数是单值的 $t = \sqrt{x}$. 所以一般在用第二类换元积分法时,为了保证 $x = \varphi(t)$ 的反函数 $t = \varphi^{-1}(x)$ 存在及原来的积分有意义,通常要求 $x = \varphi(t)$ 有连续导数且 $\varphi'(t) \neq 0$. 为了解题简便起见,我们约定在本章各题中所设 $x = \varphi(t)$ 都是在某一区间内满足有连续的导数且 $\varphi'(t) \neq 0$ 的条件的. 例如,令 $x = a\sin t$ 和 $x = a\tan t$ 时,我们约定它是在区间 $\left(-\dfrac{\pi}{2}, \dfrac{\pi}{2}\right)$ 内进行计算的;令 $x = a\sec t$ 时,它是在区间 $\left(0, \dfrac{\pi}{2}\right)$ 内进行计算的.

例 31　计算 $\int \dfrac{\mathrm{d}x}{\sqrt{x}+\sqrt[3]{x}}$.

解　令 $x=t^6$，这时 $\sqrt{x}=t^3,\sqrt[3]{x}=t^2,\mathrm{d}x=6t^5\mathrm{d}t$，因此

$$\int \frac{\mathrm{d}x}{\sqrt{x}+\sqrt[3]{x}}=\int \frac{6t^5\mathrm{d}t}{t^3+t^2}=6\int \frac{t^3\mathrm{d}t}{t+1}=6\int \frac{(t^3+1)-1}{t+1}\mathrm{d}t=6\int \Big(t^2-t+1-\frac{1}{t+1}\Big)\mathrm{d}t$$

$$=2t^3-3t^2+6t-6\ln(t+1)+C.$$

由于 $x=t^6$，所以 $t=\sqrt[6]{x}$，于是，所求积分为

$$\int \frac{\mathrm{d}x}{\sqrt{x}+\sqrt[3]{x}}=2\sqrt{x}-3\sqrt[3]{x}+6\sqrt[6]{x}-6\ln(\sqrt[6]{x}+1)+C.$$

例 32　计算 $\int \sqrt{a^2-x^2}\,\mathrm{d}x\ (a>0)$.

解　求这个积分的困难也在于被积表达式中有根式 $\sqrt{a^2-x^2}$. 我们又不能像上面那样令 $a^2-x^2=t^2$ 使之有理化，但可以利用三角公式来消去根式.

令 $x=a\sin t$，则

$$\sqrt{a^2-x^2}=\sqrt{a^2-a^2\sin^2 t}=\sqrt{a^2\cos^2 t}=a\cos t,$$

$$\mathrm{d}x=a\cos t\mathrm{d}t,$$

代入被积表达式，得

$$\int \sqrt{a^2-x^2}\,\mathrm{d}x=\int a\cos t\cdot a\cos t\mathrm{d}t=a^2\int \cos^2 t\mathrm{d}t.$$

这样就把一个无理函数的不定积分化为较简单的三角函数的不定积分. 于是

$$\int \sqrt{a^2-x^2}\,\mathrm{d}x=a^2\int \cos^2 t\mathrm{d}t=a^2\int \frac{1+\cos 2t}{2}\mathrm{d}t=\frac{a^2}{2}\Big(t+\frac{1}{2}\sin 2t\Big)+C$$

$$=\frac{a^2}{2}t+\frac{a^2}{2}\sin t\cos t+C.$$

由于 $x=a\sin t$，所以

$$t=\arcsin \frac{x}{a},\quad \cos t=\sqrt{1-\sin^2 t}=\sqrt{1-\Big(\frac{x}{a}\Big)^2}=\frac{\sqrt{a^2-x^2}}{a}.$$

于是所求的积分为

$$\int \sqrt{a^2-x^2}\,\mathrm{d}x=\frac{a^2}{2}\arcsin \frac{x}{a}+\frac{1}{2}x\sqrt{a^2-x^2}+C.$$

例 33　计算 $\int \dfrac{\mathrm{d}x}{\sqrt{x^2+a^2}}\ (a>0)$.

解　和上例类似，我们可以利用三角公式来消去根式.

令 $x=a\tan t$，则

$$\sqrt{x^2+a^2}=\sqrt{a^2\tan^2 t+a^2}=a\sqrt{1+\tan^2 t}=a\sec t,$$

$$\mathrm{d}x=a\sec^2 t\mathrm{d}t,$$

于是所求积分为

$$\int \frac{\mathrm{d}x}{\sqrt{x^2+a^2}} = \int \frac{a\sec^2 t \mathrm{d}t}{a\sec t} = \int \sec t \mathrm{d}t.$$

由例 24 的结果,得

$$\int \frac{\mathrm{d}x}{\sqrt{x^2+a^2}} = \ln|\sec t + \tan t| + C_1.$$

为了使所得结果用原变量 x 来表示,可以根据 $\tan t$ $= \dfrac{x}{a}$ 作辅助直角三角形(图 4-3),于是有

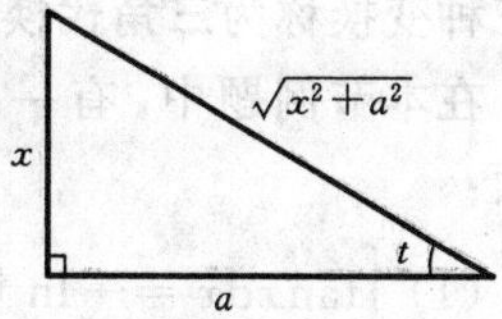

$$\sec t = \frac{\sqrt{x^2+a^2}}{a}.$$

图 4-3

因此 $\quad \displaystyle\int \frac{\mathrm{d}x}{\sqrt{x^2+a^2}} = \ln\left|\frac{\sqrt{x^2+a^2}}{a} + \frac{x}{a}\right| + C_1$

$$= \ln(\sqrt{x^2+a^2}+x) + C_1 - \ln a$$

$$= \ln(\sqrt{x^2+a^2}+x) + C,$$

其中 $C = C_1 - \ln a$.

例 34 计算 $\displaystyle\int \frac{\mathrm{d}x}{\sqrt{x^2-a^2}}$ $\quad(a>0)$.

解 和以上两例类似,可以利用三角公式消去根式.

令 $x = a\sec t$,则

$$\sqrt{x^2-a^2} = \sqrt{a^2\sec^2 t - a^2} = a\sqrt{\sec^2 t - 1} = a\tan t,$$

$$\mathrm{d}x = a\sec t \tan t \mathrm{d}t.$$

于是所求积分为

$$\int \frac{\mathrm{d}x}{\sqrt{x^2-a^2}} = \int \frac{a\sec t \tan t}{a\tan t}\mathrm{d}t = \int \sec t \mathrm{d}t = \ln|\sec t + \tan t| + C_1.$$

为了使所得结果用原变量 x 来表示,我们根据 $\sec t = \dfrac{x}{a}$ 作辅助直角三角形(图 4-4),于是有

$$\tan t = \frac{\sqrt{x^2-a^2}}{a}.$$

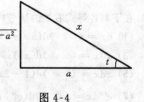

图 4-4

因此 $\quad \displaystyle\int \frac{\mathrm{d}x}{\sqrt{x^2-a^2}} = \ln\left|\frac{x}{a} + \frac{\sqrt{x^2-a^2}}{a}\right| + C_1$

$$= \ln|x + \sqrt{x^2-a^2}| + C_1 - \ln a$$

$$= \ln|x + \sqrt{x^2-a^2}| + C,$$

其中 $C = C_1 - \ln a$.

一般地,当被积函数含有根式 $\sqrt{a^2-x^2}$ 或 $\sqrt{x^2\pm a^2}$ 时,可将被积表达式作如下的变换:

(1) 含有 $\sqrt{a^2-x^2}$ 时,令 $x=a\sin t$;

(2) 含有 $\sqrt{x^2+a^2}$ 时,令 $x=a\tan t$;

(3) 含有 $\sqrt{x^2-a^2}$ 时,令 $x=a\sec t$.

这三种变换称为**三角代换**.

在本节例题中,有一些积分是以后经常会遇到的,所以也作为基本公式列在下面:

(1) $\int \tan x \mathrm{d}x = -\ln|\cos x| + C$;

(2) $\int \cot x \mathrm{d}x = \ln|\sin x| + C$;

(3) $\int \sec x \mathrm{d}x = \ln|\sec x + \tan x| + C$;

(4) $\int \csc x \mathrm{d}x = \ln|\csc x - \cot x| + C$;

(5) $\int \dfrac{\mathrm{d}x}{a^2+x^2} = \dfrac{1}{a}\arctan\dfrac{x}{a} + C$;

(6) $\int \dfrac{\mathrm{d}x}{x^2-a^2} = \dfrac{1}{2a}\ln\left|\dfrac{x-a}{x+a}\right| + C$;

(7) $\int \dfrac{\mathrm{d}x}{\sqrt{a^2-x^2}} = \arcsin\dfrac{x}{a} + C$;

(8) $\int \dfrac{\mathrm{d}x}{\sqrt{x^2\pm a^2}} = \ln|x+\sqrt{x^2\pm a^2}| + C$.

习 题 4.3

1. 在下列各等式右端的括号内填入适当的常数,使等式成立:

(1) $\mathrm{d}x = ($　　$)\mathrm{d}(5x-7)$;　　　　(2) $\mathrm{d}x = ($　　$)\mathrm{d}(6x)$;

(3) $x\mathrm{d}x = ($　　$)\mathrm{d}(x^2)$;　　　　(4) $x\mathrm{d}x = ($　　$)\mathrm{d}(4x^2)$;

(5) $x\mathrm{d}x = ($　　$)\mathrm{d}(1-2x^2)$;　　　　(6) $x\mathrm{d}x = ($　　$)\mathrm{d}(3+4x^2)$;

(7) $\mathrm{e}^{3x}\mathrm{d}x = ($　　$)\mathrm{d}(\mathrm{e}^{3x})$;　　　　(8) $\mathrm{e}^{-\frac{x}{2}}\mathrm{d}x = ($　　$)\mathrm{d}(1+\mathrm{e}^{-\frac{x}{2}})$;

(9) $\cos\dfrac{2}{3}x\mathrm{d}x = ($　　$)\mathrm{d}\left(\sin\dfrac{2}{3}x\right)$;　　　　(10) $\dfrac{\mathrm{d}x}{x} = ($　　$)\mathrm{d}(5\ln|x|)$;

(11) $\dfrac{\mathrm{d}x}{x} = ($　　$)\mathrm{d}(3-5\ln|x|)$;　　　　(12) $\dfrac{\mathrm{d}x}{1+9x^2} = ($　　$)\mathrm{d}(\arctan 3x)$;

(13) $\dfrac{\mathrm{d}x}{\sqrt{1-4x^2}} = ($　　$)\mathrm{d}(\arcsin 2x)$;　　　　(14) $x\sin x^2\,\mathrm{d}x = ($　　$)\mathrm{d}(\cos x^2)$.

2. 计算下列不定积分:

(1) $\int \cos 4x \mathrm{d}x$;　　　　(2) $\int \sin \dfrac{t}{3} \mathrm{d}t$;　　　　(3) $\int (x^2 - 3x + 2)^3 (2x - 3)\mathrm{d}x$;

(4) $\int (3 - 2x)^3 \mathrm{d}x$;　　　(5) $\int \dfrac{x}{\sqrt{x^2 - 2}} \mathrm{d}x$;　　　(6) $\int \dfrac{\sin x}{\cos^2 x} \mathrm{d}x$;

(7) $\int \dfrac{\cos x}{\sqrt{\sin x}} \mathrm{d}x$;　　(8) $\int \sqrt{2 + \mathrm{e}^x}\, \mathrm{e}^x \mathrm{d}x$;　　(9) $\int \dfrac{\mathrm{d}x}{x \ln^3 x}$;

(10) $\int x \mathrm{e}^{x^2} \mathrm{d}x$;　　(11) $\int \mathrm{e}^{-x} \mathrm{d}x$;　　(12) $\int \mathrm{e}^{\sin x} \cos x \mathrm{d}x$;

(13) $\int x^2 \cos 4x^3 \mathrm{d}x$;　　(14) $\int \dfrac{1}{\sqrt{25 - 9x^2}} \mathrm{d}x$.

3. 计算下列不定积分:

(1) $\int \dfrac{\mathrm{d}x}{1 + \sqrt[3]{x + 1}}$;　　(2) $\int \dfrac{\mathrm{d}x}{x\,\sqrt{x + 1}}$;　　(3) $\int \dfrac{\sqrt{x + 1} - 1}{\sqrt{x + 1} + 1} \mathrm{d}x$;

(4) $\int \dfrac{x^2}{\sqrt{9 - x^2}} \mathrm{d}x$;　　(5) $\int \dfrac{\mathrm{d}x}{\sqrt{(x^2 + 1)^3}}$;　　(6) $\int \dfrac{\sqrt{x^2 - 9}}{x} \mathrm{d}x$.

4.4　分部积分法

　　前面我们在复合函数求导法则的基础上,得到了换元积分法,这是一个重要的积分法,但有时对某些类型的积分,换元积分法往往不能奏效,如 $\int x \cos x \mathrm{d}x$, $\int \ln x \mathrm{d}x$, $\int \mathrm{e}^x \cos x \mathrm{d}x$, $\int \arcsin x \mathrm{d}x$ 等等. 为此,本节将在乘积的微分法则的基础上引进另一种积分方法 —— 分部积分法.

　　设函数 $u = u(x)$ 及 $v = v(x)$ 具有连续导数,根据乘积的微分法则,有

$$\mathrm{d}(uv) = u\mathrm{d}v + v\mathrm{d}u,$$

移项得
$$u\mathrm{d}v = \mathrm{d}(uv) - v\mathrm{d}u,$$

两边积分,得

$$\boxed{\int u\mathrm{d}v = uv - \int v\mathrm{d}u}$$

上式称为**分部积分公式**,利用分部积分公式求积分的方法称为**分部积分法**.

　　这个公式的作用在于把求左边的不定积分 $\int u\mathrm{d}v$ 转化为求右边的不定积分 $\int v\mathrm{d}u$,如果 $\int u\mathrm{d}v$ 不易求得,而 $\int v\mathrm{d}u$ 容易求得,利用这个公式,就起到了化难为易的作用.

　　例如,计算 $\int x \cos x \mathrm{d}x$ 时,如果选取 $u = x$, $\mathrm{d}v = \cos x \mathrm{d}x = \mathrm{d}(\sin x)$,代入分部积分公式,得

$$\int x\cos x dx = \int x d(\sin x) = x\sin x - \int \sin x dx,$$

其中 $\int \sin x dx$ 容易求出, 于是

$$\int x\cos x dx = x\sin x + \cos x + C.$$

如果选取 $u = \cos x, dv = x dx = d\left(\dfrac{x^2}{2}\right)$, 代入分部积分公式, 得

$$\int x\cos x dx = \frac{x^2}{2}\cos x + \int \frac{x^2}{2}\sin x dx,$$

上式右端的积分比原来的积分更不容易求出.

由此可见, 如果 u 和 dv 选取不当, 就求不出结果. 所以在应用分部积分公式时, 恰当地选取 u 和 dv 是一个关键. 选取 u 和 dv 一般要考虑下面两点:

(1) v 要容易求得;

(2) $\int v du$ 要比 $\int u dv$ 容易求出.

例 35　计算 $\int x e^x dx$.

解　选取 $u = x, dv = e^x dx = d(e^x)$, 则

$$\int x e^x dx = \int x d(e^x) = x e^x - \int e^x dx = x e^x - e^x + C = e^x(x-1) + C.$$

例 36　计算 $\int x\ln x dx$.

解　选取 $u = \ln x, dv = x dx = d\left(\dfrac{x^2}{2}\right)$, 则

$$\int x\ln x dx = \int \ln x d\left(\frac{x^2}{2}\right) = \frac{x^2}{2}\ln x - \int \frac{x^2}{2}d(\ln x) = \frac{x^2}{2}\ln x - \frac{1}{2}\int x^2 \cdot \frac{1}{x}dx$$

$$= \frac{x^2}{2}\ln x - \frac{1}{2}\int x dx = \frac{x^2}{2}\ln x - \frac{1}{4}x^2 + C.$$

对分部积分法熟练后, 计算时 u 和 dv 可不必写出.

例 37　计算 $\int x\arctan x dx$.

解　
$$\int x\arctan x dx = \int \arctan x d\left(\frac{x^2}{2}\right) = \frac{x^2}{2}\arctan x - \int \frac{x^2}{2}d(\arctan x)$$

$$= \frac{x^2}{2}\arctan x - \frac{1}{2}\int \frac{x^2}{1+x^2}dx$$

$$= \frac{x^2}{2}\arctan x - \frac{1}{2}\int \left(1 - \frac{1}{1+x^2}\right)dx$$

$$= \frac{x^2}{2}\arctan x - \frac{1}{2}\left(\int dx - \int \frac{1}{1+x^2}dx\right)$$

$$= \frac{x^2}{2}\arctan x - \frac{x}{2} + \frac{1}{2}\arctan x + C$$

$$= \frac{1}{2}(x^2+1)\arctan x - \frac{x}{2} + C.$$

由上面的例子可以看出：如果被积函数是幂函数与指数函数（或者正弦、余弦函数）的乘积，就可以考虑用分部积分法，并把幂函数选作 u；如果被积函数是幂函数与对数函数（或反三角函数）的乘积，则应把对数函数（或反三角函数）选作 u.

例 38　计算 $\int \arcsin x \mathrm{d}x$.

解　因为被积函数是单一函数，就可以看做被积表达式已经"自然"分成 $u\mathrm{d}v$ 的形式了. 直接应用公式，得

$$\int \arcsin x \mathrm{d}x = x\arcsin x - \int x\mathrm{d}(\arcsin x) = x\arcsin x - \int \frac{x}{\sqrt{1-x^2}}\mathrm{d}x$$

$$= x\arcsin x + \frac{1}{2}\int \frac{\mathrm{d}(1-x^2)}{\sqrt{1-x^2}} = x\arcsin x + \sqrt{1-x^2} + C.$$

例 39　计算 $\int \ln x \mathrm{d}x$.

解　$\int \ln x \mathrm{d}x = x\ln x - \int x\mathrm{d}(\ln x) = x\ln x - \int \mathrm{d}x = x\ln x - x + C$

$$= x(\ln x - 1) + C.$$

例 40　计算 $\int x^2\sin x \mathrm{d}x$.

解　$\int x^2\sin x \mathrm{d}x = -\int x^2\mathrm{d}(\cos x) = -x^2\cos x - \int 2x(-\cos x)\mathrm{d}x$

$$= -x^2\cos x + 2\int x\cos x \mathrm{d}x.$$

对于 $\int x\cos x \mathrm{d}x$，需要再应用一次分部积分法. 在前面我们已经求得

$$\int x\cos x \mathrm{d}x = x\sin x + \cos x + C_1,$$

所以　　　　$\int x^2\sin x \mathrm{d}x = -x^2\cos x + 2x\sin x + 2\cos x + C \quad (C = 2C_1).$

例 40 表明，有时要多次运用分部积分法，才能求出结果. 下面的例子是在多次运用分部积分法后又回到原来的积分，这时我们只要采用解方程的方法，就可以得出结果.

例 41　计算 $\int \mathrm{e}^x\cos x \mathrm{d}x$.

解　$\int \mathrm{e}^x\cos x \mathrm{d}x = \int \cos x \mathrm{d}(\mathrm{e}^x) = \mathrm{e}^x\cos x + \int \mathrm{e}^x\sin x \mathrm{d}x = \mathrm{e}^x\cos x + \int \sin x \mathrm{d}(\mathrm{e}^x)$

$$= e^x\cos x + e^x\sin x - \int e^x\cos x\mathrm{d}x,$$

移项并合并得

$$2\int e^x\cos x\mathrm{d}x = e^x(\cos x + \sin x) + C_1,$$

因为等式右端已没有积分号,需要加上任意常数 C_1,故

$$\int e^x\cos x\mathrm{d}x = \frac{1}{2}e^x(\cos x + \sin x) + C \qquad \left(C = \frac{1}{2}C_1\right).$$

习　题　4.4

1. 计算下列不定积分:

(1) $\displaystyle\int x\sin x\mathrm{d}x$;　　　　(2) $\displaystyle\int x^2\ln x\mathrm{d}x$;　　　　(3) $\displaystyle\int \arccos x\mathrm{d}x$;　　　　(4) $\displaystyle\int xe^{-x}\mathrm{d}x$;

(5) $\displaystyle\int x\cos\frac{x}{2}\mathrm{d}x$;　　　(6) $\displaystyle\int \frac{\ln x}{\sqrt{x}}\mathrm{d}x$;　　　(7) $\displaystyle\int e^{2x}\cos 3x\mathrm{d}x$;　　　(8) $\displaystyle\int x\sin x\cos x\mathrm{d}x$.

2. 计算下列不定积分:

(1) $\displaystyle\int e^{\sqrt{x}}\mathrm{d}x$;　　　　(2) $\displaystyle\int \sin\sqrt{x}\mathrm{d}x$.

第5章 定积分及其应用

5.1 定积分的概念及性质

5.1.1 两个实例

1. 曲边梯形的面积

在生产实际和科学技术中,常常需要计算平面图形的面积.虽然在初中我们已经知道了四边形以及圆的面积的计算方法,但是对于由任意连续曲线所围成的平面图形的面积仍不会计算.下面就来研究这类平面图形面积的计算问题.

先讨论这类平面图形中最基本的一种图形——曲边梯形.

曲边梯形是指在直角坐标系中,由连续曲线 $y=f(x)$ 与三条直线 $x=a,x=b,y=0$ 所围成的图形.如图 5-1 所示,M_1MNN_1 就是一个曲边梯形.在 x 轴上的线段 M_1N_1 称为曲边梯形的底边,曲线段 $\overset{\frown}{MN}$称为曲边梯形的曲边.

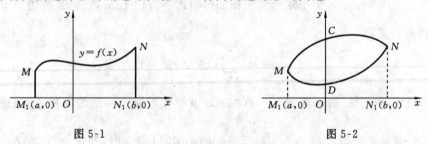

图 5-1   图 5-2

曲线围成的平面图形的面积,在适当选择坐标系后,往往可以化为两个曲边梯形面积的差.例如,图 5-2 中曲线 $MDNC$ 所围成的面积 A_{MDNC} 可以化为曲边梯形面积 $A_{MM_1N_1NC}$ 和曲边梯形面积 $A_{MM_1N_1ND}$ 的差,即

$$A_{MDNC}=A_{MM_1N_1NC}-A_{MM_1N_1ND}.$$

由此可见,只要求得曲边梯形的面积,计算曲线所围成的平面图形面积就迎刃而解.

设 $y=f(x)$ 在 $[a,b]$ 上连续,且 $f(x)\geqslant 0$,求以曲线 $y=f(x)$ 及三条直线 $y=0,x=a,x=b$ 围成的曲边梯形的面积 A.

为了计算曲边梯形面积 A,如图 5-3 所示,我们用一组垂直于 x 轴的直线把整个曲边梯形分割成许多小曲边梯形.因为每一个小曲边梯形的底边是很窄的,而 $f(x)$

又是连续变化的,所以,可用这个小曲边梯形的底边作为宽、以它底边上任一点 ξ 所对应的函数值 $f(\xi)$ 作为长的小矩形面积来近似表示这个小曲边梯形的面积. 再把所有这些小矩形面积加起来,就可以得到曲边梯形面积 A 的近似值. 由图 5-3 可知,分割越细密,所有小矩形面积之和越接近曲边梯形的面积 A. 当分割无

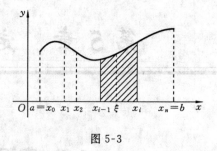

图 5-3

限细密时,所有小矩形面积之和的极限就是曲边梯形面积 A 的精确值.

根据上面的分析,曲边梯形面积可按下述步骤来计算.

第一步,分割. 任取分点 $a=x_0<x_1<x_2<\cdots<x_{i-1}<x_i<\cdots<x_{n-1}<x_n=b$,把曲边梯形的底 $[a,b]$ 分成 n 个小区间:$[x_0,x_1]$,$[x_1,x_2]$,$\cdots$,$[x_{i-1},x_i]$,$\cdots$,$[x_{n-1},x_n]$. 小区间 $[x_{i-1},x_i]$ 的长记为 $\Delta x_i=x_i-x_{i-1}(i=1,2,\cdots,n)$,过各分点作垂直于 x 轴的直线,把整个曲边梯形分成 n 个小曲边梯形,其中第 i 个小曲边梯形的面积记为 $\Delta A_i(i=1,2,\cdots,n)$.

第二步,近似. 在第 i 个小曲边梯形的底 $[x_{i-1},x_i]$ 上任取一点 $\xi_i(x_{i-1}\leqslant\xi_i\leqslant x_i)$,它所对应的函数值是 $f(\xi_i)$,用相应的宽为 Δx_i、长为 $f(\xi_i)$ 的小矩形面积来近似代替这个小曲边梯形的面积,即

$$\Delta A_i\approx f(\xi_i)\Delta x_i(i=1,2,\cdots,n).$$

第三步,求和. 把 n 个小矩形面积相加得和式 $\sum\limits_{i=1}^{n}f(\xi_i)\Delta x_i$,它就是曲边梯形的面积 A 的近似值,即

$$A\approx\sum_{i=1}^{n}f(\xi_i)\Delta x_i.$$

第四步,取极限. 分割越细,$\sum\limits_{i=1}^{n}f(\xi_i)\Delta x_i$ 就越接近曲边梯形的面积 A. 当最长的小区间长度趋近于零,即 $\lambda\to0$(λ 表示最长的小区间长度)时,和式 $\sum\limits_{i=1}^{n}f(\xi_i)\Delta x_i$ 的极限就是 A,即

$$A=\lim_{\lambda\to0}\sum_{i=1}^{n}f(\xi_i)\Delta x_i.$$

可见,曲边梯形的面积是一个和式的极限.

2. 变速直线运动的路程

设一物体沿直线运动,已知速度 $v=v(t)$ 是时间区间 $[a,b]$ 上的连续函数,且 $v(t)\geqslant0$,求该物体在这段时间内所经过的路程 s.

我们知道,对于匀速直线运动,有公式:路程=速度×时间. 但是,现在速度是变量,因此,所求路程 s 不能直接按匀速直线运动的路程公式计算. 因为在很短的一段

时间里速度的变化很小，近似于匀速运动，所以可以用匀速直线运动的路程作为这段很短时间里路程的近似值. 由此，我们采用与求曲边梯形面积相仿的四个步骤来计算路程 s.

第一步，分割. 任取分点 $a=t_0<t_1<t_2<\cdots<t_{i-1}<t_i\cdots<t_{n-1}<t_n=b$，把时间区间 $[a,b]$ 分成 n 个小区间：$[t_0,t_1],[t_1,t_2],\cdots,[t_{i-1},t_i],\cdots,[t_{n-1},t_n]$，小区间 $[t_{i-1},t_i]$ 的长度记为 $\Delta t_i=t_i-t_{i-1}(i=1,2,\cdots,n)$，物体在第 i 段时间 $[t_{i-1},t_i]$ 内所走的路程为 $\Delta s_i(i=1,2,\cdots,n)$.

第二步，近似. 在小区间 $[t_{i-1},t_i]$ 上，用其中任一时刻 ξ_i 的速度 $v(\xi_i)$ $(t_{i-1}\leqslant\xi_i\leqslant t_i)$ 来近似代替变化的速度 $v(t)$，从而得到 Δs_i 的近似值：

$$\Delta s_i\approx v(\xi_i)\Delta t_i(i=1,2,\cdots,n).$$

第三步，求和. 把 n 段时间上的路程相加，得和式 $\sum\limits_{i=1}^{n}v(\xi_i)\Delta t_i$，它就是时间区间 $[a,b]$ 上的路程 s 的近似值：

$$s\approx\sum_{i=1}^{n}v(\xi_i)\Delta t_i.$$

第四步，取极限. 当最长的小区间长度 λ 趋近于零，即 $\lambda\to0$ 时，和式 $\sum\limits_{i=1}^{n}v(\xi_i)\Delta t_i$ 的极限就是路程 s 的精确值，即

$$s=\lim_{\lambda\to0}\sum_{i=1}^{n}v(\xi_i)\Delta t_i.$$

可见，变速直线运动的路程也是一个和式的极限.

5.1.2　定积分的定义

在上述两个例子中，虽然所计算的量具有不同的实际意义（前者是几何量，后者是物理量），如果抽去它们的实际意义，可以看出计算这些量的思想方法和步骤都是相同的，并且最终归结为求一个和式的极限. 对于这种和式的极限，给出下面的定义：

定义 5.1　设函数 $y=f(x)$ 在区间 $[a,b]$ 上有定义. 任取分点 $a=x_0<x_1<x_2<\cdots<x_{i-1}<x_i<\cdots<x_n=b$，将区间 $[a,b]$ 分成 n 个小区间 $[x_{i-1},x_i]$ $(i=1,2,\cdots,n)$，其长度为 $\Delta x_i=x_i-x_{i-1}(i=1,2,\cdots,n)$，在每个小区间 $[x_{i-1},x_i]$ 上任取一点 ξ_i，作乘积 $f(\xi_i)\Delta x_i(i=1,2,\cdots,n)$，得和式：$\sum\limits_{i=1}^{n}f(\xi_i)\Delta x_i$. 如果不论对区间 $[a,b]$ 采取何种分法及 ξ_i 如何选取，当最长的小区间的长度 λ 趋近于零，即 $\lambda\to0$ 时，和式 $\sum\limits_{i=1}^{n}f(\xi_i)\Delta x_i$ 的极限存在，则此极限值称为函数 $f(x)$ 在区间 $[a,b]$ 上的定积分，记作 $\int_a^b f(x)\mathrm{d}x$，即

$$\lim_{\lambda \to 0} \sum_{i=1}^{n} f(\xi_i) \Delta x_i = \int_a^b f(x) \mathrm{d}x.$$

其中 $f(x)$ 称为**被积函数**，$f(x)\mathrm{d}x$ 称为**被积表达式**，x 称为**积分变量**，a 与 b 分别称为积分的**下限**与**上限**，$[a,b]$ 称为**积分区间**.

如果定积分 $\int_a^b f(x)\mathrm{d}x$ 存在，则称 $f(x)$ 在 $[a,b]$ 上可积.

根据积分的定义，前面两个实例可分别写成如下形式的定积分：

(1) 曲边梯形的面积 A 等于曲边 $y = f(x)$ 在其底所在的区间 $[a,b]$ 上的定积分

$A = \int_a^b f(x)\mathrm{d}x$；

(2) 变速直线运动的物体所经过的路程 s 等于其速度 $v = v(t)$ 在时间区间 $[a,b]$

上的定积分 $s = \int_a^b v(t)\mathrm{d}t$.

注意

(1) 当和式 $\sum_{i=1}^{n} f(\xi_i) \Delta x_i$ 的极限存在时，其极限仅与被积函数 $f(x)$ 及积分区间 $[a,b]$ 有关，而与区间 $[a,b]$ 的分法及 ξ_i 点的取法无关.

如果不改变被积函数和积分区间，而积分变量 x 用其他字母，例如 t 或 u 来代替，那么极限值不变，也就是定积分的值不变，即

$$\int_a^b f(x)\mathrm{d}x = \int_a^b f(t)\mathrm{d}t = \int_a^b f(u)\mathrm{d}u.$$

所以，定积分的值与被积函数及积分区间有关，而与积分变量无关.

(2) 在上述定义中，a 总是小于 b 的. 为了以后计算方便起见，对 $a > b$ 及 $a = b$ 的情况，给出以下的补充定义：

$$\int_a^b f(x)\mathrm{d}x = -\int_b^a f(x)\mathrm{d}x \quad (a > b),$$

$$\int_a^a f(x)\mathrm{d}x = 0.$$

5.1.3　定积分的几何意义

我们已经知道，如果函数 $f(x)$ 在 $[a,b]$ 上连续且 $f(x) \geqslant 0$，那么定积分 $\int_a^b f(x)\mathrm{d}x$ 就表示以 $y = f(x)$ 为曲边的曲边梯形的面积.

如果函数 $f(x)$ 在 $[a,b]$ 上连续且 $f(x) \leqslant 0$，由于定积分 $\int_a^b f(x)\mathrm{d}x = \lim_{\lambda \to 0} \sum_{i=1}^{n} f(\xi_i) \Delta x_i$ 的右端和式中每一项 $f(\xi_i) \Delta x_i$ 都是负值（$\Delta x_i > 0$），其绝对值 $| f(\xi_i) \Delta x_i |$ 表示小矩形的面积. 因此，定积分 $\int_a^b f(x)\mathrm{d}x$ 也是一个负数，从而

$$\int_a^b f(x)\mathrm{d}x = -A \quad 或 \quad A = -\int_a^b f(x)\mathrm{d}x.$$

其中 A 是由连续曲线 $y = f(x)$，直线 $x = a, x = b$ 及 x 轴所围成的曲边梯形面积（图 5-4）.

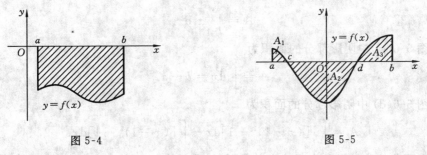

图 5-4　　　　　　　　　　　　　　　　　　图 5-5

如果 $f(x)$ 在 $[a,b]$ 上连续，且有时为正有时为负，如图 5-5 所示．连续曲线 $y = f(x)$，直线 $x = a, x = b$ 及 x 轴所围成的图形是由三个曲边梯形组成，那么由定积分定义可得

$$\int_a^b f(x)\mathrm{d}x = A_1 - A_2 + A_3.$$

总之，定积分 $\int_a^b f(x)\mathrm{d}x$ 在各种实际问题中所代表的实际意义尽管不同，但它的数值在几何上都可用曲边梯形面积的代数和来表示，这就是定积分的几何意义.

例 1　利用定积分表示图 5-6 中四个图中阴影部分的面积.

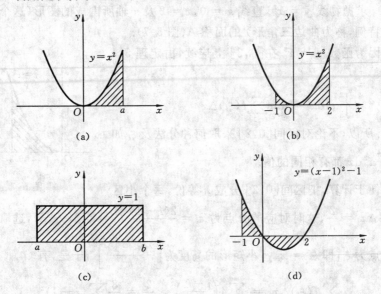

图 5-6

解　图 5-6(a) 中阴影部分的面积为

$$A = \int_0^a x^2 \, \mathrm{d}x.$$

图 5-6(b) 中阴影部分的面积为

$$A = \int_{-1}^2 x^2 \, \mathrm{d}x.$$

图 5-6(c) 中阴影部分的面积为

$$A = \int_a^b \mathrm{d}x = b - a.$$

图 5-6(d) 中阴影部分的面积为

$$A = \int_{-1}^0 \big[(x-1)^2 - 1\big] \mathrm{d}x - \int_0^2 \big[(x-1)^2 - 1\big] \mathrm{d}x.$$

定积分的几何意义直观地告诉我们,如果函数 $y = f(x)$ 在 $[a,b]$ 上连续,那么由 $y = f(x)$,$x = a$,$x = b$ 和 x 轴所围成的曲边梯形面积的代数和是一定存在的. 也就是说,定积分 $\int_a^b f(x) \mathrm{d}x$ 一定存在. 这样可以得到下面的定积分的存在定理.

定理5.1　如果函数 $y = f(x)$ 在闭区间 $[a,b]$ 上连续,则函数 $y = f(x)$ 在 $[a,b]$ 上可积,即

$$\int_a^b f(x) \mathrm{d}x = \lim_{\lambda \to 0} \sum_{i=1}^n f(\xi_i) \Delta x_i$$

一定存在(证明略).

例 2　求抛物线 $y = x^2$,直线 $x = 0$,$x = 2$ 及 x 轴所围成的图形(这个图形是曲边梯形的特例,称为**曲边三角形**)的面积 A(图 5-7).

解　因为函数 $y = x^2$ 在 $[0,2]$ 上连续,由定理 5.1 可知

$$\int_0^2 x^2 \, \mathrm{d}x = \lim_{\lambda \to 0} \sum_{i=1}^n f(\xi_i) \Delta x_i$$

一定存在. 所以,不论对区间 $[0,2]$ 采取何种分法及 ξ_i 如何选取,$\int_0^2 x^2 \mathrm{d}x$ 都有相同的值.

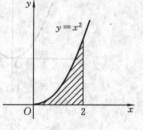

图 5-7

为了便于计算,把区间 $[0,2]$ 分成 n 等份,每个小区间的长为 $\Delta x_i = \dfrac{2}{n}$,这时对应的分点为 $x_i = \dfrac{2(i-1)}{n}$ $(i = 1, 2, \cdots, n)$,选取每个小区间的左端点为 ξ_i,即 $\xi_i = x_{i-1}$,小矩形的高度为 $\left[\dfrac{2(i-1)}{n}\right]^2$,于是,有

$$\sum_{i=1}^n f(\xi_i) \Delta x_i = \sum_{i=1}^n 4\left(\frac{i-1}{n}\right)^2 \cdot \frac{2}{n} = \frac{8}{n^3} \sum_{i=1}^n (i-1)^2$$

$$= \frac{8}{n^3}[1^2 + 2^2 + \cdots + (n-1)^2]$$

$$= \frac{8}{n^3} \frac{(n-1)n(2n-1)}{6} = \frac{4}{3} \frac{(n-1)(2n-1)}{n^2},$$

从而,所求曲边三角形面积为

$$A = \int_0^2 x^2 \mathrm{d}x = \lim_{\lambda \to 0} \sum_{i=1}^n f(\xi_i) \Delta x_i = \lim_{n \to \infty} \frac{4}{3} \frac{(n-1)(2n-1)}{n^2} = \frac{8}{3}.$$

5.1.4　定积分的性质

在下面各性质中,假定函数 $f(x)$ 和 $g(x)$ 在 $[a,b]$ 上都是连续的.

性质 1　$\int_a^b [f(x) \pm g(x)]\mathrm{d}x = \int_a^b f(x)\mathrm{d}x \pm \int_a^b g(x)\mathrm{d}x.$

这就是说,函数的代数和的定积分等于它们的定积分的代数和.

这个性质可以推广到有限个连续函数的代数和的定积分.

性质 2　$\int_a^b kf(x)\mathrm{d}x = k\int_a^b f(x)\mathrm{d}x$ (k 为常数).

下面几个性质,我们用定积分的几何意义加以说明.

性质 3　$\int_a^b f(x)\mathrm{d}x = \int_a^c f(x)\mathrm{d}x + \int_c^b f(x)\mathrm{d}x.$

这就是说,如果 $f(x)$ 分别在 $[a,b]$, $[a,c]$, $[c,b]$ 上连续,那么 $f(x)$ 在 $[a,b]$ 上的定积分等于 $f(x)$ 在 $[a,c]$ 和 $[c,b]$ 上的定积分的和.

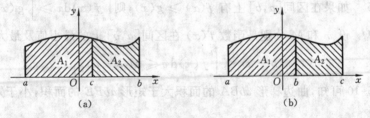

图 5-8

当 $a < c < b$ 时,由图 5-8(a) 可知,由 $y = f(x)$, $x = a$, $x = b$ 和 x 轴围成的曲边梯形的面积 $A = A_1 + A_2$.

因为　　　$A = \int_a^b f(x)\mathrm{d}x,\quad A_1 = \int_a^c f(x)\mathrm{d}x,\quad A_2 = \int_c^b f(x)\mathrm{d}x,$

所以　　　　　　　$\int_a^b f(x)\mathrm{d}x = \int_a^c f(x)\mathrm{d}x + \int_c^b f(x)\mathrm{d}x,$

即性质 3 成立.

当 $a < b < c$ 时,即 c 点在 $[a,b]$ 外,由图 5-8(b) 可知

$$\int_a^c f(x)\mathrm{d}x = A_1 + A_2 = \int_a^b f(x)\mathrm{d}x + \int_b^c f(x)\mathrm{d}x,$$

所以　　　$\int_a^b f(x)\mathrm{d}x = \int_a^c f(x)\mathrm{d}x - \int_b^c f(x)\mathrm{d}x = \int_a^c f(x)\mathrm{d}x + \int_c^b f(x)\mathrm{d}x,$

显然,性质 3 也成立.

总之,不论 c 点在 $[a,b]$ 内还是在 $[a,b]$ 外,只要上述两个积分存在,那么性质 3 总是正确的.

性质 4　$\int_a^b \mathrm{d}x = b - a.$

这就是说,被积函数 $f(x) \equiv 1$ 时,$\int_a^b \mathrm{d}x = b - a.$

这个性质从图 5-9 可以直接获得.

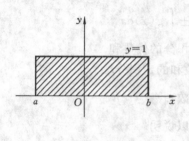

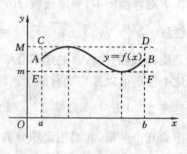

图 5-9　　　　　　　　　　　　　　　　图 5-10

性质 5　如果在区间 $[a,b]$ 上有 $f(x) \geqslant 0$,则 $\int_a^b f(x)\mathrm{d}x \geqslant 0.$

性质 6　如果在区间 $[a,b]$ 上有 $f(x) \geqslant g(x)$,则 $\int_a^b f(x)\mathrm{d}x \geqslant \int_a^b g(x)\mathrm{d}x.$

性质 7　设 m 和 M 分别是函数 $f(x)$ 在区间 $[a,b]$ 上的最小值及最大值,则

$$m(b-a) \leqslant \int_a^b f(x)\mathrm{d}x \leqslant M(b-a).$$

由图 5-10 可知,曲边梯形 $abBA$ 的面积大于矩形 $abFE$ 的面积,小于矩形 $abDC$ 的面积,即

$$m(b-a) \leqslant \int_a^b f(x)\mathrm{d}x \leqslant M(b-a).$$

当 $f(x)$ 恒为一常数时,因为 $M = m = f(x)$,所以上述性质中的等式成立.

性质 8(定积分中值定理)　如果函数 $f(x)$ 在区间 $[a,b]$ 上连续,则在积分区间 $[a,b]$ 上至少存在一个点 ξ,使下式成立:

$$\int_a^b f(x)\mathrm{d}x = f(\xi)(b-a) \quad (a \leqslant \xi \leqslant b).$$

由图 5-11 可知,在 $[a,b]$ 上至少能找到一点 ξ,使以

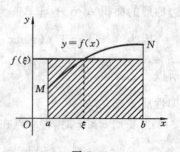

图 5-11

$f(\xi)$ 为高,$[a,b]$ 为底的矩形面积等于曲边梯形 $abNM$ 的面积.

性质 9(对称区间上奇偶函数的积分性质)　设 $f(x)$ 在区间 $[-a,a]$ 上连续,则有

(1) 如果 $f(x)$ 为奇函数,则 $\displaystyle\int_{-a}^{a} f(x)\mathrm{d}x = 0$;

(2) 如果 $f(x)$ 为偶函数,则 $\displaystyle\int_{-a}^{a} f(x)\mathrm{d}x = 2\int_{0}^{a} f(x)\mathrm{d}x$.

例 3　已知 $\displaystyle\int_{0}^{\frac{\pi}{2}} \sin x\mathrm{d}x = 1$,求 $\displaystyle\int_{0}^{\frac{\pi}{2}} (3\sin x - 2)\mathrm{d}x$.

解　根据定积分的性质 1,2,4,可知

$$\int_{0}^{\frac{\pi}{2}} (3\sin x - 2)\mathrm{d}x = 3\int_{0}^{\frac{\pi}{2}} \sin x\mathrm{d}x - 2\int_{0}^{\frac{\pi}{2}} \mathrm{d}x$$

$$= 3 \times 1 - 2 \times \left(\frac{\pi}{2} - 0\right) = 3 - \pi.$$

例 4　估计定积分 $\displaystyle\int_{-1}^{1} \mathrm{e}^{-x^2}\mathrm{d}x$ 的值.

解　利用性质 7 来估计. 先求被积函数 $f(x) = \mathrm{e}^{-x^2}$ 在区间 $[-1,1]$ 上的最大值 M 和最小值 m. 因为

$$f'(x) = -2x\mathrm{e}^{-x^2},$$

由 $f'(x) = 0$,得驻点 $x = 0$.比较函数在驻点及区间端点处的值:

$$f(0) = 1, \quad f(-1) = \frac{1}{\mathrm{e}}, \quad f(1) = \frac{1}{\mathrm{e}},$$

所以

$$M = 1, \quad m = \frac{1}{\mathrm{e}}.$$

于是

$$\frac{1}{\mathrm{e}} \times 2 \leqslant \int_{-1}^{1} \mathrm{e}^{-x^2}\mathrm{d}x \leqslant 1 \times 2,$$

即

$$\frac{2}{\mathrm{e}} \leqslant \int_{-1}^{1} \mathrm{e}^{-x^2}\mathrm{d}x \leqslant 2.$$

习　题　5.1

1. 利用定积分的几何意义,判断下列定积分的值是正的还是负的(不必计算):

(1) $\displaystyle\int_{0}^{\frac{\pi}{2}} \sin x\mathrm{d}x$;　　　　　(2) $\displaystyle\int_{-\frac{\pi}{2}}^{0} \sin x\cos x\mathrm{d}x$;　　　　　(3) $\displaystyle\int_{-1}^{2} x^2\mathrm{d}x$.

2. 利用定积分的几何意义说明下列各式成立:

(1) $\displaystyle\int_{0}^{2\pi} \sin x\mathrm{d}x = 0$;　　　　　(2) $\displaystyle\int_{0}^{\pi} \sin x\mathrm{d}x = 2\int_{0}^{\frac{\pi}{2}} \sin x\mathrm{d}x$.

3. 利用定积分表示下列各图中阴影部分的面积:

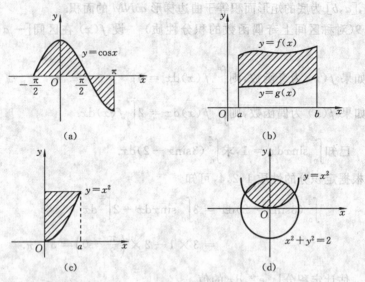

(a)　　　　　　　　　　　　(b)

(c)　　　　　　　　　　　　(d)

4. 利用定积分的定义计算下列定积分：

(1) $\int_0^3 x^2 \mathrm{d}x$;　　　　　　　　　(2) $\int_0^T gt\,\mathrm{d}t$.

5. 已知 $\int_a^b f(x)\mathrm{d}x = p$, $\int_a^b [f(x)]^2 \mathrm{d}x = q$, 求下列定积分的值：

(1) $\int_a^b [4f(x) + 3]\mathrm{d}x$;　　　　　　(2) $\int_a^b [4f(x) + 3]^2 \mathrm{d}x$.

6. 估计下列定积分的值：

(1) $\int_1^4 (x^2 + 1)\mathrm{d}x$;　　　　　　　(2) $\int_1^2 \dfrac{x}{x^2 + 1}\mathrm{d}x$.

7. 根据定积分的性质，比较下列各组积分值的大小：

(1) $\int_1^3 x^2 \mathrm{d}x$, $\int_1^3 x^3 \mathrm{d}x$;　　　　(2) $\int_1^e \ln x\,\mathrm{d}x$, $\int_1^e \ln^2 x\,\mathrm{d}x$;

(3) $\int_0^1 \mathrm{e}^x \mathrm{d}x$, $\int_0^1 (1+x)\mathrm{d}x$;　　　(4) $\int_0^1 x\,\mathrm{d}x$, $\int_0^1 \ln(1+x)\mathrm{d}x$.

5.2　微积分基本定理

　　按照定积分定义计算定积分的值是十分麻烦的，有时甚至无法计算. 本节将介绍定积分计算的有力工具 —— 牛顿 - 莱布尼茨公式.

　　我们先回顾变速直线运动的路程问题.

　　一方面，如果物体以速度 $v(t)$ 作直线运动，那么在时间区间 $[a,b]$ 上经过的路程为 $s = \int_a^b v(t)\mathrm{d}t$. 另一方面，如果物体经过的路程 s 是时间 t 的函数 $s(t)$，那么物体从 $t = a$ 到 $t = b$ 所经过的路程应该是 $s(b) - s(a)$. 此时

$$\int_a^b v(t)\,\mathrm{d}t = s(b) - s(a).$$

由导数的物理意义可知,$s'(t) = v(t)$.换句话说,$s(t)$ 是 $v(t)$ 的一个原函数.上式表示定积分 $\int_a^b v(t)\,\mathrm{d}t$ 的值等于被积函数 $v(t)$ 的一个原函数 $s(t)$ 在积分上、下限 b、a 处函数值的差 $s(b) - s(a)$.

这个事实启示我们来考察一般情况.如果 $f(x)$ 在 $[a,b]$ 上连续,且 $F(x)$ 是 $f(x)$ 的一个原函数,那么定积分

$$\int_a^b f(x)\,\mathrm{d}x = F(b) - F(a)$$

是否成立?回答是肯定的.为了证明这个结论,先研究积分上限函数的性质.

5.2.1　积分上限函数

前面,我们曾计算出 $\int_0^1 x^2\,\mathrm{d}x = \dfrac{1}{3}$,用同样的方法可以计算出 $\int_0^2 x^2\,\mathrm{d}x = \dfrac{8}{3}$,$\int_0^3 x^2\,\mathrm{d}x = 9$,$\int_0^4 x^2\,\mathrm{d}x = \dfrac{64}{3}$,$\cdots$.此外我们还知道 $\int_0^0 x^2\,\mathrm{d}x = 0$,把这一串数据列于表 5-1 中.

表 5-1

积分上限 b	0	1	2	3	4	$\cdots$
$\int_0^b x^2\,\mathrm{d}x$	0	$\dfrac{1}{3}$	$\dfrac{8}{3}$	9	$\dfrac{64}{3}$	$\cdots$

表 5-1 告诉我们,定积分 $\int_0^b x^2\,\mathrm{d}x$ 是上限 b 的函数,可以记为

$$\Phi(b) = \int_0^b x^2\,\mathrm{d}x.$$

定义 5.2　如果上限 x 在 $[a,b]$ 上任意变动,那么对于每一个取定的 x 值,定积分 $\int_a^x f(t)\,\mathrm{d}t$ 都有一个确定的值和它对应,所以它是定义在 $[a,b]$ 上的一个函数,记作 $\Phi(x)$,即

$$\Phi(x) = \int_a^x f(t)\,\mathrm{d}t \quad (a \leqslant x \leqslant b),$$

称 $\Phi(x)$ 为积分上限函数.

定理 5.2　如果函数 $f(x)$ 在区间 $[a,b]$ 上连续,则积分上限函数 $\Phi(x) = \int_a^x f(t)\,\mathrm{d}t$ 在 $[a,b]$ 上具有导数,且它的导数是

$$\Phi'(x) = f(x) \quad (a \leqslant x \leqslant b).$$

证明　利用导数定义证明,参看图 5-12.

（1）求增量：

$$\Delta\Phi(x) = \Phi(x+\Delta x) - \Phi(x)$$

$$= \int_a^{x+\Delta x} f(t)\mathrm{d}t - \int_a^x f(t)\mathrm{d}t$$

$$= \int_a^x f(t)\mathrm{d}t + \int_x^{x+\Delta x} f(t)\mathrm{d}t - \int_a^x f(t)\mathrm{d}t$$

$$= \int_x^{x+\Delta x} f(t)\mathrm{d}t$$

$$= f(\xi)\Delta x \quad (x \leqslant \xi \leqslant x+\Delta x \text{ 或 } x+\Delta x \leqslant \xi \leqslant x).$$

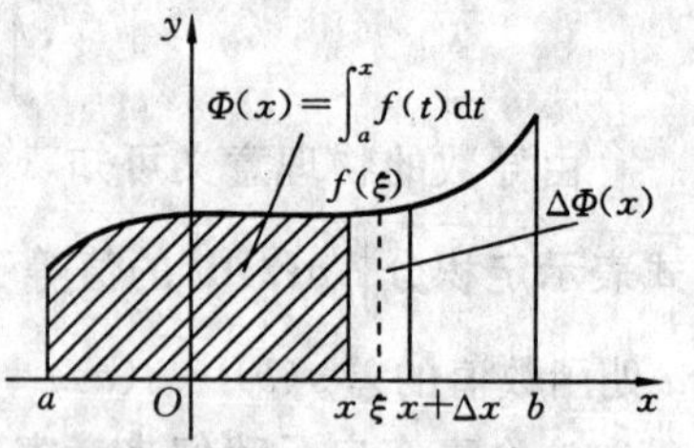

图 5-12

（2）算比值：
$$\frac{\Delta\Phi(x)}{\Delta x} = \frac{f(\xi)\Delta x}{\Delta x} = f(\xi).$$

（3）取极限：
$$\lim_{\Delta x \to 0} \frac{\Delta\Phi(x)}{\Delta x} = \lim_{\Delta x \to 0} f(\xi).$$

因为 $f(x)$ 在 $[a,b]$ 上连续，又 $\Delta x \to 0$ 时，$\xi \to x$，所以有

$$\lim_{\Delta x \to 0} f(\xi) = f(x),$$

于是得到
$$\Phi'(x) = f(x).$$

这个定理指出了一个重要的结论：对连续函数 $f(x)$ 的积分上限函数求导，其结果还原为 $f(x)$ 本身. 联想到原函数的定义，就可以从定理 5.1 推知，$\Phi(x)$ 是连续函数 $f(x)$ 的一个原函数. 下面给出原函数的存在定理.

定理 5.3　如果函数 $f(x)$ 在区间 $[a,b]$ 上连续，则函数

$$\Phi(x) = \int_a^x f(t)\mathrm{d}t$$

就是 $f(x)$ 在 $[a,b]$ 上的一个原函数.

定理 5.3 不仅说明了 $\int_a^x f(t)\mathrm{d}t$ 是 $f(x)$ 的一个原函数，而且初步揭示了定积分和

不定积分之间的联系，即 $\int f(x)\mathrm{d}x = \int_a^x f(t)\mathrm{d}t + C$（其中 a,C 均为常数）.

例 5　计算：(1) $\dfrac{\mathrm{d}}{\mathrm{d}x}\left(\displaystyle\int_0^x \sqrt{1+t^4}\mathrm{d}t\right)$；(2) $\dfrac{\mathrm{d}}{\mathrm{d}x}\left(\displaystyle\int_0^{x^2} \sin t\,\mathrm{d}t\right)$.

解　(1) $\dfrac{\mathrm{d}}{\mathrm{d}x}\left(\displaystyle\int_0^x \sqrt{1+t^4}\mathrm{d}t\right) = \sqrt{1+x^4}$.

(2) $\dfrac{\mathrm{d}}{\mathrm{d}x}\left(\displaystyle\int_0^{x^2} \sin t\,\mathrm{d}t\right) = \dfrac{\mathrm{d}\displaystyle\int_0^{x^2} \sin t\,\mathrm{d}t}{\mathrm{d}(x^2)} \cdot \dfrac{\mathrm{d}(x^2)}{\mathrm{d}x} = (\sin x^2) \cdot 2x = 2x\sin x^2.$

5.2.2　微积分基本定理

定理 5.4　设函数 $F(x)$ 是连续函数 $f(x)$ 在区间 $[a,b]$ 上的一个原函数，则

$$\int_a^b f(x)\mathrm{d}x = F(b) - F(a). \tag{5-1}$$

证明　因为 $\Phi(x) = \int_a^x f(t)\mathrm{d}t$ 是 $f(x)$ 的一个原函数,所以

$$F(x) - \Phi(x) = C \quad (C \text{ 为常数}), \quad \text{即} \quad F(x) - \int_a^x f(t)\mathrm{d}t = C.$$

将 $x = a$ 代入上式,得

$$F(a) = C,$$

于是

$$F(x) = \int_a^x f(t)\mathrm{d}t + F(a).$$

将 $x = b$ 代入上式,得

$$\int_a^b f(x)\mathrm{d}x = F(b) - F(a).$$

为了使用方便,公式也写成下面的形式:

$$\int_a^b f(x)\mathrm{d}x = \left[F(x)\right]_a^b \quad \text{或} \quad \int_a^b f(x)\mathrm{d}x = F(x)\big|_a^b.$$

此公式称为**牛顿 - 莱布尼茨**(Newton-Leibniz) 公式. 它表明:计算定积分只要先求出被积函数的一个原函数,再将上、下限分别代入求其差即可. 这个公式为计算连续函数的定积分提供了有效且简便的方法,因而也称为微积分基本定理.

例 6　计算 $\int_0^1 x^2 \mathrm{d}x$.

解　因为 $\int x^2 \mathrm{d}x = \dfrac{1}{3}x^3 + C$,即 $\dfrac{1}{3}x^3$ 是 x^2 的一个原函数,所以

$$\int_0^1 x^2 \mathrm{d}x = \left[\frac{1}{3}x^3\right]_0^1 = \frac{1}{3} \times 1^3 - \frac{1}{3} \times 0^3 = \frac{1}{3}.$$

例 7　计算 $\int_{-2}^{-1} \dfrac{1}{x}\mathrm{d}x$.

解　因为

$$\int \frac{1}{x}\mathrm{d}x = \ln|x| + C,$$

所以

$$\int_{-2}^{-1} \frac{1}{x}\mathrm{d}x = \left[\ln|x|\right]_{-2}^{-1} = \ln 1 - \ln 2 = -\ln 2.$$

例 8　计算 $\int_{\frac{1}{2}}^{e} |\ln x|\,\mathrm{d}x$.

解　因为当 $\dfrac{1}{2} \leqslant x < 1$ 时,$\ln x < 0$,$|\ln x| = -\ln x$;当 $1 \leqslant x \leqslant e$ 时,

$$\ln x \geqslant 0, \quad |\ln x| = \ln x.$$

所以

$$\int_{\frac{1}{2}}^{e} |\ln x|\,\mathrm{d}x = \int_{\frac{1}{2}}^{1} |\ln x|\,\mathrm{d}x + \int_{1}^{e} |\ln x|\,\mathrm{d}x$$

$$= -\int_{\frac{1}{2}}^{1} \ln x\,\mathrm{d}x + \int_{1}^{e} \ln x\,\mathrm{d}x.$$

又因为

$$\int \ln x\,\mathrm{d}x = x\ln x - \int \mathrm{d}x = x\ln x - x + C,$$

所以
$$\int_{\frac{1}{2}}^{1} \ln x \, dx = [x\ln x - x]_{\frac{1}{2}}^{1} = -\frac{1}{2}(1 - \ln 2),$$

$$\int_{1}^{e} \ln x \, dx = [x\ln x - x]_{1}^{e} = 1.$$

于是
$$\int_{\frac{1}{2}}^{e} |\ln x| \, dx = \frac{1}{2}(1 - \ln 2) + 1 = \frac{3}{2} - \frac{1}{2}\ln 2.$$

例 9 求曲线 $y = \sin x$ 和 x 轴在区间 $[0, \pi]$ 上所围成图形的面积 A(图 5-13).

解 这个图形是曲边梯形的一个特例. 它的面积为

$$A = \int_{0}^{\pi} \sin x \, dx = [-\cos x]_{0}^{\pi}$$

$$= -\cos \pi + \cos 0 = 1 + 1 = 2.$$

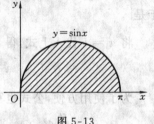

图 5-13

习 题 5.2

1. 求下列函数的导数:

(1) $\Phi(x) = \int_{0}^{x} t\cos t \, dt$,并求 $\Phi'(0), \Phi'(\pi)$; (2) $\Phi(x) = \int_{1}^{x} \sqrt{1 + t^4} \, dt$.

2. 计算下列定积分:

(1) $\int_{1}^{3} x^3 \, dx$;

(2) $\int_{\frac{1}{\sqrt{3}}}^{\sqrt{3}} \frac{1}{1 + x^2} \, dx$;

(3) $\int_{-\frac{1}{2}}^{\frac{1}{2}} \frac{1}{\sqrt{1 - x^2}} \, dx$;

(4) $\int_{e-1}^{2} \frac{1}{x + 1} \, dx$;

(5) $\int_{-\frac{\pi}{2}}^{\frac{\pi}{2}} \cos^2 t \, dt$;

(6) $\int_{-1}^{0} \frac{3x^4 + 3x^2 + 1}{x^2 + 1} \, dx$.

3. 计算下列定积分:

(1) $\int_{-1}^{2} |x| \, dx$;

(2) 设 $f(x) = \begin{cases} x^2, & -1 \leqslant x \leqslant 0 \\ x - 1, & 0 < x < 1 \end{cases}$,求 $\int_{-\frac{1}{2}}^{\frac{1}{2}} f(x) \, dx$.

5.3 定积分的换元法与分部积分法

前面我们介绍了不定积分的换元法和分部积分法,本节将介绍定积分的两种相应的计算方法.

5.3.1 定积分的换元法

定理 5.5 如果函数 $f(x)$ 在 $[a, b]$ 上连续,函数 $x = \varphi(u)$ 在 $[\alpha, \beta]$ 上具有连续导数 $\varphi'(u)$,又 $\varphi(\alpha) = a, \varphi(\beta) = b$,且当 u 在 $[\alpha, \beta]$ 上变化时,相应的 x 值不越出 $[a, b]$ 的范围,那么

$$\int_a^b f(x)\mathrm{d}x = \int_\alpha^\beta f[\varphi(u)]\varphi'(u)\mathrm{d}u. \tag{5-2}$$

证明略.

例 10　计算 $\displaystyle\int_0^3 \frac{x}{\sqrt{1+x}}\mathrm{d}x$.

解　设 $\sqrt{1+x}=u$，则 $x=u^2-1$，$\mathrm{d}x=2u\mathrm{d}u$.

当 $u=1$ 时，$x=0$；当 $u=2$ 时，$x=3$. 根据定理 5.5，得

$$\int_0^3 \frac{x}{\sqrt{1+x}}\mathrm{d}x = \int_1^2 \frac{u^2-1}{u}2u\mathrm{d}u = 2\int_1^2 (u^2-1)\mathrm{d}u = 2\left[\frac{u^3}{3}-u\right]_1^2 = \frac{8}{3}.$$

例 11　计算 $\displaystyle\int_0^{\frac{\pi}{2}} \cos^3 x \sin x \mathrm{d}x$.

解　设 $\cos x = u$，则 $-\sin x\mathrm{d}x = \mathrm{d}u$. 当 $x=0$ 时，$u=1$；当 $x=\frac{\pi}{2}$ 时，$u=0$. 于是

$$\int_0^{\frac{\pi}{2}} \cos^3 x \sin x \mathrm{d}x = -\int_1^0 u^3\mathrm{d}u = \int_0^1 u^3\mathrm{d}u = \left[\frac{1}{4}u^4\right]_0^1 = \frac{1}{4}.$$

这个定积分中被积函数的原函数也可采用凑微分法来计算，即

$$\int_0^{\frac{\pi}{2}} \cos^3 x \sin x \mathrm{d}x = -\int_0^{\frac{\pi}{2}} \cos^3 x \mathrm{d}(\cos x) = -\left[\frac{1}{4}\cos^4 x\right]_0^{\frac{\pi}{2}} = \frac{1}{4}.$$

可以看出，这时由于没有进行变量代换，积分区间不变，所以计算更为简便.

例 12　计算 $\displaystyle\int_{\frac{\sqrt{3}}{3}a}^{a} \frac{\mathrm{d}x}{x^2\sqrt{x^2+a^2}}$ $(a>0)$.

解　设 $x=a\tan u$，则 $\mathrm{d}x=a\sec^2 u\mathrm{d}u$. 当 $x=\frac{\sqrt{3}}{3}a$ 时，$u=\frac{\pi}{6}$；当 $x=a$ 时，$u=\frac{\pi}{4}$.

$$\int_{\frac{\sqrt{3}}{3}a}^{a} \frac{\mathrm{d}x}{x^2\sqrt{x^2+a^2}} = \int_{\frac{\pi}{6}}^{\frac{\pi}{4}} \frac{a\sec^2 u\mathrm{d}u}{a^2\tan^2 u\,|\,a\sec u\,|}$$

因为 $\frac{\pi}{6}\leqslant u\leqslant\frac{\pi}{4}$ 且 $a>0$，所以 $|\,a\sec u\,|=a\sec u$. 于是

$$\int_{\frac{\sqrt{3}}{3}a}^{a} \frac{\mathrm{d}x}{x^2\sqrt{x^2+a^2}} = \int_{\frac{\pi}{6}}^{\frac{\pi}{4}} \frac{a\sec^2 u\mathrm{d}u}{a^2\tan^2 u\cdot a\sec u} = \frac{1}{a^2}\int_{\frac{\pi}{6}}^{\frac{\pi}{4}} \frac{\cos u}{\sin^2 u}\mathrm{d}u$$

$$= \frac{1}{a^2}\left[-\frac{1}{\sin u}\right]_{\frac{\pi}{6}}^{\frac{\pi}{4}} = \frac{2-\sqrt{2}}{a^2}.$$

例 13　求椭圆 $\frac{x^2}{a^2}+\frac{y^2}{b^2}=1$ 的面积 A（图 5-14）.

解　根据椭圆的对称性，得

$$A = 4\int_0^a y\mathrm{d}x = 4\int_0^a \frac{b}{a}\sqrt{a^2-x^2}\,\mathrm{d}x$$

$$= \frac{4b}{a}\int_0^a \sqrt{a^2-x^2}\,\mathrm{d}x.$$

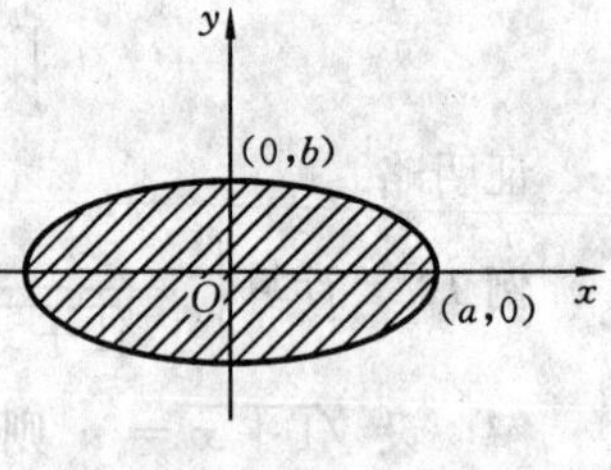

图 5-14

设 $x = a\sin u$，则 $\mathrm{d}x = a\cos u\mathrm{d}u$. 当 $x = 0$ 时，$u = 0$；当 $x = a$ 时，$u = \frac{\pi}{2}$. 于是

$$A = \frac{4b}{a}\int_0^{\frac{\pi}{2}} a^2\cos^2 u\mathrm{d}u = 4ab\int_0^{\frac{\pi}{2}}\cos^2 u\mathrm{d}u$$

$$= 2ab\int_0^{\frac{\pi}{2}}(1+\cos 2u)\mathrm{d}u$$

$$= 2ab\left[u + \frac{\sin 2u}{2}\right]_0^{\frac{\pi}{2}} = \pi ab.$$

例 14 证明：

(1) 如果 $f(x)$ 在 $[-a,a]$ 上连续且为奇函数，那么 $\int_{-a}^a f(x)\mathrm{d}x = 0$；

(2) 如果 $f(x)$ 在 $[-a,a]$ 上连续且为偶函数，那么 $\int_{-a}^a f(x)\mathrm{d}x = 2\int_0^a f(x)\mathrm{d}x$.

证明 因为 $\int_{-a}^a f(x)\mathrm{d}x = \int_{-a}^0 f(x)\mathrm{d}x + \int_0^a f(x)\mathrm{d}x$，

对于 $\int_{-a}^0 f(x)\mathrm{d}x$，设 $x = -t$，则 $\mathrm{d}x = -\mathrm{d}t$. 当 $t = a$ 时，$x = -a$；当 $t = 0$ 时，$x = 0$. 于是

$$\int_{-a}^0 f(x)\mathrm{d}x = \int_a^0 f(-t)(-\mathrm{d}t) = \int_0^a f(-t)\mathrm{d}t = \int_0^a f(-x)\mathrm{d}x,$$

所以 $\int_{-a}^a f(x)\mathrm{d}x = \int_{-a}^0 f(x)\mathrm{d}x + \int_0^a f(x)\mathrm{d}x = \int_0^a f(-x)\mathrm{d}x + \int_0^a f(x)\mathrm{d}x$

$$= \int_0^a [f(-x) + f(x)]\mathrm{d}x.$$

(1) 如果 $f(x)$ 为奇函数，即 $f(-x) = -f(x)$，则 $f(x) + f(-x) = 0$，

从而 $\int_{-a}^a f(x)\mathrm{d}x = 0.$

(2) 如果 $f(x)$ 为偶函数，即 $f(-x) = f(x)$，则 $f(-x) + f(x) = 2f(x)$，

从而 $\int_{-a}^a f(x)\mathrm{d}x = \int_0^a 2f(x)\mathrm{d}x = 2\int_0^a f(x)\mathrm{d}x.$

利用例 14 的结论，常可简化计算偶函数、奇函数在对称于原点的区间上的定积分.

例 15 计算下列定积分：

(1) $\int_{-\frac{\pi}{2}}^{\frac{\pi}{2}}\sin^7 x\mathrm{d}x$； (2) $\int_{-\frac{\pi}{4}}^{\frac{\pi}{4}}\frac{x}{1+\cos x}\mathrm{d}x$.

解　（1）因为 $f(x) = \sin^7 x$ 在 $\left[-\dfrac{\pi}{2}, \dfrac{\pi}{2}\right]$ 上为奇函数,所以

$$\int_{-\frac{\pi}{2}}^{\frac{\pi}{2}} \sin^7 x \, \mathrm{d}x = 0.$$

（2）令 $f(x) = \dfrac{x}{1 + \cos x}$,则有

$$f(-x) = \frac{-x}{1 + \cos(-x)} = -f(x),$$

所以 $f(x)$ 在 $\left[-\dfrac{\pi}{4}, \dfrac{\pi}{4}\right]$ 上为奇函数.

于是　　　　　　　　　　$\displaystyle\int_{-\frac{\pi}{4}}^{\frac{\pi}{4}} \frac{x}{1 + \cos x} \mathrm{d}x = 0.$

5.3.2　定积分的分部积分法

定理 5.6　如果函数 $u(x), v(x)$ 在区间 $[a, b]$ 上具有连续导数,那么

$$\int_a^b u(x) \mathrm{d}[v(x)] = [u(x)v(x)]_a^b - \int_a^b v(x) \mathrm{d}[u(x)],$$

上式还可简写为

$$\int_a^b u \, \mathrm{d}v = [uv]_a^b - \int_a^b v \, \mathrm{d}u. \tag{5-3}$$

例 16　计算 $\displaystyle\int_0^\pi x\cos x \, \mathrm{d}x.$

解　$\displaystyle\int_0^\pi x\cos x \, \mathrm{d}x = \int_0^\pi x \, \mathrm{d}(\sin x) = [x\sin x]_0^\pi - \int_0^\pi \sin x \, \mathrm{d}x$

$$= 0 - \int_0^\pi \sin x \, \mathrm{d}x = [\cos x]_0^\pi = -2.$$

例 17　计算 $\displaystyle\int_1^e \ln x \, \mathrm{d}x.$

解　$\displaystyle\int_1^e \ln x \, \mathrm{d}x = \ln x \cdot x \Big|_1^e - \int_1^e x \cdot \frac{1}{x} \mathrm{d}x = (e - 0) - x \Big|_1^e = e - (e - 1) = 1.$

例 18　计算 $\displaystyle\int_0^1 e^{\sqrt{x}} \, \mathrm{d}x.$

解　设 $\sqrt{x} = u$,则 $x = u^2, \mathrm{d}x = 2u\mathrm{d}u.$ 当 $x = 0$ 时,$u = 0$;当 $x = 1$ 时,$u = 1.$ 于是

$$\int_0^1 e^{\sqrt{x}} \, \mathrm{d}x = \int_0^1 e^u \cdot 2u \mathrm{d}u = 2\int_0^1 u e^u \mathrm{d}u = 2\int_0^1 u \, \mathrm{d}(e^u)$$

$$= 2[u e^u]_0^1 - 2\int_0^1 e^u \mathrm{d}u = 2e - [2e^u]_0^1 = 2.$$

习 题 5.3

1. 计算下列定积分：

(1) $\int_0^1 \dfrac{x^2}{1+x^6}\mathrm{d}x$；　　　(2) $\int_1^{e^2} \dfrac{1}{x\,\sqrt{1+\ln x}}\mathrm{d}x$；　　　(3) $\int_0^4 \dfrac{\mathrm{d}x}{1+\sqrt{x}}$；

(4) $\int_{-\frac{\pi}{2}}^{\frac{\pi}{2}} \cos x \cos 2x\,\mathrm{d}x$；　　　(5) $\int_1^2 \dfrac{e^{\frac{1}{x}}}{x^2}\mathrm{d}x$.

2. 计算下列定积分：

(1) $\int_0^1 t^2 e^t \mathrm{d}t$；　　　(2) $\int_0^{\frac{1}{2}} \arcsin x\,\mathrm{d}x$；　　　(3) $\int_1^e x\ln x\,\mathrm{d}x$；　　　(4) $\int_0^{\frac{\pi}{2}} e^x \sin x\,\mathrm{d}x$.

5.4 定积分的近似计算

前面在计算定积分时，通常是先求出被积函数的原函数，然后应用牛顿-莱布尼茨公式计算结果，但在实际问题中也有一些定积分不宜或不能用上述方法来计算，如：有些被积函数难于用公式表示，而是用图形或表格给出的；有些被积函数求积分很困难，或者它的原函数不能用初等函数表示. 所以，就要考虑定积分的近似计算问题.

根据定积分的定义及其几何意义，我们知道定积分 $\int_a^b f(x)\mathrm{d}x\ (f(x)\geqslant 0)$ 在数值上等于由曲线 $y=f(x)$，直线 $x=a$，$x=b$ 与 x 轴所围成的曲边梯形的面积. 因此，不管 $f(x)$ 以什么形式给出，只要近似地算出相应的曲边梯形的面积，就得到所给定积分的近似值，这就是定积分近似计算方法的基本思路.

矩形法、梯形法与抛物线法是常用且简便的定积分的近似计算方法. 在上述基本思路的引导下，计算机的发明和使用使得定积分的近似计算变得极为容易了.

5.4.1 矩形法

把曲边梯形分成若干个窄曲边梯形，然后用窄矩形来近似代替对应的窄曲边梯形（图 5-15），从而求得定积分的近似值的方法称为矩形法.

具体步骤如下.

(1) 用分点 $a=x_0,x_1,x_2,\cdots,x_{n-1},x_n=b$ 将区间 $[a,b]$ 分成 n 个等长的小区间，每个小区间的长为 $\Delta x=(b-a)/n$.

(2) 设函数 $y=f(x)\ (f(x)>0)$，对应于各分点的函数值为 $y_0,y_1,y_2,\cdots,y_{n-1}$，$y_n$，则有近似式：

$$\int_a^b f(x)\mathrm{d}x \approx y_0\Delta x + y_1\Delta x + \cdots + y_{n-1}\Delta x$$

$$= (y_0 + y_1 + \cdots + y_{n-1})(b-a)/n, \tag{5-4}$$

或 $\displaystyle\int_a^b f(x)\mathrm{d}x \approx y_1\Delta x + y_2\Delta x + \cdots + y_n\Delta x$

$$= (y_1 + y_2 + \cdots + y_n)(b-a)/n. \tag{5-5}$$

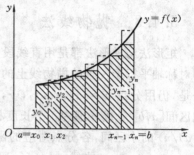

图 5-15

式(5-4)、式(5-5)即为计算定积分近似值的矩形法公式.

5.4.2　梯形法

与矩形法(图 5-15)相似,在每个小区间上,现以窄梯形的面积近似代替窄曲边梯形面积,就得到定积分的近似公式:

$$\int_a^b f(x)\mathrm{d}x \approx \frac{1}{2}(y_0 + y_1)\Delta x + \frac{1}{2}(y_1 + y_2)\Delta x + \cdots + \frac{1}{2}(y_{n-1} + y_n)\Delta x$$

$$= \left[(y_0 + y_n) + 2(y_1 + y_2 + \cdots + y_{n-1})\right]\frac{b-a}{2n}. \tag{5-6}$$

这就是计算定积分近似值的梯形法公式.

例 19　计算 $\displaystyle\int_0^1 \mathrm{e}^{-x^2}\mathrm{d}x$.

解　把区间 $[0,1]$ 分为 10 等份,设分点为 $0 = x_0, x_1, x_2, \cdots, x_9, x_{10} = 1$ 相应的函数值为 $y_0, y_1, y_2, \cdots, y_9, y_{10}$, 即 $y_n = \mathrm{e}^{-x_n^2}$ $(n = 0, 1, 2, \cdots, 10)$.

具体数据如表 5-2 所示.

表 5-2

n	0	1	2	3	4	5	6	7	8	9	10
x_n	0	0.1	0.2	0.3	0.4	0.5	0.6	0.7	0.8	0.9	1
y_n	1.0	0.99005	0.96079	0.91393	0.85214	0.77880	0.69768	0.61263	0.52729	0.44486	0.36788

利用式(5-6),得

$$\int_0^1 \mathrm{e}^{-x^2}\mathrm{d}x \approx [1 + 0.36788 + 2(0.99005 + 0.96079 + 0.91393 + 0.85214$$

$$+ 0.77880 + 0.69768 + 0.61263 + 0.52729 + 0.44486)]$$

$$\times \frac{1-0}{2 \times 10}$$

$$= 0.746211.$$

5.4.3 抛 物 线 法

矩形法与梯形法都是用直线段代替曲边梯形的曲线段,为了提高精确度,可考虑用对称轴平行于 y 轴的抛物线上的一段弧来近似代替窄曲边梯形的曲线段. 具体做法是,仍用分点 $a = x_0, x_1, x_2, \cdots, x_{n-1}, x_n = b$ 把区间 $[a, b]$ 分成 n(偶数)个长度相等($h = (b - a)/n$)的小区间,各分点对应的函数值为 y_0, $y_1, y_2, \cdots, y_{n-1}, y_n$,曲线 $y = f(x)$ 相应地被分成 n 个小弧段,设曲线上的分点为 M_0, M_1, $M_2, \cdots, M_{n-1}, M_n$,如图 5-16 所示.

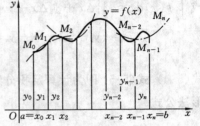

图 5-16

由于过三点可确定一条抛物线: $y = px^2 + qx + r$. 在每两个相邻小区间上经过曲线上三个相应的分点作一条抛物线,而得一个窄曲边梯形,把这些窄曲边梯形的面积加起来就可作为所求定积分的近似值.

经计算可得定积分 $\int_a^b f(x)\mathrm{d}x$ 的近似值为

$$\int_a^b f(x)\mathrm{d}x \approx \frac{b-a}{3n}\big[(y_0 + y_n) + 2(y_2 + y_4 + \cdots + y_{n-2}) + 4(y_1 + y_3 + \cdots + y_{n-1})\big].$$

$$(5\text{-}7)$$

式(5-7)即为计算定积分近似值的**抛物线法公式**,也称为辛卜生公式.

一般说来,n 越大,近似程度就越好.

例 20 计算 $I = \int_a^b f(x)\mathrm{d}x$ 的值,其中 $f(x)$ 由表 5-3 给出.

解 $I = \int_0^1 f(x)\mathrm{d}x$

$$\approx \frac{1}{30} \times \big[(1 + 1.248375) + 2 \times (1.019536 + 1.072707 + 1.144157$$

$$+ 1.211307) + 4 \times (1.004971 + 1.042668 + 1.107432 + 1.179859$$

$$+ 1.235211)\big]$$

$$= 1.114145.$$

表 5-3

x	0	0.1	0.2	0.3	0.4	0.5
$f(x)$	1	1.004971	1.019536	1.042668	1.072707	1.107432
x	0.6	0.7	0.8	0.9	1.0	
$f(x)$	1.144157	1.179859	1.211307	1.235211	1.248375	

习 题 5.4

1. 用矩形法计算 $\int_0^2 \sqrt{1+x^3}\,\mathrm{d}x$,取 $n=2$,计算到小数点后第三位.

2. 计算 $\int_1^2 \dfrac{\mathrm{d}x}{x}$ 以求 ln2 的近似值,取 $n=10$,保留四位小数.

3. 某零件的剖面如图 5-17 所示,x 轴是其对称轴,OA 长 1 m,分成 10 等份,测得边缘曲线在 x 轴上侧的数值见表 5-4,用抛物线法计算该零件截面面积.

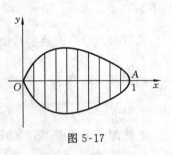

图 5-17

表 5-4　　　　　　　　　　　　　　单位:m

x	0	0.1	0.2	0.3	0.4	0.5	0.6	0.7	0.8	0.9	1.0
y	0	8.5	11.0	11.5	10.5	10.0	8.0	6.5	4.5	2.5	0

5.5　定积分在几何中的应用

前面已经学习了定积分的概念与计算,本节先介绍运用定积分解决实际问题的一种常用方法 —— 微元法,然后讨论定积分在几何中的应用.通过这一节的学习,不仅要掌握一些具体应用的公式,而且要学会用定积分去解决实际问题的思想方法 —— 微元法.

5.5.1　定积分的微元法

从定积分的概念可知,定积分所要解决的问题是求非均匀分布的整体量.解决这类问题的方法是通过分割的手段,把整体问题转化为局部问题,再在局部范围内"以直代曲" 或 "以均匀代替不均匀",求得该量在局部范围内的部分量的近似值,然后相加,得到总量的近似值,最后取极限,求得总量的精确值.这就是用定积分解决实际问题的基本思想.

用定积分解决实际问题的常用方法是微元法,下面介绍这种方法.

先回顾一下怎样用定积分求曲边梯形的面积.

设 $f(x)$ 在区间 $[a,b]$ 上连续,且 $f(x) \geqslant 0$,求曲线 $y=f(x)$ 及直线 $x=a$,$x=b$,$y=0$ 所围成的曲边梯形的面积 A. 它的求解步骤如下.

第一步,分割. 将区间 $[a,b]$ 任意分成 n 个小区间 $[x_{i-1},x_i]$ $(i=1,2,\cdots,n)$,由此曲边梯形就相应地分成 n 个小曲边梯形,从而所求曲边梯形的面积 A 为每个小区间上小曲边梯形面积 ΔA_i 之和,即 $A=\sum\limits_{i=1}^n \Delta A_i$.

第二步,近似. 对于任意小区间 $[x_{i-1},x_i]$ 上的小曲边梯形的面积 ΔA_i,用高为 $f(\xi_i)$,底边为 $\Delta x_i = x_i - x_{i-1}$ 的小矩形面积 $f(\xi_i)\Delta x_i$ 近似代替,即 $\Delta A_i \approx f(\xi_i)\Delta x_i$,其中 $\xi_i \in [x_{i-1},x_i]$ $(i = 1,2,\cdots,n)$.

第三步,求和. 曲边梯形面积 A 的近似值为 $A \approx \sum\limits_{i=1}^{n} f(\xi_i)\Delta x_i$.

第四步,取极限. 曲边梯形的面积 $A = \lim\limits_{\lambda \to 0} \sum\limits_{i=1}^{n} f(\xi_i)\Delta x_i = \int_a^b f(x)\mathrm{d}x$,其中 $\lambda = \max\limits_{1 \leqslant i \leqslant n}\{\Delta x_i\}$.

上述四个步骤中,第二步确定 $\Delta A_i \approx f(\xi_i)\Delta x_i$ 是关键. 在实际应用中,为简便起见,省略了下标 i,用 $[x,x+\mathrm{d}x]$ 表示区间 $[a,b]$ 内任一小区间,并取这个小区间的左端点 x 为 ξ,那么 $\Delta A_i \approx f(\xi_i)\Delta x_i$ 可以写为 $\Delta A \approx f(x)\mathrm{d}x$. 称 $f(x)\mathrm{d}x$ 为所求面积 A 的微元,记作 $\mathrm{d}A$,即 $\mathrm{d}A = f(x)\mathrm{d}x$. 于是 $A = \int_a^b f(x)\mathrm{d}x$.

一般地,如果某一实际问题中所求量 F 满足以下条件:F 是与变量 x 的变化区间 $[a,b]$ 有关的量,且 F 对于该区间具有可加性,即如果把区间 $[a,b]$ 分成若干个部分区间,则 F 相应地分成若干个部分量,从而 F 等于所有这些部分量的和. 这样一来,所求量 F 就可以用定积分来计算. 具体步骤如下.

(1) 确定积分变量 x,并求出相应的积分区间 $[a,b]$;

(2) 在区间 $[a,b]$ 上任取一小区间 $[x,x+\mathrm{d}x]$,并在该小区间上找出所求量 F 的微元 $\mathrm{d}F = f(x)\mathrm{d}x$;

(3) 写出所求量 F 的积分表达式 $F = \int_a^b f(x)\mathrm{d}x$,然后计算它的值.

这种方法称为定积分的**微元法**.

5.5.2　平面图形的面积

设 $f(x),g(x)$ 在区间 $[a,b]$ 上连续,且 $f(x) \geqslant g(x)$,求曲线 $y = f(x),y = g(x)$ 及直线 $x = a,x = b$ 所围成的平面图形的面积 A(图 5-18).

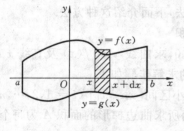
图 5-18

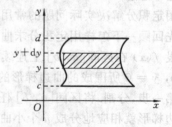
图 5-19

取横坐标 x 为积分变量,$x \in [a, b]$.

在区间$[a, b]$上任取一小区间$[x, x+\mathrm{d}x]$,该区间上的小曲边梯形的面积可以用高为 $f(x) - g(x)$,底为 $\mathrm{d}x$ 的矩形的面积近似代替.因此面积微元为 $\mathrm{d}A = [f(x) - g(x)]\mathrm{d}x$,从而

$$A = \int_a^b [f(x) - g(x)]\mathrm{d}x. \tag{5-8}$$

类似地,由曲线 $x = \varphi(y)$,$x = \psi(y)$,且 $\varphi(y) \geqslant \psi(y)$ 及直线 $y = c$,$y = d$ 所围成的平面图形的面积(图 5-19)为

$$A = \int_c^d [\varphi(y) - \psi(y)]\mathrm{d}y. \tag{5-9}$$

其中$[\varphi(y) - \psi(y)]\mathrm{d}y$ 为面积微元 $\mathrm{d}A$.

例 21 求两条抛物线 $y^2 = x$,$y = x^2$ 所围的图形的面积(图 5-20).

解 解方程组 $\begin{cases} y^2 = x \\ y = x^2 \end{cases}$ 得交点为$(0,0)$ 及$(1,1)$.

取 x 为积分变量,$x \in [0,1]$,由式(5-8) 得所求面积为

$$A = \int_0^1 (\sqrt{x} - x^2)\mathrm{d}x = \left[\frac{2}{3}x^{\frac{3}{2}} - \frac{1}{3}x^3 \right]_0^1 = \frac{1}{3}.$$

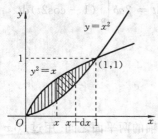

图 5-20

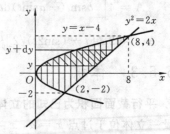

图 5-21

例 22 求抛物线 $y^2 = 2x$ 与直线 $y = x - 4$ 所围图形的面积(图 5-21).

解 解方程组 $\begin{cases} y^2 = 2x \\ y = x - 4 \end{cases}$ 得交点$(2, -2)$ 及$(8, 4)$.

取 y 为积分变量,$y \in [-2, 4]$,将曲线方程改为 $x = y^2/2$ 及 $x = y + 4$,则所求面积为

$$A = \int_{-2}^4 \left[(y+4) - \frac{y^2}{2} \right]\mathrm{d}y = \left[\frac{y^2}{2} + 4y - \frac{y^3}{6} \right]_{-2}^4 = 18.$$

注意 本题若以 x 为积分变量,由于 x 在$[0,2]$ 与$[2,8]$ 这两段中的情况是不同的,因此需要把图形面积分为两部分来计算,最后两部分面积加起来才是所求图形的面积.

$$A = 2\int_0^2 \sqrt{2x}\mathrm{d}x + \int_2^8 [\sqrt{2x} - (x-4)]\mathrm{d}x$$

$$= \frac{4\sqrt{2}}{3}\left[x^{\frac{3}{2}}\right]_0^2 + \left[\frac{2\sqrt{2}}{3}x^{\frac{3}{2}} - \frac{1}{2}x^2 + 4x\right]_2^8 = 18.$$

这样计算不如上述方法简单. 可见,适当选取积分变量,可使计算简化.

如果曲边梯形的曲边方程 $y = f(x)\ (f(x) \geqslant 0)$ 由参数方程

$$\begin{cases} x = \varphi(t) \\ y = \psi(t) \end{cases} (\alpha \leqslant t \leqslant \beta)$$

给出,且当变量 x 从 a 变到 b 时,参数 t 相应地从 α 变到 β,这时所求曲边梯形的面积 A 为

$$A = \int_a^b y \mathrm{d}x = \int_\alpha^\beta \psi(t)\varphi'(t)\mathrm{d}t.$$

例 23　求椭圆 $\dfrac{x^2}{a^2} + \dfrac{y^2}{b^2} = 1$ 的面积 A.

解　利用对称性有 $A = 4A_1$,其中 A_1 是该椭圆在第一卦限部分的面积.

这个椭圆的参数方程为 $\begin{cases} x = a\cos t \\ y = b\sin t \end{cases}$,且当 x 从 0 变到 a 时,t 从 $\dfrac{\pi}{2}$ 变到 0,则所求面积为

$$A = 4\int_{\frac{\pi}{2}}^0 b\sin t(-a\sin t)\mathrm{d}t = 4ab\int_0^{\frac{\pi}{2}} \sin^2 t \mathrm{d}t = 2ab\int_0^{\frac{\pi}{2}}(1-\cos 2t)\mathrm{d}t$$

$$= 2ab\left[t - (\sin 2t)/2\right]_0^{\frac{\pi}{2}} = \pi ab.$$

5.5.3　体积

1. 平行截面面积为已知的立体体积

设一立体位于过点 $x = a$,$x = b$ 且垂直于 x 轴的两平面之间. 用过点 x 且垂直于 x 轴的平面截此立体,设所得截面的面积为 $A(x)$,且 $A(x)$ 是 x 的已知连续函数. 下面求该立体的体积 V(图 5-22).

取 x 为积分变量,$x \in [a,b]$. 在区间 $[a,b]$ 上任取一小区间 $[x, x+\mathrm{d}x]$,该区间上的小立体的体积可以用底面积为 $A(x)$,高为 $\mathrm{d}x$ 的柱体的体积近似代替. 因此体积微元为 $\mathrm{d}V = A(x)\mathrm{d}x$,从而

$$V = \int_a^b A(x)\mathrm{d}x. \tag{5-10}$$

例 24　一平面经过半径为 R 的正圆柱体的底圆中心,与底面交成 α 角,求这个平面截圆柱体所得的立体体积(图 5-23).

解　取这个平面与正圆柱体底面的交线为 x 轴,底面上过圆心且垂直于 x 轴的直线为 y 轴,建立直角坐标系. 于是底面圆的方程为

$$x^2 + y^2 = R^2.$$

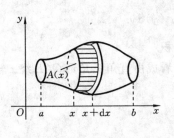

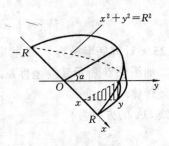

图 5-22　　　　　　　　　　　　　　　　　图 5-23

取 x 为积分变量,$x \in [-R, R]$.立体中过点 x 且垂直于 x 轴的截面是直角三角形,它的两条直角边分别为 $\sqrt{R^2 - x^2}$ 和 $\sqrt{R^2 - x^2} \tan\alpha$.因此截面面积为

$$A(x) = \frac{1}{2}\sqrt{R^2 - x^2}\sqrt{R^2 - x^2}\tan\alpha = \frac{1}{2}(R^2 - x^2)\tan\alpha,$$

则所求立体体积为

$$V = \int_{-R}^{R} \frac{1}{2}(R^2 - x^2)\tan\alpha \, \mathrm{d}x = \frac{1}{2}\tan\alpha\left[R^2 x - \frac{1}{3}x^3\right]_{-R}^{R} = \frac{2}{3}R^3\tan\alpha.$$

2. 旋转体的体积

旋转体是一个平面图形绕这个平面内的一条直线旋转而成的立体.这条直线称为旋转轴.

图 5-24 表示由曲线 $y = f(x)$,直线 $x = a$,$x = b$ 及 x 轴所围成的曲边梯形绕 x 轴旋转而成的旋转体.现在计算该旋转体的体积 V.

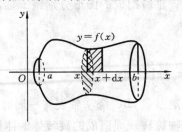

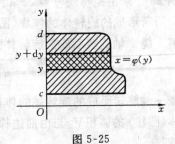

图 5-24　　　　　　　　　　　　　　　　　图 5-25

过区间 $[a, b]$ 上的任意一点 x,作垂直于 x 轴的截面,它是一个半径为 $y = f(x)$ 的圆,因此截面面积是

$$A(x) = \pi y^2 = \pi[f(x)]^2,$$

由式(5-10)得所求旋转体的体积为

$$V = \pi\int_a^b y^2 \, \mathrm{d}x = \pi\int_a^b [f(x)]^2 \, \mathrm{d}x. \tag{5-11}$$

类似地,由曲线 $x = \varphi(y)$,直线 $y = c$,$y = d$ 及 y 轴所围成的曲边梯形(图 5-25)绕 y 轴旋转而成的旋转体的体积为

$$V = \int_c^d \pi x^2 \, \mathrm{d}y = \pi \int_c^d \varphi^2(y) \, \mathrm{d}y. \tag{5-12}$$

例 25 计算底半径为 r,高为 h 的圆锥的体积.

解 如图 5-26 所示建立坐标系. 圆锥体可以看成由直角三角形 OAB 绕 x 轴旋转而成的旋转体.

直线 OA 的方程为

$$y = \frac{r}{h}x \ (0 \leqslant x \leqslant h).$$

由式(5-10) 得所求圆锥体的体积为

$$V = \pi \int_0^h y^2 \, \mathrm{d}x = \pi \int_0^h \left(\frac{r}{h} x \right)^2 \, \mathrm{d}x = \frac{\pi r^2}{h^2} \left[\frac{x^3}{3} \right]_0^h = \frac{1}{3} \pi r^2 h.$$

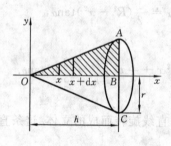

图 5-26

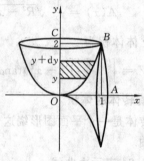

图 5-27

例 26 求由抛物线 $y = 2x^2$,直线 $x = 1$ 及 x 轴所围成的图形分别绕 x 轴,y 轴旋转一周所形成的旋转体的体积(图 5-27).

解 绕 x 轴旋转而成的旋转体的体积为

$$V_x = \pi \int_0^1 y^2 \, \mathrm{d}x = \pi \int_0^1 (2x^2)^2 \, \mathrm{d}x = 4\pi \int_0^1 x^4 \, \mathrm{d}x = \frac{4}{5} \pi.$$

绕 y 轴旋转而成的旋转体的体积 V_y 等于由矩形 $OABC$ 绕 y 轴旋转一周而成的旋转体(圆柱)的体积 V_2 与由曲边梯形 OBC 绕 y 轴旋转一周而成的旋转体的体积 V_1 之差,即

$$V_y = V_2 - V_1 = \pi \times 1^2 \times 2 - \pi \int_0^2 x^2 \, \mathrm{d}y = 2\pi - \pi \int_0^2 \frac{y}{2} \, \mathrm{d}y$$

$$= 2\pi - \frac{\pi}{4} [y^2]_0^2 = \pi.$$

习 题 5.5

1.求下列平面曲线所围成的图形的面积:

(1) $y = x^2, y = 1$;   (2) $y = 1/x, y = x, x = 2$;

(3) $y = x^3, y = x$;　　　　　　　　(4) $y = x^2, y = x, y = 2x$.

2. 求摆线 $x = a(t - \sin t)$, $y = a(1 - \cos t)$ $(0 \leqslant t \leqslant 2\pi)$ 的一拱与 x 轴所围成的图形的面积.

3. 求抛物线 $y = -x^2 + 4x - 3$ 及其在点 $(0, -3)$ 和点 $(3, 0)$ 的切线所围成的图形的面积.

4. 计算底面是半径为 R 的圆,且垂直于底面上一条固定直径的所有截面都是等边三角形的立体的体积.

5. 求抛物线 $y = 1 - x^2, y = 0$ 所围成的图形为底,而垂直于 y 轴的所有截面均是高为 3 的矩形的立体的体积.

6. 求下列曲线所围成的图形绕指定轴旋转所形成的旋转体的体积:

(1) $2x - y + 4 = 0, x = 0, y = 0$,绕 x 轴;

(2) 椭圆 $\dfrac{x^2}{a^2} + \dfrac{y^2}{b^2} = 1$,绕 x 轴;

(3) 抛物线 $x^2 = 4y$ $(x > 0)$, $y = 1, x = 0$,分别绕 x 轴和 y 轴;

(4) $y = \sin x, y = 0$ $(0 \leqslant x \leqslant \pi)$,绕 y 轴.

5.6　定积分在物理中的应用

5.6.1　变力沿直线所做的功

设物体在变力 F 的作用下沿 x 轴运动,F 的方向与物体运动的方向一致,且其大小是点 x 的函数,即 $F = F(x)$,物体在变力的作用下从 a 运动到 b(图 5-28),求变力 F 所做的功 W.

如果 F 是常力,那么

$$W = Fs = F(b - a).$$

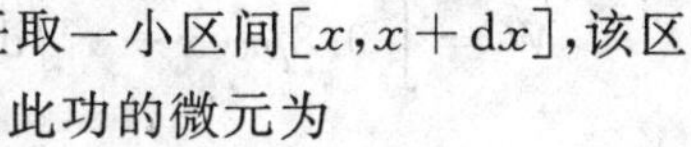

如果 F 是变力 $F = F(x)$,它是一个非均匀变

图 5-28

化的量. 由于所求的功不是一个整体量,且对区间具有可加性,所以可用微元法来求这个量.

取 x 为积分变量,$x \in [a, b]$. 在区间 $[a, b]$ 上任取一小区间 $[x, x + \mathrm{d}x]$,该区间上各点处的力可以用点 x 处的力 $F(x)$ 近似代替. 因此功的微元为

$$\mathrm{d}W = F(x)\mathrm{d}x,$$

从而从 a 到 b 这一段上的变力 $F(x)$ 所做的功为

$$W = \int_a^b F(x)\mathrm{d}x. \tag{5-13}$$

例 27　设弹簧在 1 N 力的作用下伸长 0.01 m,要使弹簧伸长 0.1 m,需做多少功?

解　以弹簧的初始位置为坐标原点 O,建立直角坐标系(图 5-29).

由物理学知识可知,弹性力 F 的大小与弹簧伸长(或压缩)量 x 成正比,即

$$F = kx \ (k \text{ 为比例系数}).$$

已知 $F = 1$ N 时，$x = 0.01$ m，代入上式得 $k = 100$，从而变力为
$$F = 100x.$$

由式(5-13) 得所求的功为
$$W = \int_0^{0.1} 100x\mathrm{d}x = [50x^2]_0^{0.1} = 0.5 \text{ J}.$$

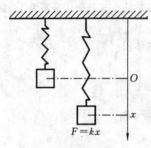

图 5-29

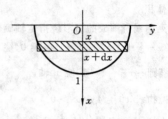

图 5-30

例 28　半径为 1 m 的半球形水池，池中充满水，把池内水全部抽完需做多少功？

解　过中心轴作水池的截面图并建立直角坐标系(图 5-30).
半圆的方程为 $\qquad\qquad x^2 + y^2 = 1.$

取水深 x 为积分变量，$x \in [0,1]$. 在区间$[0,1]$上任取一小区间$[x, x + \mathrm{d}x]$，与该区间对应的一薄层水的重力近似为
$$F(x) = 9.8\rho\pi y^2 \mathrm{d}x = 9.8\rho\pi(1 - x^2)\mathrm{d}x.$$
其中水的密度是 $\rho = 10^3 \text{ kg/m}^3$.

将这小薄层水吸到池口的距离为 x，所做的功即为克服重力所做的功，因此功的微元为
$$\mathrm{d}W = 9.8\rho\pi(1 - x^2)x\mathrm{d}x = 9.8\rho\pi(x - x^3)\mathrm{d}x,$$
从而所求的功为
$$W = \int_0^1 9.8\rho\pi(x - x^3)\mathrm{d}x = 9.8\rho\pi\left[\frac{1}{2}x^2 - \frac{1}{4}x^4\right]_0^1 = 7.70 \times 10^3 \text{ J}.$$

5.6.2　液体的静压力

由物理学知道，距离液体表面 h 深处的液体压强为 $p = \rho g h$（ρ 为液体的密度，g 为重力加速度）. 如果有一面积为 A 的平板水平地放在距液面 h 深处，则平板一侧所受压力 $F = \rho g h A$. 如果将平板垂直地插立在液体之中，由于深度不同处压强不相同，故平板一侧所受的压力就不能用上述的方法计算. 然而整个平板所受的压力对深度具有可加性. 因此可以用定积分的微元法来计算.

假设平板的形状为曲边梯形，垂直放在水中，两腰与水平面平行且与水平面的距离分别为 a, b $(a < b)$. 图形及坐标系的建立如图 5-31 所示. 这里平板曲面的方程为

$y = f(x)$，y 轴在水平面上，自变量 x 表示水深.

取 x 为积分变量，$x \in [a, b]$. 在 $[a, b]$ 上取一小区间 $[x, x + \mathrm{d}x]$，该区间所对应的小窄条平板所受压力可近似地看做长为 y，宽为 $\mathrm{d}x$ 的小矩形水平放在距液体表面深度为 x 的位置上时一侧所受压力. 因此所求的压力微元为

$$\mathrm{d}F = \rho g x f(x) \mathrm{d}x,$$

从而整个平板一侧所受的压力为

$$F = \int_a^b \rho g x f(x) \mathrm{d}x. \tag{5-14}$$

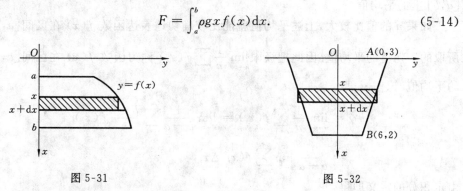

图 5-31　　　　　　　　　　　　　　　图 5-32

例 29　有一等腰梯形闸门，它的两条底边各长为 6 m 和 4 m，高为 6 m，较长的底边与水面相齐. 计算闸门的一侧所受的水的压力.

解　建立坐标系如图 5-32 所示. AB 的方程为 $y = -\dfrac{x}{6} + 3$.

取 x 为积分变量，$x \in [0, 6]$. 在 $[0, 6]$ 上任一小区间 $[x, x + \mathrm{d}x]$ 的压力微元为

$$\mathrm{d}F = \rho g x \times 2y \mathrm{d}x = 9.8 \times 10^3 \times 2x \left(-\frac{1}{6} x + 3 \right) \mathrm{d}x,$$

从而所求的压力为

$$F = \int_0^6 9.8 \times 10^3 \left(-\frac{1}{3} x^2 + 6x \right) \mathrm{d}x = 9.8 \times 10^3 \left[-\frac{1}{9} x^3 + 3x^2 \right]_0^6$$

$$= 8.23 \times 10^5 \text{ N}.$$

5.6.3　函数的平均值

在实际问题中，常常要研究平均值的问题. 通常描述数集 $\{y_1, y_2, \cdots, y_n\}$ 的平均值时，取这个数集的算术平均值

$$\bar{y} = \frac{1}{n}(y_1 + y_2 + \cdots + y_n) = \frac{1}{n} \sum_{i=1}^n y_i.$$

例如，用全班学生的考试平均成绩来反映这个班级的学习成绩的概况.

此外，还常常需要计算一个连续函数 $y = f(x)$ 在区间 $[a, b]$ 上一切值的平均值. 例如，求平均速度、平均电流、平均功率等等. 下面求连续函数 $y = f(x)$ 在区间 $[a, b]$

上的平均值 $\bar{y}$.

将区间 $[a,b]$ 分为 n 等份,设分点为 $a=x_0,x_1,x_2,\cdots,x_n=b$,每个小区间的长度为 $\Delta x_i=\dfrac{b-a}{n}$. 对于 n 个分点处的函数值 $f(x_1),f(x_2),\cdots,f(x_n)$,可以用它们的算术平均值 $\dfrac{1}{n}[f(x_1)+f(x_2)+\cdots+f(x_n)]=\dfrac{1}{n}\sum\limits_{i=1}^{n}f(x_i)$ 近似表达函数 $f(x)$ 在区间 $[a,b]$ 上的平均值.

如果 n 的值比较大,上述平均值就能比较确切地表达函数 $f(x)$ 在区间 $[a,b]$ 上所取的一切值的平均值. 因此把极限 $\lim\limits_{n\to\infty}\dfrac{1}{n}\sum\limits_{i=1}^{n}f(x_i)$ 称为函数 $f(x)$ 在区间 $[a,b]$ 上的平均值,记作 $\bar{y}$,即

$$\bar{y}=\lim_{n\to\infty}\frac{1}{n}\sum_{i=1}^{n}f(x_i)=\lim_{n\to\infty}\frac{1}{b-a}\sum_{i=1}^{n}\frac{b-a}{n}f(x_i)$$

$$=\frac{1}{b-a}\lim_{n\to\infty}\sum_{i=1}^{n}f(x_i)\Delta x_i,$$

由定积分的定义即得

$$\bar{y}=\frac{1}{b-a}\int_a^b f(x)\mathrm{d}x. \tag{5-15}$$

例 30　计算纯电阻电路中正弦交流电 $i=I_m\sin\omega t$ 在一个周期内功率的平均值(简称平均功率).

解　设电阻为 R,那么 R 两端的电压为

$$U=iR=I_m R\sin\omega t,$$

而功率为

$$P=Ui=I_m^2 R\sin^2\omega t.$$

因为交流电的周期为 $T=\dfrac{2\pi}{\omega}$,所以在一个周期 $\left[0,\dfrac{2\pi}{\omega}\right]$ 上,P 的平均值为

$$\bar{P}=\frac{1}{\dfrac{2\pi}{\omega}-0}\int_0^{\frac{2\pi}{\omega}}I_m^2 R\sin^2\omega t\,\mathrm{d}t=\frac{I_m^2 R\omega}{2\pi}\int_0^{\frac{2\pi}{\omega}}\sin^2\omega t\,\mathrm{d}t=\frac{I_m^2 R\omega}{4\pi}\int_0^{\frac{2\pi}{\omega}}(1-\cos2\omega t)\,\mathrm{d}t$$

$$=\frac{I_m^2 R}{4\pi}\left[\omega t-\frac{1}{2}\sin2\omega t\right]_0^{\frac{2\pi}{\omega}}=\frac{1}{2}I_m^2 R=\frac{1}{2}I_m U_m.$$

这就是说,纯电阻电路中正弦交流电的平均功率等于电流和电压的峰值乘积的一半.

在实际问题中,还经常用到另一种平均值,即均方根. 我们把

$$\sqrt{\frac{1}{b-a}\int_a^b f^2(x)\mathrm{d}x}$$

称为函数 $y=f(x)$ 在区间 $[a,b]$ 上的均方根.

例 31 计算正弦交流电 $i = I_m \sin \omega t$ 在一个周期内的均方根.

解 由式(5-15)及例 30 的计算可得

$$I = \sqrt{\frac{\omega}{2\pi} \int_0^{\frac{2\pi}{\omega}} I_m^2 \sin^2 \omega t \, dt} = \frac{I_m}{\sqrt{2}}.$$

这个值在电工学中称为电流的有效值,即正弦交流电的有效值等于它的峰值的 $\frac{1}{\sqrt{2}}$.

类似地,可得交流电压 $U = U_m \sin \omega t$ 的有效值等于它的峰值的 $1/\sqrt{2}$,即 $U = \frac{U_m}{\sqrt{2}}$.

通常交流电器上标明的功率是平均功率,电流、电压指的是电流、电压的有效值.例如,照明用的电灯上标有 40 W,220 V 的字样,这 40 W 就是平均功率,220 V 是交流电压的有效值.

习　题　5.6

1. 弹簧原长 0.30 m,每压缩 0.01 m 需力 2 N,求把弹簧从 0.25 m 压缩到 0.20 m 所做的功.

2. 有一圆柱形贮水桶,高 2 m,底圆半径为 0.8 m,桶内装有 1 m 深的水,试问要将桶内全部水吸出需做多少功?

3. 有一上口直径为 20 m,深为 15 m 的圆锥形水池,其中盛满水,若将水全部抽尽,需做多少功?

4. 有一闸门,它的形状和尺寸如图 5-33 所示,水面超过门顶 1 m,求闸门上所受的水压力.

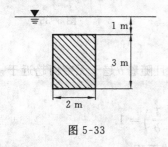

图 5-33

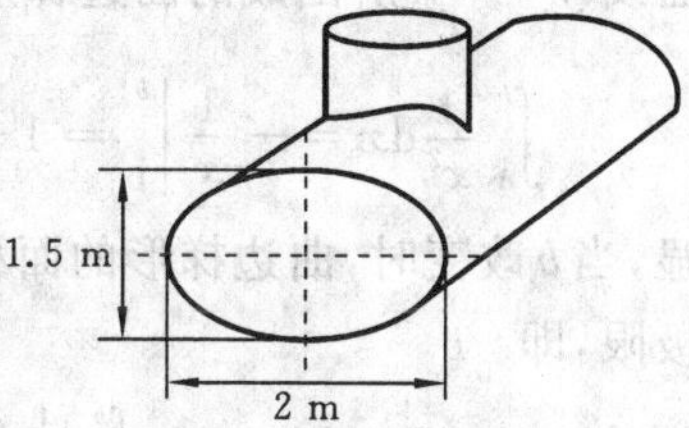

图 5-34

5. 一个横放着的半径为 R 的圆柱形油桶,桶内盛有半桶油,油的密度为 ρ,计算桶的一个端面所受的压力.

6. 洒水车上的水箱是一个横放着的椭圆柱体,尺寸如图 5-34 所示.当水箱装满水时,计算水箱的一个端面所受的压力.

7. 一块高为 a,底为 b 的等腰三角形薄板,垂直地沉没在水中,顶在下,底与水面相齐,试计算薄板每面所受的压力.如果把它倒放,使它的顶与水面相齐,而底与水面平行,压力又如何?

8. 一物体以速度 $v = 3t^2 + 2t$ (v 的单位为 m/s)作直线运动,计算它在 $t = 0$ s 到 $t = 3$ s 这一段时间内的平均速度.

9. 计算函数 $y = x/(1 + x^2)$ 在区间 $[0, 1]$ 上的平均值.

10. 计算函数 $y = \sin x$ 在区间 $[0, \pi]$ 上的平均值和均方根.

5.7　广义积分

在前面所讨论的定积分中,都假定积分区间$[a,b]$是有限的,并且只讨论了$f(x)$在$[a,b]$上连续的情形.但在实际问题中,常会遇到积分区间为无限的,或者积分区间虽有限,而被积函数在积分区间上出现了无穷间断点的情形,本节将介绍这两类积分的概念和计算方法.

5.7.1　无穷区间上的广义积分

先看下面的例子.

例 32　求曲线$y=\dfrac{1}{x^2}$,x轴及直线$x=1$右边所围成的"开口曲边梯形"的面积(图 5-35).

解　这个图形不是封闭的曲边梯形,而在x轴的正方向是开口的,也就是说,这时的积分区间是无限区间$[1,+\infty)$,所以不能用前面所学的定积分来计算它的面积.

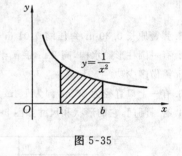

图 5-35

我们任意取一个大于1的数b,那么在区间$[1,b]$上由曲线$y=\dfrac{1}{x^2}$所围成的曲边梯形的面积为

$$\int_1^b \frac{1}{x^2}\mathrm{d}x = -\frac{1}{x}\Big|_1^b = 1-\frac{1}{b}.$$

很明显,当b改变时,曲边梯形的面积也随之改变,且随着b趋于无穷而趋近于一个确定的极限,即

$$\lim_{b\to+\infty}\int_1^b \frac{1}{x^2}\mathrm{d}x = \lim_{b\to+\infty}\left(1-\frac{1}{b}\right) = 1.$$

显然,这个极限值就表示了所求"开口曲边梯形"的面积.

一般地,对于积分区间是无限的情形,给出下面的定义:

定义 5.3　设函数$f(x)$在区间$[a,+\infty)$内连续,b是区间$[a,+\infty)$内的任意数值,称极限$\lim\limits_{b\to+\infty}\int_a^b f(x)\mathrm{d}x$为函数$f(x)$在无限区间$[a,+\infty)$内的**广义积分**,记为$\int_a^{+\infty}f(x)\mathrm{d}x$,即

$$\int_a^{+\infty}f(x)\mathrm{d}x = \lim_{b\to+\infty}\int_a^b f(x)\mathrm{d}x,$$

若上式右端极限存在,则称广义积分$\int_a^{+\infty}f(x)\mathrm{d}x$收敛;如果右端极限不存在,则称广

义积分 $\int_a^{+\infty} f(x)\mathrm{d}x$ 发散.

同样地,可以定义下限为负无穷或上、下限都是无穷的广义积分:

$$\int_{-\infty}^b f(x)\mathrm{d}x = \lim_{a\to-\infty}\int_a^b f(x)\mathrm{d}x,$$

$$\int_{-\infty}^{+\infty} f(x)\mathrm{d}x = \int_{-\infty}^c f(x)\mathrm{d}x + \int_c^{+\infty} f(x)\mathrm{d}x = \lim_{a\to-\infty}\int_a^c f(x)\mathrm{d}x + \lim_{b\to+\infty}\int_c^b f(x)\mathrm{d}x.$$

必须 $\lim\limits_{a\to-\infty}\int_a^c f(x)\mathrm{d}x$ 和 $\lim\limits_{b\to+\infty}\int_c^b f(x)\mathrm{d}x$ 都收敛时,才称 $\int_{-\infty}^{+\infty} f(x)\mathrm{d}x$ 收敛.

例 33　计算广义积分 $\int_{-\infty}^{+\infty}\dfrac{\mathrm{d}x}{1+x^2}$.

解　$\displaystyle\int_{-\infty}^{+\infty}\frac{\mathrm{d}x}{1+x^2} = \int_{-\infty}^0\frac{\mathrm{d}x}{1+x^2} + \int_0^{+\infty}\frac{\mathrm{d}x}{1+x^2} = \lim_{a\to-\infty}\int_a^0\frac{\mathrm{d}x}{1+x^2} + \lim_{b\to+\infty}\int_0^b\frac{\mathrm{d}x}{1+x^2}$

$$= \lim_{a\to-\infty}[\arctan x]_a^0 + \lim_{b\to+\infty}[\arctan x]_0^b$$

$$= -\lim_{a\to-\infty}\arctan a + \lim_{b\to+\infty}\arctan b = -\left(-\frac{\pi}{2}\right) + \frac{\pi}{2} = \pi.$$

为简便起见,上面的计算过程可写成

$$\int_{-\infty}^{+\infty}\frac{\mathrm{d}x}{1+x^2} = [\arctan x]_{-\infty}^{+\infty} = \frac{\pi}{2} - \left(-\frac{\pi}{2}\right) = \pi,$$

其中 $[\arctan x]_{-\infty}^{+\infty}$ 应理解为 $\lim\limits_{x\to+\infty}\arctan x - \lim\limits_{x\to-\infty}\arctan x$.

例 34　计算 $\int_1^{+\infty}\dfrac{\mathrm{d}x}{x^p}$.

解　当 $p\neq 1$ 时,有

$$\int_1^{+\infty}\frac{\mathrm{d}x}{x^p} = \left[\frac{x^{1-p}}{1-p}\right]_1^{+\infty} = \begin{cases} \dfrac{1}{p-1}, & p>1, \\ +\infty, & p<1 \end{cases}$$

当 $p=1$ 时,有

$$\int_1^{+\infty}\frac{\mathrm{d}x}{x} = [\ln x]_1^{+\infty} = +\infty.$$

综上所述,广义积分 $\int_1^{+\infty}\dfrac{\mathrm{d}x}{x^p}$,当 $p>1$ 时收敛,$p\leqslant 1$ 时发散.

5.7.2　有无穷间断点函数的广义积分

先看下面的例子.

例 35　求曲线 $y=\dfrac{1}{\sqrt{x}}$,直线 $x=0,x=1$ 与 x 轴所围成的"开口曲边梯形"的

面积(图 5-36).

解　因为当 $x \to 0$ 时，$\dfrac{1}{\sqrt{x}} \to +\infty$，故函数 $y = \dfrac{1}{\sqrt{x}}$ 在

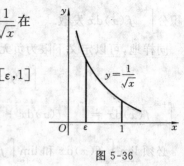

图 5-36

$x = 0$ 处有无穷间断点.

如果给定一个很小的正数 $\varepsilon > 0$，那么在区间 $[\varepsilon, 1]$

上由曲线 $y = \dfrac{1}{\sqrt{x}}$ 所围成的曲边梯形的面积为

$$\int_{\varepsilon}^{1} \frac{1}{\sqrt{x}} \mathrm{d}x = \left[2\sqrt{x} \right]_{\varepsilon}^{1} = 2 - 2\sqrt{\varepsilon},$$

很明显，当 ε 改变时，曲边梯形的面积也随之改变，当 $\varepsilon \to 0^+$ 时，它趋于一个确定的极限，即

$$\lim_{\varepsilon \to 0^+} \int_{\varepsilon}^{1} \frac{1}{\sqrt{x}} \mathrm{d}x = \lim_{\varepsilon \to 0^+} (2 - 2\sqrt{\varepsilon}) = 2.$$

显然，这个极限值就表示了所求"开口曲边梯形"的面积.

一般地，对于被积函数有无穷间断点的情形，给出下面的定义.

定义 5.4　设函数 $f(x)$ 在区间 $(a, b]$ 内连续，而 $\lim\limits_{x \to a^+} f(x) = \infty$，称极限 $\lim\limits_{A \to a^+} \int_{A}^{b} f(x) \mathrm{d}x$ 为函数 $f(x)$ 在 $(a, b]$ 区间内的广义积分，记为 $\int_{a}^{b} f(x) \mathrm{d}x$，即

$$\int_{a}^{b} f(x) \mathrm{d}x = \lim_{A \to a^+} \int_{A}^{b} f(x) \mathrm{d}x,$$

若上式右端极限存在，则称广义积分 $\int_{a}^{b} f(x) \mathrm{d}x$ 收敛；如果右端极限不存在，就称广义积分 $\int_{a}^{b} f(x) \mathrm{d}x$ 发散.

同样地，对于函数 $f(x)$ 在 $x = b$ 及 $x = c \, (a < c < b)$ 处有无穷间断点的广义积分，分别给出以下的定义：

$$\int_{a}^{b} f(x) \mathrm{d}x = \lim_{B \to b^-} \int_{a}^{B} f(x) \mathrm{d}x,$$

$$\int_{a}^{b} f(x) \mathrm{d}x = \lim_{C \to c^-} \int_{a}^{C} f(x) \mathrm{d}x + \lim_{C \to c^+} \int_{C}^{b} f(x) \mathrm{d}x.$$

必须 $\lim\limits_{C \to c^-} \int_{a}^{C} f(x) \mathrm{d}x$ 和 $\lim\limits_{C \to c^+} \int_{C}^{b} f(x) \mathrm{d}x$ 都收敛时，才称广义积分 $\int_{a}^{b} f(x) \mathrm{d}x$ 收敛.

例 36　计算 $\int_{0}^{1} \dfrac{1}{\sqrt{1 - x^2}} \mathrm{d}x$.

解　因为 $\lim\limits_{x \to 1^-} \dfrac{1}{\sqrt{1 - x^2}} = +\infty$，所以，所求积分是被积函数在 $x = 1$ 处有无穷间断点的广义积分.

$$\int_{0}^{1} \frac{1}{\sqrt{1 - x^2}} \mathrm{d}x = \lim_{B \to 1^-} \int_{0}^{B} \frac{1}{\sqrt{1 - x^2}} \mathrm{d}x = \lim_{B \to 1^-} \left[\arcsin x \right]_{0}^{B} = \lim_{B \to 1^-} \arcsin B = \frac{\pi}{2}.$$

例 37 计算 $\int_{-1}^{1} \dfrac{\mathrm{d}x}{x^2}$.

解 因为 $\lim\limits_{x \to 0} \dfrac{1}{x^2} = +\infty$，所以，所求积分是被积函数在 $x = 0$ 处有无穷间断点的广义积分.

$$\int_{-1}^{1} \frac{\mathrm{d}x}{x^2} = \lim_{C \to 0^-} \int_{-1}^{C} \frac{1}{x^2} \mathrm{d}x + \lim_{C \to 0^+} \int_{C}^{1} \frac{1}{x^2} \mathrm{d}x = \lim_{C \to 0^-} \left[-\frac{1}{x} \right]_{-1}^{C} + \lim_{C \to 0^+} \left[-\frac{1}{x} \right]_{C}^{1}$$

$$= \lim_{C \to 0^-} \left(-\frac{1}{C} - 1 \right) + \lim_{C \to 0^+} \left(-1 + \frac{1}{C} \right)$$

因为 $\lim\limits_{C \to 0^-} \left(-\dfrac{1}{C} - 1 \right) = +\infty$，所以广义积分 $\int_{-1}^{1} \dfrac{1}{x^2} \mathrm{d}x$ 是发散的.

应该注意，如果没有考虑到被积函数 $\dfrac{1}{x^2}$ 在 $x = 0$ 处有无穷间断点的情形，仍然按定积分来计算，就会得出如下错误结果：

$$\int_{-1}^{1} \frac{1}{x^2} \mathrm{d}x = \left[-\frac{1}{x} \right]_{-1}^{1} = -2.$$

习 题 5.7

1. 下列广义积分是否收敛？若收敛，求出它的值：

(1) $\int_{1}^{+\infty} \dfrac{1}{x^4} \mathrm{d}x$;

(2) $\int_{1}^{+\infty} \dfrac{\ln x}{x} \mathrm{d}x$;

(3) $\int_{-\infty}^{+\infty} x \mathrm{e}^{-x^2} \mathrm{d}x$;

(4) $\int_{0}^{1} \dfrac{x}{\sqrt{1-x^2}} \mathrm{d}x$;

(5) $\int_{1}^{e} \dfrac{1}{x \sqrt{1-(\ln x)^2}} \mathrm{d}x$;

(6) $\int_{-2}^{3} \dfrac{\mathrm{d}x}{\sqrt[3]{x^2}}$.

第6章 向量与空间解析几何

在中学数学中,已经学过平面解析几何.平面解析几何是在建立平面直角坐标系的基础上,使平面上的点与一对有序的实数组对应,把平面上的曲线和方程对应起来,从而用代数方法研究几何问题.它是一元函数微积分必不可少的知识.要学习多元函数微积分,则必须掌握空间解析几何.本章只介绍向量及其运算、平面与直线方程和常见的曲面与空间曲线.

6.1 空间直角坐标系与向量的概念

6.1.1 空间直角坐标系

在空间任取一定点 O,过点 O 作三条互相垂直的数轴,它们都以点 O 为坐标原点,且一般具有相同的长度单位,这三条数轴分别称为 x 轴(横轴),y 轴(纵轴)与 z 轴(竖轴),统称为**坐标轴**,点 O 称为**坐标原点**.三个轴的正向构成右手系,即用右手握着 z 轴,当右手四指从 x 轴正向以 $\pi/2$ 的角度转向 y 轴正向时,大拇指的指向就是 z 轴的正向,如图 6-1 所示,这样便建立了一个空间直角坐标系.

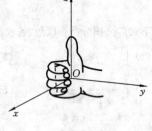

图 6-1

在空间直角坐标系中,任意两个坐标轴所确定的平面称为**坐标平面**,显然有三个坐标平面,分别称为 xOy,yOz 和 zOx 平面.三个坐标平面将空间分成八个部分,每一部分称为一个**卦限**,其顺序规定如图 6-2 所示.

设 M 为空间直角坐标系中的任意一点,过点 M 分别作与 x 轴,y 轴和 z 轴垂直的平面,它们的交点分别记作 P,Q 和 R,这三个点在 x 轴,y 轴和 z 轴上的坐标分别为 x,y 和 z(图 6-3).于是空间的点 M 就唯一确定了一组有序实数组 x,y,z.反之,对于任意一组有序实数组 x,y,z,分别在 x 轴,y 轴和 z 轴上取坐标为 x,y 和 z 的点 P,Q 和 R,过点 P,Q 和 R 分加作垂直于 x 轴,y 轴和 z 轴的平面,这三个平面相交于空间唯一的一点 M.这样通过空间直角坐标系,就建立了空间的点 M 与一组有序实数组 x,y 和 z 之间的一一对应关系.这组数 x,y 和 z 就称为点 M 的坐标,通常记作 $M(x,y,z)$,并依次称为横坐标、纵坐标和竖坐标.

坐标轴和坐标平面上的点具有如下特征:坐标轴上的点有两个坐标为零,如 x 轴

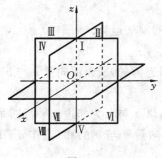

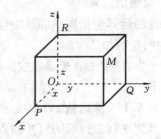

图 6-2　　　　　　　　　　　　　　　　　　　图 6-3

上的点 $M(x,y,z)$ 有 $y=z=0$；坐标平面上的点有一个坐标为零，如 yOz 平面上的点 $M(x,y,z)$ 有 $x=0$. 反之，有两个坐标为零的点一定在坐标轴上，有一个坐标为零的点一定在坐标平面上. 八个卦限中点的坐标的正负号如表 6-1 所示.

表 6-1

卦限	I	II	III	IV
符号	$(+,+,+)$	$(-,+,+)$	$(-,-,+)$	$(+,-,+)$
卦限	V	VI	VII	VIII
符号	$(+,+,-)$	$(-,+,-)$	$(-,-,-)$	$(+,-,-)$

6.1.2　向量的概念及其运算

1. 向量的概念

在自然科学和工程技术中经常用到的量大致可分两类：一类是只有大小的量，例如，长度、面积、密度、体积、时间等，这一类量称为**数量**（或**标量**）；另一类是既有大小又有方向的量，如力、速度、加速度等，这一类量称为**向量**（或**矢量**）.

在数学上，向量常用有向线段来表示. 有向线段的长度表示向量的大小，有向线段的方向表示向量的方向. 以 M 点为起点，N 为终点的有向线段表示的向量，记作 $\overrightarrow{MN}$，如图 6-4 所示. 向量也可以用一个小写黑体英文字母来表示，如 a,b，c 等.

图 6-4

向量的大小称为向量的**模**（也称向量的**长度**），如向量 $\overrightarrow{MN}$，a 的模分别记作 $|\overrightarrow{MN}|$，$|a|$. 模等于 1 的向量称为**单位向量**. 模等于零的向量称为**零向量**，记作 **0**，零向量没有确定的方向，也可以认为其方向是任意的.

在许多实际问题中，有些向量与起点有关，有些向量与起点无关. 数学中只讨论与起点无关的向量，这种向量称为**自由向量**. 如果两个向量 a 与 b 的模相等且方向相同，则称这两个向量相等，记作 $a=b$. 两个相等的向量经过平移后可完全重合.

2. 向量的运算

向量的运算包括向量的加法运算和数与向量的乘法运算.

1) 向量的加法

由于力、速度的合成都是按照平行四边形法则进行的,所以两向量 a 与 b 的加法定义如下.

定义 6.1　将向量 a,b 的起点放在同一点上,以 a 与 b 为邻边作平行四边形,那么从起点到平行四边形的对角顶点的向量就称为向量 a 与 b 的和,记作 $a+b$,如图 6-5 所示.

这种求向量和的方法称为**平行四边形法则**. 由于向量可以自由平移,所以,如果把向量 b 平行移动,使其起点与向量 a 的终点重合,那么连接向量 a 的起点与向量 b 的终点所形成的向量即为 a 与 b 的和,这种方法称为向量的三角形法则.三角形法则用于多个向量相加时较为方便,如图 6-6 所示.

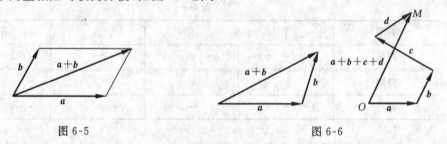

图 6-5　　　　　　　　　　　　　　　　图 6-6

2) 向量与数的乘法

定义 6.2　设 λ 是一个实数,a 为一向量,引入一个新向量,记作 λa,称为 a 与数 λ 的乘积.规定向量 λa 的模等于 $|a|$ 与 $|\lambda|$ 的乘积,即 $|\lambda a|=|\lambda|\ |a|$;当 $\lambda>0$ 时,λa 与 a 的方向相同;当 $\lambda<0$ 时,λa 与 a 的方向相反;当 $\lambda=0$ 时,λa 为零向量,方向任意.

当 $\lambda=-1$ 时,记 $(-1)a=-a$,那么 $-a$ 与 a 的模相等、方向相反,称 $-a$ 是 a 的负向量.有了负向量的概念后,我们可定义向量的减法(图 6-7).

$$a-b=a+(-b)$$

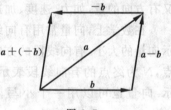

向量的加法与数乘满足以下运算规律(a,b,c 为向量,λ,μ 为实数):

图 6-7

交换律　　　　　　　　　$a+b=b+a$

结合律　　　　　　　$(a+b)+c=a+(b+c)$

$$\lambda(\mu a)=(\lambda\mu)a=\mu(\lambda a)$$

分配律　　　　　　　$(\lambda+\mu)a=\lambda a+\mu a$

$$\lambda(a+b)=\lambda a+\lambda b$$

由向量与数的乘法定义可知:若 $b=\lambda a$,则 a 与 b 平行;反之,若 a 与 b 平行,则存

在非零数 λ 使得 $b=\lambda a$. 两个非零向量 a 与 b 平行的充要条件是:$b=\lambda a(\lambda\neq 0)$.

例 1　设 e_a 为与 a 同方向的单位向量,验证 $e_a=\dfrac{a}{|a|}$ $(a\neq 0)$ 或 $a=|a|e_a$.

证明　因为向量 a 非零,所以 $|a|>0$. 由向量与数的乘法定义可知,$|a|e_a$ 与 e_a 的方向相同,而 e_a 是与 a 同方向的单位向量,所以 $|a|e_a$ 与 a 的方向相同. 又因 $|a|e_a$ 的模是 $|a||e_a|=|a|$,$|a|e_a$ 与 a 的模相同,所以 $a=|a|e_a$,即

$$e_a=\frac{a}{|a|}.$$

此式说明:一个非零向量除以它的模是一个与其同方向的单位向量.

6.1.3　向量的坐标表达式

1. 向径及其坐标表示

起点为坐标原点,终点为空间一点 $M(x,y,z)$ 的向量 $\overrightarrow{OM}$ 称为点 M 的向径,如图 6-8 所示,记为 $r(M)=\overrightarrow{OM}$.

设 i、j、k 分别为与 x 轴、y 轴、z 轴同方向的单位向量,并称它们为**基本单位向量**. 由图 6-8 及向量的加法,得

$$r(M)=\overrightarrow{OM}=\overrightarrow{OP}+\overrightarrow{PM'}+\overrightarrow{M'M},$$

又　　　　　　　　$\overrightarrow{OP}=xi,\overrightarrow{PM'}=yj,\overrightarrow{M'M}=zk,$

所以　　　　　　　$r(M)=\overrightarrow{OM}=xi+yj+zk.$ 　　　　　　　　(6-1)

这就是向径 $\overrightarrow{OM}$ 的**坐标表达式**. 有序数组 x,y,z 称为向径 $\overrightarrow{OM}$ 的坐标,记作 $\{x,y,z\}$,即

$$r(M)=\overrightarrow{OM}=\{x,y,z\}.$$

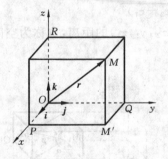

图 6-8

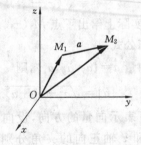

图 6-9

2. 向量的坐标表达式

由向量的减法,可得以 $M_1(x_1,y_1,z_1)$ 为起点,$M_2(x_2,y_2,z_2)$ 为终点的向量 a（图 6-9）为

$$a=\overrightarrow{M_1M_2}=r(M_2)-r(M_1).$$

于是　　　　　　　$a=(x_2i+y_2j+z_2k)-(x_1i+y_1j+z_1k)$

$$= (x_2 - x_1)i + (y_2 - y_1)j + (z_2 - z_1)k.$$

若记 $x_2 - x_1 = a_x, y_2 - y_1 = a_y, z_2 - z_1 = a_z$，则

$$a = a_x i + a_y j + a_z k. \qquad (6\text{-}2)$$

这就是向量 $a = \overrightarrow{M_1 M_2}$ 的坐标表达式. 有序数组 a_x, a_y, a_z 称为向量 a 的坐标，记作 $\{a_x, a_y, a_z\}$，即

$$a = \{a_x, a_y, a_z\}.$$

由于我们所讨论的向量是自由向量，因此当一个向量平移后，可以证明这个向量的坐标不会改变. 如果向量是向径 $\overrightarrow{OM}$，这时向量 $\overrightarrow{OM}$ 的坐标恰好是点 M 的坐标. 在一般情况下，向量的坐标是其终点的坐标减去起点的坐标.

设 a、b 的坐标表达式为 $a = a_x i + a_y j + a_z k, b = b_x i + b_y j + b_z k$. 根据向量运算规律可以得到 $a \pm b, \lambda a$ 的坐标表达式：

$$a \pm b = (a_x \pm b_x)i + (a_y \pm b_y)j + (a_z \pm b_z)k = \{a_x \pm b_x, a_y \pm b_y, a_z \pm b_z\}; \quad (6\text{-}3)$$
$$\lambda a = (\lambda a_x)i + (\lambda a_y)j + (\lambda a_z)k = \{\lambda a_x, \lambda a_y, \lambda a_z\}. \qquad (6\text{-}4)$$

例 2　设 $a = \{2, -3, 5\}, b = \{3, 1, -2\}$，求 $a + b, a - b, 3a$.

解　由向量的加（减）法与数乘，并利用式(6-3)、式(6-4)得

$$a + b = (2i - 3j + 5k) + (3i + j - 2k) = 5i - 2j + 3k;$$
$$a - b = (2i - 3j + 5k) - (3i + j - 2k) = -i - 4j + 7k;$$
$$3a = 3 \times (2i - 3j + 5k) = 3 \times 2i + 3 \times (-3)j + 3 \times 5k = 6i - 9j + 15k.$$

有了向量的坐标表达式后，向量的模和方向也可用向量的坐标表示出来，应用勾股定理，从图 6-10 可以看出，向量 $\overrightarrow{M_1 M_2}$ 的模为

$$|\overrightarrow{M_1 M_2}| = \sqrt{|M_1 N|^2 + |N M_2|^2} = \sqrt{|M_1 P|^2 + |M_1 Q|^2 + |M_1 R|^2}$$
$$= \sqrt{(x_2 - x_1)^2 + (y_2 - y_1)^2 + (z_2 - z_1)^2} \qquad (6\text{-}5)$$

式(6-5)实际上给出了点 $M_1(x_1, y_1, z_1)$ 与点 $M_2(x_2, y_2, z_2)$ 的距离，也称为空间**两点间的距离公式**.

若向量 $a = \{a_x, a_y, a_z\}$，则

$$|a| = \sqrt{a_x^2 + a_y^2 + a_z^2}. \qquad (6\text{-}6)$$

为了表示向量的方向，设向量 $\overrightarrow{M_1 M_2}$ 与 x 轴，y 轴和 z 轴正向的夹角分别为 α, β, γ（图 6-10）. 我们称 α, β, γ 为向量 $\overrightarrow{M_1 M_2}$ 的方向角，规定 $0 \leqslant \alpha, \beta, \gamma \leqslant \pi$，一个向量的三个方向角确定后则其方向也就唯一确定了. 方向角的余弦 $\cos\alpha, \cos\beta, \cos\gamma$ 称为向量 $\overrightarrow{M_1 M_2}$ 的方向余弦，它们同样能确定向量的方向.

由图 6-10 得

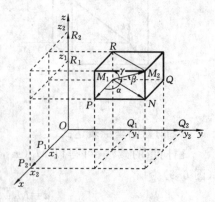

图 6-10

$$\begin{cases} \cos\alpha = \dfrac{|\overrightarrow{M_1P}|}{|\overrightarrow{M_1M_2}|} = \dfrac{x_2-x_1}{\sqrt{(x_2-x_1)^2+(y_2-y_1)^2+(z_2-z_1)^2}} \\[3mm] \cos\beta = \dfrac{|\overrightarrow{M_1Q}|}{|\overrightarrow{M_1M_2}|} = \dfrac{y_2-y_1}{\sqrt{(x_2-x_1)^2+(y_2-y_1)^2+(z_2-z_1)^2}}, \\[3mm] \cos\gamma = \dfrac{|\overrightarrow{M_1R}|}{|\overrightarrow{M_1M_2}|} = \dfrac{z_2-z_1}{\sqrt{(x_2-x_1)^2+(y_2-y_1)^2+(z_2-z_1)^2}} \end{cases} \tag{6-7}$$

且
$$\cos^2\alpha + \cos^2\beta + \cos^2\gamma = 1. \tag{6-8}$$

例 3　设有三个力 $F_1 = \{-2,8,-2\}$，$F_2 = \{6,-2,6\}$，$F_3 = \{4,6,5\}$ 作用于物体的同一点，试求合力 F 的大小和方向.

解　因为
$$F = F_1 + F_2 + F_3 = \{8,12,9\},$$
所以
$$|F| = \sqrt{8^2 + 12^2 + 9^2} = 17.$$
$$\cos\alpha = 8/17, \cos\beta = 12/17, \cos\gamma = 9/17.$$

例 4　已知向量 a 的方向角为 $\alpha = \gamma = 60°$，$\beta = 45°$，模为 3，求向量 a.

解　设向量 a 的坐标为 $\{a_x, a_y, a_z\}$，则
$$a_x = |a|\cos\alpha = 3\cos60° = 3/2,$$
$$a_y = |a|\cos\beta = 3\cos45° = 3\sqrt{2}/2,$$
$$a_z = |a|\cos\gamma = 3\cos60° = 3/2.$$
所以
$$a = \left\{ \frac{3}{2}, \frac{3\sqrt{2}}{2}, \frac{3}{2} \right\}.$$

例 5　一艘船欲从河的南岸驶向北岸，已知水的流速从东向西为 6 m/min，问船应以多大的速率并与河岸成多大的角度航行，才能使船的实际航行方向垂直于河岸，且每分钟前进 8 m？

解　取船的出发点为坐标原点，x 轴与河的南岸重合（图 6-11）.

设水的流速为 v_0，按题意则有
$$v = 8j, \quad v_0 = -6i, \quad v = v_1 + v_0,$$
所以
$$v_1 = v - v_0 = 8j + 6i = \{6,8,0\},$$
$$|v_1| = \sqrt{6^2 + 8^2 + 0^2} \text{ m/min} = 10 \text{ m/min},$$
$$\cos\alpha = 3/5, \quad \alpha = \arccos\left(\frac{3}{5}\right) \approx 53°7'.$$

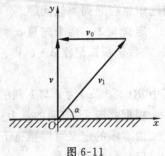

图 6-11

习　题　6.1

1. 在各坐标轴和各坐标面上的点的坐标都有什么特点？

2. 在空间直角坐标系中标出下列各点：

　　$A(1,2,3)$;　　　　　$B(2,3,4)$;　　　　$C(2,-3,-4)$;

　　$D(3,4,0)$;　　　　　$E(0,4,3)$;　　　　$F(3,0,0)$.

3. 写出点 $P(1,-2,-1)$ 的下列对称点的坐标:

　　(1) 与三个坐标面对称的各点;　　(2) 与三个坐标轴对称的各点;　　(3) 关于原点的对称点.

4. 指出点 $P_1(1,-1,-1)$, $P_2(-1,2,2,)$, $P_3(-2,-5,1)$ 所在的卦限.

5. a,b 为非零向量,问下列各式在什么条件下成立?

　　(1) $|a+b|=|a-b|$;　　　　　　(2) $|a+b|=|a|+|b|$;

　　(3) $|a+b|=|a|-|b|$;　　　　　　(4) $|a-b|=|a|+|b|$.

6. 已知 $a=i+j+6k$, $b=2i-2j+5k$,求与 $a-3b$ 同方向的单位向量.

7. 求平行于向量 $a=6i+3j-6k$ 的单位向量.

8. 已知 $a=mi+6j-k$ 与 $b=8i+j+nk$ 平行,求 m,n.

9. 设两力 $F_1=2i+3j+6k$, $F_2=2i+4j+2k$ 都作用于点 $M(1,-2,3)$ 处,且点 $N(p,q,19)$ 在合力作用线上,求 p,q 的值.

6.2　两向量的点积与叉积

6.2.1　两向量的点积

　　由力学知识可知,一物体在恒力 F 作用下,沿直线从点 M_1 移动到点 M_2 的位移为 s, $s=\overrightarrow{M_1M_2}$,则 F 所做的功为

$$W=|s||F|\cos\theta,$$

其中 θ 为 F 与 s 的夹角.

　　从这个实际问题我们看到,由两个向量 F 和 s 确定一个数量 $|s||F|\cos\theta$. 在其他问题中也会遇到类似问题.

　　定义 6.3　　两个向量 a 和 b 的模与它们夹角的余弦的乘积称为向量 a 和 b 的点积(或数量积),记作 $a\cdot b$,即

$$a\cdot b=|a||b|\cos\theta,$$

其中 $\theta(0\leqslant\theta\leqslant\pi)$ 为 a 与 b 间的夹角.

　　根据此定义,前面的常力做功问题可用点积表示,即 $W=s\cdot F$.

　　由点积的定义可以推得下面的性质:

　　(1) $a\cdot a=|a|^2$;

　　(2) 两个非零向量 a 与 b 垂直的充分必要条件是 $a\cdot b=0$.

　　这是因为如果 $a\perp b$,则 $a\cdot b=0$;反之,若 $a\cdot b=0$,而 a,b 为非零向量,所以 $\cos\theta=0$, $\theta=\pi/2$,即 $a\perp b$.

　　利用这两个性质可以得到:

$$i\cdot i=j\cdot j=k\cdot k=1,$$

$$i \cdot j = j \cdot k = k \cdot i = 0.$$

向量的点积满足下面的运算规律：

(1) $a \cdot b = b \cdot a$；

(2) $\lambda(a \cdot b) = (\lambda a) \cdot b = a \cdot (\lambda b)$；

(3) $(a + b) \cdot c = a \cdot c + b \cdot c$.

按照向量点积的运算规律和定义，可以导出向量点积的坐标表达式. 设 $a = a_x i + a_y j + a_z k, b = b_x i + b_y j + b_z k$，则有

$$
\begin{aligned}
a \cdot b &= (a_x i + a_y j + a_z k) \cdot (b_x i + b_y j + b_z k) \\
&= (a_x i) \cdot (b_x i + b_y j + b_z k) + (a_y j) \cdot (b_x i + b_y j + b_z k) + (a_z k) \cdot (b_x i + b_y j + b_z k) \\
&= a_x b_x i \cdot i + a_x b_y i \cdot j + a_x b_z i \cdot k + a_y b_x j \cdot i + a_y b_y j \cdot j + a_y b_z j \cdot k + a_z b_x k \cdot i + \\
&\quad a_z b_y k \cdot j + a_z b_z k \cdot k \\
&= a_x b_x + a_y b_y + a_z b_z,
\end{aligned}
$$

即
$$a \cdot b = a_x b_x + a_y b_y + a_z b_z. \tag{6-9}$$

这就是两向量点积的坐标表示式.

当向量 a, b 为非零向量时，由点积定义可得其夹角余弦的坐标表达式为

$$\cos\theta = \frac{a \cdot b}{|a||b|} = \frac{a_x b_x + a_y b_y + a_z b_z}{\sqrt{a_x^2 + a_y^2 + a_z^2}\sqrt{b_x^2 + b_y^2 + b_z^2}}.$$

由此可得两个非零向量 a, b 垂直的充要条件是

$$a_x b_x + a_y b_y + a_z b_z = 0. \tag{6-10}$$

例 6　已知三点 $M_1(1,1,1), M_2(2,2,1)$ 和 $M_3(2,1,2)$. 计算向量 $\overrightarrow{M_1 M_2}$ 与 $\overrightarrow{M_1 M_3}$ 的夹角.

解　　　　　　$\overrightarrow{M_1 M_2} = \{1,1,0\}, \quad \overrightarrow{M_1 M_3} = \{1,0,1\}.$

因为　　$\cos\theta = \dfrac{\overrightarrow{M_1 M_2} \cdot \overrightarrow{M_1 M_3}}{|\overrightarrow{M_1 M_2}||\overrightarrow{M_1 M_3}|} = \dfrac{1 \times 1 + 1 \times 0 + 0 \times 1}{\sqrt{1^2 + 1^2 + 0^2}\sqrt{1^2 + 0^2 + 1^2}} = \dfrac{1}{2},$

所以　　　　　　　　　　　　$\theta = \pi/3.$

例 7　求在 xOy 平面上与已知向量 $a = \{-4,3,7\}$ 垂直的单位向量.

解　设所求向量为 $e_b = \{b_x, b_y, b_z\}$，由于它在 xOy 平面上，即它与 xOy 平面平行，故 $b_z = 0$. 因为 b 与 a 垂直，故有

$$-4b_x + 3b_y = 0.$$

又因为 e_b 为单位向量，故有

$$b_x^2 + b_y^2 = 1.$$

由这几个关系式，可解得

$$b_x = \pm 3/5, \quad b_y = \pm 4/5,$$

故所求向量为　　$e_b = \{3/5, 4/5, 0\}$　或　$e_b = \{-3/5, -4/5, 0\}$.

6.2.2　两向量的叉积

研究物体的转动问题时,不且要考虑物体所受的力,还要考虑力矩.

设有一杠杆,其支点为 O,有一力 F 作用于杠杆上点 A 处,力 F 与 $\overrightarrow{OA}$ 的夹角为 θ (图 6-12). 由物理学知,力 F 对支点 O 的力矩是一个向量 M,它的模为

$$|M| = |\overrightarrow{OQ}||F| = |\overrightarrow{OA}||F|\sin\theta.$$

M 的方向垂直于 $\overrightarrow{OA}$ 和 F 所决定的平面,它的正向按右手法则确定,即当右手的四指按照从 $\overrightarrow{OA}$ 的正向绕点 O 转过 $\theta(0<\theta<\pi)$ 角度与 F 正向一致时的旋转方向握拳,则拇指指向即为 M 的正向.

这种由两个已知向量按上面的规则来确定另一个向量的情况,在其他物理、力学问题中也是常见的,从而抽象出两个向量的叉积的定义.

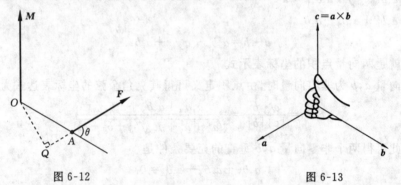

图 6-12　　　　　　　　　　　　　　　图 6-13

定义 6.4　设向量 c 由两个向量 a 与 b 按下列规定给出:

(1) $|c| = |a||b|\sin\theta(0\leqslant\theta\leqslant\pi,\theta$ 表示向量 a 与 b 的夹角);

(2) c 同时垂直于 a 与 b,且 a,b,c 成右手系(图 6-13). 则称向量 c 为向量 a 和 b 的叉积(或向量积),记作 $a\times b$,即 $c = a\times b$.

由该定义可知,上面的力矩 M 可表示为

$$M = \overrightarrow{OA}\times F.$$

由叉积的定义可推得下面的性质:

(1) $a\times a = 0$;

(2) 两个非零向量 a 与 b 平行的充要条件是 $a\times b = 0$;

(3) $a\times b = -b\times a$.

由叉积的定义还可以推得:两个向量 a,b 的叉积的模 $|a\times b|$ 在几何上表示以 a, b 为邻边的平行四边形的面积.

叉积满足下面的运算规律:

(1) $\lambda(a\times b) = (\lambda a)\times b = a\times(\lambda b)$;

(2) $a\times(b+c) = a\times b + a\times c$.

特别地,对于基本单位向量 i,j,k,有

$$i \times i = j \times j = k \times k = 0,$$

$$i \times j = k, j \times k = i, k \times i = j.$$

设向量 $a = a_x i + a_y j + a_z k, b = b_x i + b_y j + b_z k$,则根据叉积的运算规律可得 $a \times b$ 的坐标表达式为

$$a \times b = (a_y b_z - a_z b_y)i - (a_x b_z - a_z b_x)j + (a_x b_y - a_y b_x)k.$$

由两个向量平行的充要条件 $a \times b = 0$ 及其坐标表示可得:两个非零向量 $a = \{a_x, a_y, a_z\}, b = \{b_x, b_y, b_z\}$ 平行的充要条件是

$$a_y b_z - a_z b_y = 0, a_x b_z - a_z b_x = 0, a_x b_y - a_y b_x = 0,$$

即

$$\frac{a_x}{b_x} = \frac{a_y}{b_y} = \frac{a_z}{b_z}. \tag{6-11}$$

这说明两个向量 a 与 b 平行的充要条件是其对应坐标成比例. 当式(6-11)中分母有一个为零时,应理解为其分子也为零.

例 8 设 $a = \{-1, 0, 1\}, b = \{2, 3, 0\}$,求 $a \times b$.

解 $a \times b = (a_y b_z - a_z b_y)i - (a_x b_z - a_z b_x)j + (a_x b_y - a_y b_x)k$

$= (0 \times 0 - 1 \times 3)i - [(-1) \times 0 - 1 \times 2]j + [(-1) \times 3 - 0 \times 2]k$

$= -3i + 2j - 3k.$

习 题 6.2

1. 下列说法是否正确? 为什么?

(1) 若 $a \cdot b = 0$,则 a 或 b 中至少有一个为零向量.

(2) 若 $a \neq 0$,且 $a \cdot b = a \cdot c$,则 $b = c$.

(3) 若 $a \neq 0$,且 $a \times b = a \times c$,则 $b = c$.

2. 已知 $a = \{4, -2, 4\}, b = \{6, -3, 2\}$,求:

(1) $a \cdot b$;   (2) $(3a - 2b) \cdot (a + 2b)$.

3. 设 $a = 3i - 2j - k$,分别求出点积 $a \cdot i, a \cdot j, a \cdot k$.

4. 证明两向量 $a = \{3, 2, 1\}$ 与 $b = \{2, -3, 0\}$ 互相垂直.

5. 已知 $a \perp b$,且 $|a| = 3, |b| = 4$,计算 $|(a+b) \times (a-b)|$.

6. 求与向量 $a = 3i - 6j + 2k$ 及 y 轴垂直且长度为 3 个单位的向量.

6.3 平面与直线

6.3.1 平面方程

1. 平面的点法式方程

如果一个非零向量 n 垂直于一平面 H,则向量 n 称为平面 H 的**法向量**. 显然,平

面上的任一向量都与该平面的法向量垂直.

如果已知点 $M_0(x_0,y_0,z_0)$ 在平面 H 上,且以 $\boldsymbol{n}=\{A,B,C\}$ 为法向量,由此我们来建立平面 H 的方程(图 6-14).

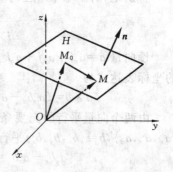

设 $M(x,y,z)$ 是所求平面 H 上的任意一点,那么向量 $\overrightarrow{M_0M}=\{x-x_0,y-y_0,z-z_0\}$ 必与法向量 $\boldsymbol{n}$ 垂直,由两个向量垂直的充分必要条件知
$$\overrightarrow{M_0M}\cdot\boldsymbol{n}=0,$$
即 $\quad A(x-x_0)+B(y-y_0)+C(z-z_0)=0.\quad$ (6-12)

图 6-14

此式说明平面上任意一点 $M(x,y,z)$ 的坐标都满足方程(6-12).而不在平面上的任意点 $M(x,y,z)$ 与 $M_0(x_0,y_0,z_0)$ 构成的向量 $\overrightarrow{M_0M}$ 不与法向量 $\boldsymbol{n}$ 垂直,故 $\overrightarrow{M_0M}\cdot\boldsymbol{n}\neq0$,即不在平面上的点的坐标不满足方程(6-12).所以方程(6-12)是平面 H 的方程,此方程称为**平面的点法式方程**.

例 9　求过三点 $A(0,4,-5),B(-1,-2,2),C(4,2,1)$ 的平面方程.

解　因为 $\overrightarrow{AB}=\{-1,-6,7\}$ 和 $\overrightarrow{AC}=\{4,-2,6\}$ 在所求的平面上,所以可取所求平面的法向量为 $\boldsymbol{n}=\overrightarrow{AB}\times\overrightarrow{AC}$,即
$$\boldsymbol{n}=\overrightarrow{AB}\times\overrightarrow{AC}=\{-22,34,26\}.$$

由点法式方程可得所求平面方程为
$$-22(x-0)+34(y-4)+26(z+5)=0,$$
即
$$11x-17y-13z+3=0.$$

2. 平面的一般方程

将方程(6-12)化简得
$$Ax+By+Cz+D=0$$
其中
$$D=-Ax_0-By_0-Cz_0.$$

可见方程(6-12)是 x,y,z 的三元一次方程,所以任何平面都可以用三元一次方程来表示.

反之,对于给定的任何一个三元一次方程
$$Ax+By+Cz+D=0,\quad\quad\quad\quad\quad(6\text{-}13)$$
也一定表示平面,其中 A,B,C 是不同时为零的常数.

事实上,任取满足式(6-13)的一组解 x_0,y_0,z_0,即
$$Ax_0+By_0+Cz_0+D=0,\quad\quad\quad\quad\quad(6\text{-}14)$$
由式(6-13)减式(6-14),得
$$A(x-x_0)+B(y-y_0)+C(z-z_0)=0,\quad\quad\quad\quad(6\text{-}15)$$
这正是以 $\boldsymbol{n}=\{A,B,C\}$ 为法向量,过 (x_0,y_0,z_0) 的平面方程.又式(6-15)与式(6-14)的和就是式(6-13),故式(6-13)一定表示平面.

特别地,当 $D=0$ 时,平面过原点;当 $C=0$ 时,平面平行于 z 轴;当 $D=0,C=0$ 时,平面通过 z 轴.其他情况读者可自己考虑.我们称式(6-13)为平面的一般方程.

例 10　求过 z 轴和点 $M(3,4,1)$ 的平面方程.

解　根据题意,设所求的平面方程为

$$Ax+By=0.$$

因为 $M(3,4,1)$ 在平面上,所以 $3A+4B=0$,解出 $B=-3A/4$,代回原方程,有

$$Ax+(-3/4)Ay=0 \quad (A\neq0),$$

即

$$4x-3y=0.$$

例 11　一平面过 $M_1(a,0,0)$,$M_2(0,b,0)$,$M_3(0,0,c)$ 三点(a,b,c 均不等于零),求此平面方程.

解　设所求平面方程为

$$Ax+By+Cz+D=0.$$

因为点 M_1,M_2,M_3 在所求平面上,其坐标应满足平面方程,所以有

$$\begin{cases} Aa+D=0 \\ Bb+D=0, \\ Cc+D=0 \end{cases}$$

解方程组,得

$$A=-\frac{D}{a}, \quad B=-\frac{D}{b}, \quad C=-\frac{D}{c}.$$

代入所求方程并整理,得

$$\frac{x}{a}+\frac{y}{b}+\frac{z}{c}=1,$$

此方程称为**平面的截距式方程**. a,b,c 分别称为平面在 x,y,z 轴上的截距.

6.3.2　直线方程

1. 直线的一般方程

空间直线 L 可以看做两平面 H_1 和 H_2 的交线.如果两个相交平面 H_1 和 H_2 的方程分别为 $A_1x+B_1y+C_1z+D_1=0$ 和 $A_2x+B_2y+C_2z+D_2=0$,那么直线 L 上的任一点的坐标应同时满足这两个方程,即满足方程组:

$$\begin{cases} A_1x+B_1y+C_1z+D_1=0 \\ A_2x+B_2y+C_2z+D_2=0 \end{cases} \quad (6\text{-}16)$$

反之,如果点 M 不在直线 L 上,那么它不可能同时在这两个平面 H_1 和 H_2 上,因此它的坐标不满足式(6-16),于是这两平面的交线 L 可用式(6-16)表示,它称为空间直线的一般方程(图 6-15).

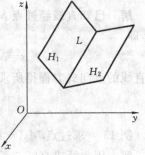

图 6-15

　　因为通过空间直线 L 的平面有无限多个,所以只要在这无限多个平面中任意选取两个,把它们的方程联立起来,所得的方程组就表示空间直线 L.

2. 直线的点向式及参数式方程

　　如果一个非零向量平行于一条已知直线,这个向量就称为该直线的**方向向量**. 显然,直线上任一向量都平行于该直线的方向向量.

　　当直线 L 上的一点 $M_0(x_0,y_0,z_0)$ 和它的一个方向向量 $s=\{m,n,p\}$ 已知时,直线 L 的位置就完全确定了,下面建立该直线方程.

　　设 $M(x,y,z)$ 为直线 L 上的任一点,点 M_0 及 M 确定的向量 $\overrightarrow{M_0M}=\{x-x_0,y-y_0,z-z_0\}$ 平行于向量 s,根据两向量平行的条件有

$$\frac{x-x_0}{m}=\frac{y-y_0}{n}=\frac{z-z_0}{p}. \tag{6-17}$$

　　反之,如果 M 不在直线 L 上,那么 $\overrightarrow{M_0M}$ 与 s 不平行,式(6-17)就不成立,即不在直线上的点的坐标不满足方程. 因此,式(6-17)是直线 L 的方程,此方程称为**直线的点向式方程**.

　　当式(6-17)中分式的分母为零时,应理解成相应的分子也为零,如当 $m=0$ 时,应理解成

$$\begin{cases} x=x_0 \\ \dfrac{y-y_0}{n}=\dfrac{z-z_0}{p}, \end{cases}$$

即为两平面的交线.

　　特别地,令 $\dfrac{x-x_0}{m}=\dfrac{y-y_0}{n}=\dfrac{z-z_0}{p}=\lambda$,那么直线方程可写成如下形式:

$$\begin{cases} x=x_0+\lambda m \\ y=y_0+\lambda n \, . \\ z=z_0+\lambda p \end{cases} \tag{6-18}$$

上式称为直线的参数方程,其中 λ 为参数.

　　例 12　一直线经过两点 $M_1(x_1,y_1,z_1)$ 和 $M_2(x_2,y_2,z_2)$,求该直线的方程.

　　解　已知直线经过点 M_1 和 M_2,则向量 $\overrightarrow{M_1M_2}$ 在此直线上,可取为直线的方向向量,即

$$s=\overrightarrow{M_1M_2}=\{x_2-x_1,y_2-y_1,z_2-z_1\},$$

由直线的点向式方程得所求直线方程为

$$\frac{x-x_1}{x_2-x_1}=\frac{y-y_1}{y_2-y_1}=\frac{z-z_1}{z_2-z_1}.$$

　　例 13　求过点 $M_0(-1,0,2)$ 且垂直于平面 $x-y+3z+1=0$ 的直线方程.

　　解　因为所求直线与平面 $x-y+3z+1=0$ 垂直,所以已知平面的法向量可作为直线的方向向量,即可取 $s=n=\{1,-1,3\}$. 又直线过点 $M_0(-1,0,2)$,由直线的

点向式方程可得所求直线方程为

$$\frac{x+1}{1}=\frac{y}{-1}=\frac{z-2}{3}.$$

例 14　化直线的一般方程 $\begin{cases}2x-3y+z-5=0\\3x+y-2z-4=0\end{cases}$ 为直线的点向式方程和参数方程.

解　先求直线上的一点.取 $z=1$,得

$$\begin{cases}2x-3y=4\\3x+y=6\end{cases},$$

从而解得 $x=2,y=0$,这样 $(2,0,1)$ 为所求直线上的一点.

再求直线的方向向量.由于直线是两平面的交线,所以直线垂直于两平面的法向量:$\boldsymbol{n}_1=\{2,-3,1\}$,$\boldsymbol{n}_2=\{3,1,-2\}$.因此取 $\boldsymbol{s}=\boldsymbol{n}_1\times\boldsymbol{n}_2$,即

$$\begin{aligned}\boldsymbol{s}=\boldsymbol{n}_1\times\boldsymbol{n}_2&=(a_yb_z-a_zb_y)\boldsymbol{i}-(a_xb_z-a_zb_x)\boldsymbol{j}+(a_xb_y-a_yb_x)\boldsymbol{k}\\&=[(-3)\times(-2)-1\times1]\boldsymbol{i}-[2\times(-2)-1\times3]\boldsymbol{j}+[2\times1-(-3)\times3]\boldsymbol{k}\\&=5\boldsymbol{i}+7\boldsymbol{j}+11\boldsymbol{k},\end{aligned}$$

所以,直线的点向式方程为

$$\frac{x-2}{5}=\frac{y}{7}=\frac{z-1}{11}.$$

令上式的比值为 λ,则直线的参数方程为 $\begin{cases}x=2+5\lambda\\y=7\lambda\\z=1+11\lambda\end{cases}$.

习　题　6.3

1. 在空间直角坐标系中,下列方程表示什么图形?

　　(1) $x=0$;　　　　　　　　(2) $\begin{cases}x=0\\y=0\end{cases}$.

2. 求过三点 $M_1(1,1,-1)$,$M_2(-2,-2,2)$ 及 $M_3(1,-1,2)$ 的平面方程.

3. 求过点 $(3,0,-1)$ 且与平面 $3x-7y+5z-12=0$ 平行的平面方程.

4. 一平面过 z 轴和点 $(-3,1,-2)$,求它的方程.

5. 一直线过点 $(1,-5,0)$ 且与平面 $3x-y+2z+4=0$ 垂直,求它的方程.

6. 求过点 $(-1,2,1)$ 且和两平面 $x+y-2z-1=0$ 与 $x+2y-z+1=0$ 平行的直线方程.

7. 求直线 $\begin{cases}x-5y+2z-1=0\\z=2+5y\end{cases}$ 的点向式方程和参数方程.

6.4　曲面与空间曲线

本节介绍空间中更一般的几何图形——曲面和曲线的方程,而平面可以看做特

殊的曲面,直线可以看做特殊的曲线.

6.4.1 曲面及其方程

在空间解析几何中,任何曲面都可以看做空间中点的几何轨迹,曲面所具有的性质是它的一切点所共有的.

定义 6.5 如果曲面 W 与三元方程

$$F(x,y,z)=0 \tag{6-19}$$

有如下关系:

(1) 曲面 W 上任一点的坐标都满足式(6-19).

(2) 不在曲面 W 上的点的坐标都不满足式(6-19).

则式(6-19)为曲面 W 的方程,而曲面 W 是式(6-19)的几何图形.

由于建立了曲面方程的概念,我们就可以使用代数方法研究空间的一些几何问题.下面建立几个常见的曲面方程.

1. 球面

球面被看做是空间中与某定点等距离的点的轨迹.下面求球心为 $M_0(x_0,y_0,z_0)$,半径为 R 的球面方程.

设 $M(x,y,z)$ 为球面上的任意一点,那么 $|\overrightarrow{M_0M}|=R$,即

$$\sqrt{(x-x_0)^2+(y-y_0)^2+(z-z_0)^2}=R,$$

两边平方,得 $\quad (x-x_0)^2+(y-y_0)^2+(z-z_0)^2=R^2. \tag{6-20}$

显然,球面上的任意一点都满足式(6-20).反之,不在球面上的点 M 不满足 $|\overrightarrow{M_0M}|=R$,因而就不满足式(6-20),所以式(6-20)就是以 $M_0(x_0,y_0,z_0)$ 为球心,以 R 为半径的球面方程.

特别地,若球心位于坐标系原点 $(0,0,0)$,则球面方程为

$$x^2+y^2+z^2=R^2. \tag{6-21}$$

若将式(6-20)展开,则有

$$x^2+y^2+z^2-2x_0x-2y_0y-2z_0z+x_0^2+y_0^2+z_0^2-R^2=0,$$

这说明球面方程是三元二次方程,x^2,y^2,z^2 的系数相等(可化为 1),且不含 xy,yz,xz 项.反之,任何一个具有上述特点的三元二次方程也表示一个球面.

例 15 求方程 $x^2+y^2+z^2+2x-3y+2=0$ 所表示的曲面.

解 通过配方,方程可化为

$$(x+1)^2+(y-3/2)^2+z^2=5/4,$$

表示球心在 $M_0(-1,3/2,0)$,半径为 $\sqrt{5}/2$ 的球面方程.

2. 柱面

先分析一个具体问题.在空间解析几何中,方程 $x^2+y^2=R^2$ 表示怎样的曲面?

我们知道方程 $x^2+y^2=R^2$ 在平面直角坐标系中表示以原点为圆心，以 R 为半径的圆（图 6-16）.

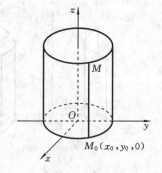

在该圆上任取一点 $M_0(x_0,y_0,0)$，那么，显然有 $x_0^2+y_0^2=R^2$. 过 M_0 作平行于 z 轴的直线 M_0M，那么直线上的任一点的坐标 (x_0,y_0,z) 均满足该方程. 而当 M_0 沿圆周移动时，平行 z 轴的直线 M_0M 就形成一曲面，该曲面就是通常所说的圆柱面. 反之，不在此圆柱面上的点，它的坐标不满足这个方程. 因此，该圆柱面的方程就是

$$x^2+y^2=R^2.$$

图 6-16

xOy 平面上的圆周 $x^2+y^2=R^2$ 称为该圆柱面的**准线**，过圆周与 z 轴平行的直线称为它的**母线**. 对于柱面，一般定义如下.

定义 6.6　平行于定直线并沿定曲线 C 移动的直线 l 所形成的轨迹称为**柱面**. 定曲线 C 称为柱面的**准线**，动直线 l 称为柱面的**母线**.

如果柱面的准线是 xOy 平面上的曲线 C，它在平面直角坐标系中的方程为 $F(x,y)=0$，那么以曲线 C 为准线，母线平行于 z 轴的柱面方程就是

$$F(x,y)=0.$$

类似地，可得 $H(y,z)=0$，$G(x,z)=0$ 在空间坐标系中分别表示母线平行于 x 轴和 y 轴的柱面.

由此可见：在空间直角坐标系中，凡是二元方程都表示柱面，缺少哪个变量，母线就平行于哪个变量所对应的坐标轴.

例如，方程 $x^2=4z$ 表示母线平行于 y 轴的柱面，它的准线为 xOz 平面上的抛物线 $x^2=4z$，这个柱面称为**抛物柱面**（图 6-17）.

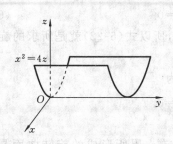

图 6-17

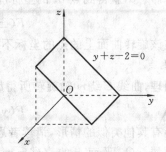

图 6-18

特殊地，平面 $y+z-2=0$ 也可以看做母线平行于 x 轴的柱面，其准线为 yOz 平面上的直线 $y+z-2=0$（图 6-18）.

方程 $y^2-x^2=1$ 表示母线平行于 z 轴的柱面，它的准线为 xOy 平面上的双曲线，这个柱面称为**双曲柱面**（图 6-19）.

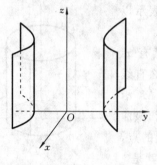

图 6-19

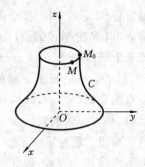

图 6-20

3. 旋转曲面

在定积分的几何应用中,我们曾经计算过旋转体的体积,旋转体的侧面就是旋转曲面.一般地,平面曲线 C 绕同一平面内的定直线 l 旋转所形成的曲面称为**旋转曲面**.该定直线 l 称为旋转曲面的**轴**,曲线 C 称为旋转曲面的**母线**.

现在求以 z 轴为旋转轴,以 yOz 坐标面上的曲线 $C:F(y,z)=0$ 为母线的旋转曲面的方程.

设 $M(x,y,z)$ 为旋转曲面上的任意一点,它是由母线 C 上点 $M_0(0,y_0,z_0)$ 绕 z 轴旋转一定角度而得到.由图 6-20 可见,当曲线 C 绕 z 轴旋转时,点 M_0 的轨迹是在平面 $z=z_0$ 上,且半径为 $|y_0|$ 的圆,即轨迹上的点到 z 轴的距离恒等于 $|y_0|$.于是点 M 的坐标满足

$$z=z_0, \quad \sqrt{x^2+y^2}=|y_0|.$$

因为点 M_0 在曲线 C 上,所以有 $F(y_0,z_0)=0$,将 $z=z_0$, $\sqrt{x^2+y^2}=|y_0|$ 代入 $F(y_0,z_0)=0$,就得到点 M 的坐标应满足的方程为

$$F(\pm\sqrt{x^2+y^2},z)=0. \tag{6-22}$$

而不在该旋转曲面上的点的坐标不满足式(6-22),所以式(6-22)就是所求的旋转曲面方程.

同理,曲线 C 绕 y 轴旋转所得旋转曲面方程为

$$F(y,\pm\sqrt{x^2+z^2})=0.$$

还有其他类似的情形,请读者思考.

例如,yOz 平面上的直线 $z=ky$,绕 z 轴旋转一周所形成的旋转曲面是 $z=\pm k\sqrt{x^2+y^2}$,即

$$z^2=k^2(x^2+y^2),$$

此方程所表示的曲面(图 6-21)称为**圆锥面**.

再如,zOx 平面上的抛物线 $z=x^2+2$ 绕 z 轴旋转所形成的旋转曲面为 $z=(\pm\sqrt{x^2+y^2})^2+2$,即

$$z = x^2 + y^2 + 2,$$

这个曲面称为**旋转抛物面**(图 6-22).

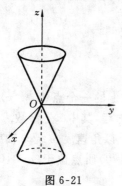

图 6-21

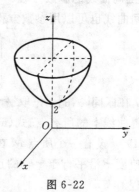

图 6-22

6.4.2 空间曲线及其方程

1. 空间曲线的一般方程

在研究空间直线时,曾把直线看做两平面的交线.对于一般的空间曲线,也可看做是两曲面的交线.设 $F_1(x,y,z)=0$ 和 $F_2(x,y,z)=0$ 分别为曲面 W_1 和 W_2 的方程,它们的交线为 C(图 6-23).因为交线 C 上的点既在曲面 W_1 上,也在曲面 W_2 上,所以 C 上任一点的坐标都满足方程组

$$\begin{cases} F_1(x,y,z)=0 \\ F_2(x,y,z)=0 \end{cases} \tag{6-23}$$

反之,不在交线 C 上的点,不可能同时在曲面 W_1 和 W_2 上,所以它的坐标不满足这个方程组.因此曲线 C 可用上述方程组表示,式(6-23)称为曲线 C 的一般方程.

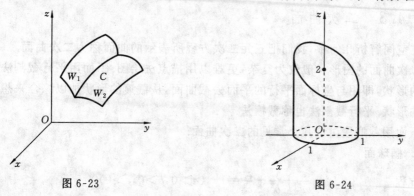

图 6-23

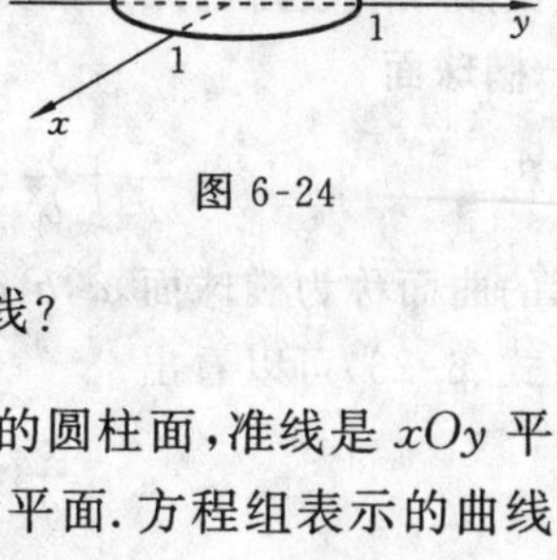

图 6-24

例 16 方程组 $\begin{cases} x^2+y^2=1 \\ 2x+6y+3z=6 \end{cases}$ 表示怎样的曲线?

解 方程组中第一个方程表示母线平行于 z 轴的圆柱面,准线是 xOy 平面上的圆,圆心在原点,半径为 1.方程组中第二个方程表示平面.方程组表示的曲线就是圆柱面与平面的交线(图 6-24).

2. 空间曲线的参数方程

空间曲线也可以用参数方程表示,它的一般形式为

$$\begin{cases} x=x(t) \\ y=y(t) \quad (\alpha \leqslant t \leqslant \beta). \\ z=z(t) \end{cases} \tag{6-24}$$

当 t 在区间$[\alpha,\beta]$上每取一个值时,就得到曲线 C 上的一个点(x,y,z),t 由 α 变到 β 就得曲线上的所有点. 式(6-24)称为曲线的**参数方程**,其中 t 是参数.

例 17　设有一个质点 M 在圆柱面 $x^2+y^2=a^2$ 上以角速度 ω 绕 z 轴旋转,同时又以线速度 v 沿平行于 z 轴的正方向上升,开始时($t=0$)质点位于$(a,0,0)$处,求曲线的方程.

解　设 t 时刻质点 M 位于(x,y,z)处,以时间 t 为参数,由已知条件可得参数方程为

$$\begin{cases} x=a\cos\omega t \\ y=a\sin\omega t, \\ z=vt \end{cases} \tag{6-25}$$

如果取 $\theta=\omega t$ 为参数,则有

$$\begin{cases} x=a\cos\theta \\ y=a\sin\theta \\ z=b\theta \ \left(b=\dfrac{v}{\omega}\right) \end{cases}.$$

此曲线称为**螺旋线**.

6.4.3　二次曲面

在空间解析几何中,我们把三元二次方程所表示的曲面称为**二次曲面**.

二次曲面的图形一般较为复杂,更难以用描点法绘图.下面用平行截割法来讨论图像的形状,即用与坐标面平行的平面去截曲面,从截痕的形状加以综合来想象这个曲面的形状.平行截割法也称**截痕法**.

下面用截痕法讨论几个常见的二次曲面.

1. 椭球面

方程　　　　　$\dfrac{x^2}{a^2}+\dfrac{y^2}{b^2}+\dfrac{z^2}{c^2}=1 \quad (a>0,b>0,c>0)$　　　　(6-26)

所表示的曲面称为椭球面,a,b,c 为椭球面的半轴.

由式(6-26)可以看出

$$\frac{x^2}{a^2} \leqslant 1, \quad \frac{y^2}{b^2} \leqslant 1, \quad \frac{z^2}{c^2} \leqslant 1,$$

即　　　　　　　　　　　$|x| \leqslant a$, $\quad |y| \leqslant b$, $\quad |z| \leqslant c$.

因而该椭球面包含在 $x=\pm a, y=\pm b, z=\pm c$ 这六个平面所围成的长方体内.下面用截痕法讨论此曲面的形状.

用 xOy 平面 $z=0$ 和平行于 xOy 平面的平面 $z=h(|h|<c)$ 去截它,得到的截线（即截痕）方程分别为

$$\begin{cases} \dfrac{x^2}{a^2}+\dfrac{y^2}{b^2}=1 \\ z=0 \end{cases} \quad \text{和} \quad \begin{cases} \dfrac{x^2}{a^2\left(1-\dfrac{h^2}{c^2}\right)}+\dfrac{y^2}{b^2\left(1-\dfrac{h^2}{c^2}\right)}=1 \\ z=h \end{cases}.$$

前者是 xOy 平面上的椭圆,两个半轴分别为 a,b;后者是在平面 $z=h$ 上的椭圆,它的两个半轴分别为 $a\sqrt{1-\dfrac{h^2}{c^2}}$ 和 $b\sqrt{1-\dfrac{h^2}{c^2}}$.这些椭圆的中心都在 z 轴上,当 $|h|$ 由零逐渐增大时,截痕曲线（椭圆）的半轴逐渐缩小;当 $|h|=c$ 时,截痕曲线缩为一点.

用其他坐标平面或平行于其他坐标平面的平面去截此椭球面,所得截痕有类似的结果.

综上所述,椭球面如图 6-25 所示.

在式(6-26)中,若 a,b,c 有两个相等,比如 $a=b$,此时式(6-26)变为

$$\frac{x^2+y^2}{a^2}+\frac{z^2}{c^2}=1,$$

它可看做椭圆 $\begin{cases} \dfrac{x^2}{a^2}+\dfrac{z^2}{c^2}=1 \\ y=0 \end{cases}$ 绕 z 轴旋转而成的曲面,

此时的椭球面称为**旋转椭球面**.若 $a=b=c$,此时,椭球面即变为球面.

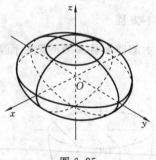

图 6-25

2. 椭圆抛物面

由方程　　　　　　　$\dfrac{x^2}{a^2}+\dfrac{y^2}{b^2}=z \quad (a>0,b>0)$　　　　　　　(6-27)

所表示的曲面称为**椭圆抛物面**.

由式(6-27)可以看出,$z \geqslant 0$,因而曲面在 xOy 平面的上方.用 xOy 平面去截这个曲面,截痕为一点 $(0,0,0)$,这点称为椭圆抛物面的顶点.用平面 $z=h(h>0)$ 去截这个曲面,截痕曲线为

$$\begin{cases} \dfrac{x^2}{a^2 h}+\dfrac{y^2}{b^2 h}=1, \\ z=h \end{cases}$$

即平面 $z=h$ 上的椭圆,该椭圆中心在 z 轴上,半轴分别为 $a\sqrt{h}, b\sqrt{h}$.当 h 增大时,所

截得的椭圆也越来越大.

用平面 $x=h$ 和 $y=h$ 去截上述曲面,截痕曲线分别为

$$\begin{cases} y^2=b^2\left(z-\dfrac{h^2}{a^2}\right) \\ x=h \end{cases} \text{和} \begin{cases} x^2=a^2\left(z-\dfrac{h^2}{b^2}\right), \\ y=h \end{cases}$$

它们分别是平面 $x=h$ 及 $y=h$ 上的抛物线.

综上所述,椭圆抛物面的形状如图 6-26 所示.

当 $a=b$ 时,式(6-27)变为

$$x^2+y^2=a^2z$$

此时,曲面称为**旋转抛物面**.

3. 单叶双曲面和双叶双曲面

用截痕法,还可以得出下列方程的图形.

方程
$$\frac{x^2}{a^2}+\frac{y^2}{b^2}-\frac{z^2}{c^2}=1$$

表示的曲面称为**单叶双曲面**,如图 6-27 所示.

方程
$$\frac{x^2}{a^2}+\frac{y^2}{b^2}-\frac{z^2}{c^2}=-1$$

表示的曲面称为**双叶双曲面**,如图 6-28 所示.

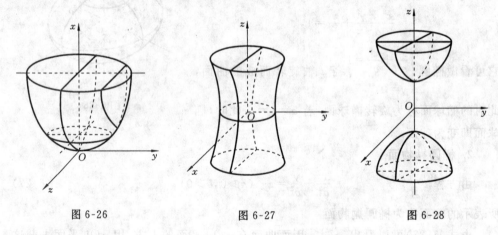

图 6-26　　　　　　　　图 6-27　　　　　　　　图 6-28

习　题　6.4

1. 指出下列各方程表示什么曲面:

(1) $x^2+y^2+z^2+z=0$;　　　(2) $x^2=4y$;　　　(3) $x^2+\dfrac{y^2}{4}+z^2=1$;

(4) $\dfrac{x^2}{2}+\dfrac{y^2}{2}-z=1$;　　　(5) $\dfrac{x^2}{9}+\dfrac{y^2}{9}-z^2=1$.

2. 分别写出曲面 $x^2-y^2=2z$ 在下列各平面上的截痕的方程,指出这些截痕是什么曲线:

　(1) $x=0$;　　(2) $x=2$;　(3) $y=0$;　　(4) $y=1$;　　(5) $z=0$;　　(6) $z=3$.

3. 求下列旋转曲面的方程:

　(1) xOz 平面上的抛物线 $z^2=5x$ 绕 x 轴旋转一周形成的旋转曲面;

　(2) xOy 平面上的圆 $x^2+y^2=9$ 绕 y 轴旋转一周形成的旋转曲面;

　(3) xOy 平面上的双曲线 $4x^2-9y^2=36$ 分别绕 x 轴和 y 轴旋转一周形成的旋转曲面.

【数学史话】

解析几何的产生和发展

解析几何包括平面解析几何和立体解析几何两部分.

平面解析几何通过平面直角坐标系,建立点与实数对之间的一一对应关系,以及曲线与方程之间的一一对应关系,运用代数方法研究几何问题,或用几何方法研究代数问题.在解析几何创立以前,几何与代数是彼此独立的两个分支.解析几何的建立第一次真正实现了几何方法与代数方法的结合,使形与数统一起来,这是数学发展史上的一次重大突破.作为变量数学发展的第一个决定性步骤,解析几何的建立对于微积分的诞生有着不可估量的作用.

16 世纪以后,由于生产和科学技术的发展,天文、力学、航海等方面都对几何学提出了新的需要.比如,德国天文学家开普勒发现行星是绕着太阳沿着椭圆轨道运行的,太阳处在这个椭圆的一个焦点上;意大利科学家伽利略发现投掷物体是沿着抛物线运动的.这些发现都涉及圆锥曲线,要研究这些比较复杂的曲线,原先的一套方法显然已经不适应了,这就导致了解析几何的出现.

1637 年,法国的哲学家和数学家笛卡儿发表了他的著作《方法论》,这本书的后面有三篇附录,一篇叫《折光学》,一篇叫《流星学》,一篇叫《几何学》.当时的这个"几何学"实际上指的是数学,就像我国古代"算术"和"数学"是一个意思一样.

笛卡儿的《几何学》共分三卷:第一卷讨论尺规作图;第二卷是曲线的性质;第三卷是立体和"超立体"的作图,但它实际是代数问题,探讨方程的根的性质.后世的数学家和数学史学家都把笛卡儿的《几何学》作为解析几何的起点.

从笛卡儿的《几何学》中可以看出,笛卡儿的中心思想是建立起一种"普遍"的数学,把算术、代数、几何统一起来.他设想,把任何数学问题化为一个代数问题,再把任何代数问题归结到去解一个方程式.

为了实现上述的设想,笛卡儿从天文和地理的经纬度出发,指出平面上的点和实数对 (x,y) 的对应关系.x,y 的不同数值可以确定平面上许多不同的点,这样就可以用代数的方法研究曲线的性质.这就是解析几何的基本思想.

解析几何的产生并不是偶然的.在笛卡儿写《几何学》以前,就有许多学者研究过用两条相交直线作为一种坐标系；也有人在研究天文、地理的时候，提出了一点位置可由两个"坐标"（经度和纬度）来确定．这些都对解析几何的创建产生了很大的影响．

在数学史上，一般认为和笛卡儿同时代的法国业余数学家费马也是解析几何的创建者之一，应该分享这门学科创建的荣誉．

费马是一个业余从事数学研究的学者，对数论、解析几何、概率论三个方面都有重要贡献．他性情谦和，好静成癖，对自己所写的"书"无意发表．但从他的通信中知道，他早在笛卡儿发表《几何学》以前，就已写了关于解析几何的小文，就已经有了解析几何的思想．只是直到 1679 年，费马死后，他的思想和著述才从给友人的通信中公开发表．

笛卡儿的《几何学》，作为一本解析几何的书来看，是不完整的，但重要的是引入了新的思想，为开辟数学新园地作出了贡献．

解析几何的创立，引入了一系列新的数学概念，特别是将变量引入数学，使数学进入了一个新的发展时期，这就是变量数学的时期．解析几何在数学发展中起了推动作用．恩格斯对此曾经作过评价："数学中的转折点是笛卡儿的变数，有了变数，运动进入了数学；有了变数，辩证法进入了数学；有了变数，微分和积分也就立刻成为必要的了……"．

第7章 多元函数微积分

在前面几章中,我们讨论了一元函数(即含有一个自变量的函数)的极限、连续、导数和积分等问题.但在许多实际问题中,往往需要研究一个因变量与多个自变量之间的关系,即多元函数关系.多元函数与一元函数在概念、理论及方法等方面都有许多相同之处,多元函数微积分是一元函数微积分的推广和发展.

本章我们首先介绍多元函数的有关概念,然后着重研究多元函数的微积分及其应用.

7.1 多元函数的概念

7.1.1 多元函数的定义

先看两个实例.

例1 已知圆柱体的底半径为 r,高为 h,试求其体积 V.

解 圆柱体的体积 V、底半径 r 及高 h 之间具有以下关系:
$$V = \pi r^2 h,$$
这里,变量 r, h 在集合 $\{(r, h) \mid r > 0, h > 0\}$ 内取定一对值 (r, h) 时,V 的对应值就唯一地确定了.

例2 1 mol 理想气体的体积为 V,温度为 T,试求其压强 p.

解 1 mol 理想气体的压强 p、体积 V 和温度 T 之间具有以下关系:
$$p = \frac{RT}{V} \quad (R \text{ 为常数}),$$

这里,当 V, T 在集合 $\{(V, T) \mid V > 0, T > 0\}$ 内取定一对值 (V, T) 时,p 的对应值就唯一地确定了.

抽去以上两例的实际意义,给出二元函数的定义.

定义 7.1 设有变量 x, y, z, D 是平面上的一个点集.如果对于每个点 $P(x, y) \in D$,变量 z 按照对应法则 f 总有确定的值和它对应,则称 z 是变量 x, y 定义在 D 上的二元函数(或点 P 的函数),记作
$$z = f(x, y) \quad \text{或} \quad z = f(P),$$
x, y 称为**自变量**,z 称为**因变量**,点集 D 称为该函数的**定义域**,数集 $\{z \mid z = f(x, y), (x, y) \in D\}$ 称为该函数的**值域**.

　　和二元函数类似,可以定义三元函数和 $n(n>3)$ 元函数.通常把二元及二元以上的函数称为**多元函数**.

　　例3　求函数 $f(x,y)=\sqrt{1-x^2-y^2}$ 的定义域.

　　解　当根式内表达式非负时,才有确定的 z 值,定义域为 $D=\{(x,y)\mid x^2+y^2\leqslant 1\}$.在 xOy 平面上,D 表示以原点为圆心的单位圆及单位圆内的全体点集(图 7-1).

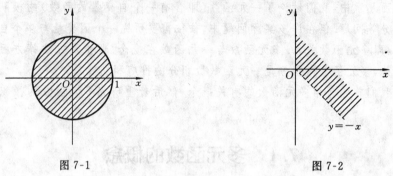

图 7-1　　　　　　　　　　　　　　　　　　　　图 7-2

　　例4　求 $f(x,y)=\dfrac{\ln(x+y)}{\sqrt{x}}$ 的定义域,并求 $f(4,5)$.

　　解　要使函数有意义,则 x,y 应满足

$$\begin{cases} x+y>0, \\ x>0, \end{cases}$$

即 y 轴右侧的平面与直线 $y=-x$ 以上平面的公共部分(图 7-2).

$$f(4,5)=\frac{\ln(4+5)}{\sqrt{4}}=\ln 3.$$

　　例5　求 $z=\sqrt{x^2+y^2-1}+\sqrt{4-x^2-y^2}$ 的定义域.

　　解　自变量 x,y 必须同时满足以下条件:

$$\begin{cases} x^2+y^2\geqslant 1 \\ x^2+y^2\leqslant 4 \end{cases}.$$

于是定义域为

$$D=\{(x,y)\mid 1\leqslant x^2+y^2\leqslant 4\},$$

满足这个不等式的数对 (x,y) 在 xOy 平面上表示包括两个圆周在内的圆环内的全体点集(图 7-3).

　　上述各例中二元函数的定义域都是 xOy 平面上的一个区域.如果区域是包含在以原点为圆心的某圆内,则称这个区域为**有界域**,否则称为**无界域**;围成区域的曲线称为该区域的**边界**,包括全部边界的区域称为**闭区域**;不包括边界上任何点的区域称为

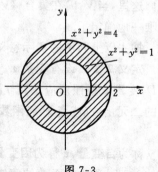

图 7-3

开区域. 如例 4 中的定义域是开区域, 例 3 与例 5 中的定义域是有界闭区域.

设函数 $z=f(P)$ 在点 P_0 及其附近有定义. 如果当点 $P \to P_0$ 时, $f(P)$ 的极限存在, 并且等于 $f(P_0)$, 即 $\lim\limits_{P \to P_0} f(P)=f(P_0)$, 则称函数 $z=f(P)$ 在点 P_0 处**连续**.

不难证明, 多元函数在其定义域内是连续的. 如果二元函数 $z=f(P)$ 在区域 D 内每一个点处都连续, 则称函数 z 在 D 内连续.

有界闭区域上的多元连续函数具有以下性质.

性质 1　多元函数 $z=f(P)$ 在有界闭区域 D 上连续, 则必定有最大值和最小值.

性质 2　多元函数 $z=f(P)$ 在有界闭区域 D 上连续, 则必能取得介于最大值与最小值之间的所有值.

证明从略.

7.1.2　二元函数的几何意义

二元函数 $z=f(x,y)$ 在几何上通常表示一个空间曲面(图 7-4). 这个曲面在 xOy 坐标面上的投影区域 D, 便是函数 $z=f(x,y)$ 的定义域. 对于 D 上任意一点 $P(x,y)$, 可得对应的函数值 $z=f(x,y)$, 于是空间直角坐标系中就确定了一个点 $M(x,y,z)$ 与点 $P(x,y)$ 对应. 当点 $P(x,y)$ 在 D 上变动时, 对应点 $M(x,y,z)$ 的轨迹即为二元函数 $z=f(x,y)$ 的图像, 它表示空间曲面.

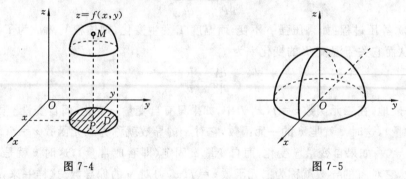

图 7-4　　　　　　　　　　　　　　　　　图 7-5

如 $z=\sqrt{R^2-x^2-y^2}$ 表示球心在原点, 半径为 R 的上半球面(图 7-5).

$$习\quad 题\quad 7.1$$

1. 已知 $f(x,y)=\dfrac{2xy}{x^2+y^2}$, 求 $f(1,2)$, $f\left(1,\dfrac{y}{x}\right)$, $f(-x,-y)$.

2. 已知 $f(x,y)=1-2x^2+y^4$, 求 $f(x^2,x)$.

3. 求下列函数的定义域, 并画出定义域的图像:

(1) $z=\ln(xy)$;　　　　　　　　(2) $z=\sqrt{x-y}$;

(3) $z=\sqrt{1-x^2}+\sqrt{1-y^2}$;　　(4) $z=\sqrt{9-x^2-y^2}+\ln(x^2-y)$.

7.2　偏　导　数

7.2.1　偏导数的概念

由于多元函数的自变量不止一个,所以它的求导问题比一元函数求导复杂. 但是,可通过固定其中若干个自变量的值,而只让一个自变量变化,这样就把多元函数转化为一元函数,从而它的求导问题就得到解决.下面通过一个实例来说明问题.

例 6　1 mol 理想气体的压强 p、体积 V 和热力学温度 T 之间的变化关系为 $V=\dfrac{RT}{p}$(R 为常量).试讨论体积 V 关于 p 和 T 的变化率.

解　当压强 p 和温度 T 两个变量同时变化时,体积 V 的变化情况较复杂,现分两种特殊情况考虑.

(1) 等温过程:如果温度 T 不变,压强 p 变化,则体积 V 就成为 p 的一元函数,从而它关于压强 p 的变化率为

$$\frac{\mathrm{d}V}{\mathrm{d}p}=-\frac{RT}{p^2}.$$

(2) 等压过程:如果压强 p 不变,而温度 T 发生变化,则体积 V 就成为 T 的一元函数,从而它关于温度 T 的变化率为

$$\frac{\mathrm{d}V}{\mathrm{d}T}=\frac{R}{p}.$$

一般地,在二元函数 $z=f(x,y)$ 中,如果只有自变量 x 变化,而自变量 y 固定(即看成常量),这时 z 就是 x 的一元函数,它对 x 的导数就称为二元函数 $z=f(x,y)$ 对 x 的偏导数;如果自变量 y 变化,而自变量 x 固定(即看成常量),这时 z 就是 y 的一元函数,它对 y 的导数就称为二元函数 $z=f(x,y)$ 对 y 的偏导数.这样一来,求多元函数的偏导数就转化为求一元函数的导数.下面仿照一元函数的导数定义,给出二元函数的偏导数定义.

定义 7.2　设函数 $z=f(x,y)$ 在点 (x_0,y_0) 及其附近有定义,当 y 固定在 y_0,而 x 在 x_0 处有增量 Δx 时,相应地函数的增量 Δz 为

$$\Delta z=f(x_0+\Delta x,y_0)-f(x_0,y_0).$$

如果极限

$$\lim_{\Delta x\to 0}\frac{f(x_0+\Delta x,y_0)-f(x_0,y_0)}{\Delta x}$$

存在,则称此极限为函数 $z=f(x,y)$ 在点 (x_0,y_0) 处对 x 的**偏导数**,记作 $\dfrac{\partial z}{\partial x}\Big|_{\substack{x=x_0\\y=y_0}}$,

$\dfrac{\partial f}{\partial x}\Big|_{\substack{x=x_0\\y=y_0}}$, $z_x\Big|_{\substack{x=x_0\\y=y_0}}$, $f_x(x_0,y_0)$.

类似地,当 x 固定在 x_0,而 y 在 y_0 处有增量 Δy 时,如果极限

$$\lim_{\Delta y\to 0}\frac{f(x_0,y_0+\Delta y)-f(x_0,y_0)}{\Delta y}$$

存在,则称此极限为函数 $z=f(x,y)$ 在点 (x_0,y_0) 处对 y 的偏导数,记作 $\dfrac{\partial z}{\partial y}\Big|_{\substack{x=x_0\\y=y_0}}$,

$\dfrac{\partial f}{\partial y}\Big|_{\substack{x=x_0\\y=y_0}}$, $z_y\Big|_{\substack{x=x_0\\y=y_0}}$, $f_y(x_0,y_0)$.

如果函数 $z=f(x,y)$ 在区域 D 上每一点 (x,y) 处对 x 和 y 的偏导数 $f_x(x,y)$,
$f_y(x,y)$ 都存在,则称函数 $z=f(x,y)$ 在区域 D 上可导,并且偏导数 $f_x(x,y)$, $f_y(x,y)$
在 D 上仍是 x,y 的二元函数,称它们为函数 $z=f(x,y)$ 在区域 D 上的偏导函数,简
称偏导数.

函数 $z=f(x,y)$ 对 x 的偏导数记作 $\dfrac{\partial z}{\partial x}$,$\dfrac{\partial f}{\partial x}$,$z_x$ 或 $f_x(x,y)$. 函数 $z=f(x,y)$ 对 y

的偏导数记作 $\dfrac{\partial z}{\partial y}$,$\dfrac{\partial f}{\partial y}$,$z_y$ 或 $f_y(x,y)$.

例 6 中的两个导数,实质上是函数 $V=\dfrac{RT}{p}$ 的两个偏导数 $\dfrac{\partial V}{\partial p}$ 及 $\dfrac{\partial V}{\partial T}$.

根据定义,对函数 $z=f(x,y)$ 求 $\dfrac{\partial f}{\partial x}$ 时,只要把 y 看成常量,对 x 求导数;求 $\dfrac{\partial f}{\partial y}$ 时,

则把 x 看成常量,对 y 求导数. 于是一元函数的求导公式与求导法则对求多元函数
的偏导数仍适用.

例 7 求 $f(x,y)=x^2+xy+y^3$ 在点 $(1,2)$ 及点 $(2,1)$ 处的偏导数.

解 把 y 看成常量,对 x 求导得

$$f_x(x,y)=2x+y,$$

把 x 看成常量,对 y 求导得

$$f_y(x,y)=x+3y^2,$$

所以 $f_x(1,2)=4$,$f_y(1,2)=13$, $f_x(2,1)=5$,$f_y(2,1)=5$.

例 8 求 $z=\ln(x^2+y^2)$ 的偏导数.

解
$$\frac{\partial z}{\partial x}=\frac{\partial}{\partial x}[\ln(x^2+y^2)]=\frac{2x}{x^2+y^2},$$

$$\frac{\partial z}{\partial y}=\frac{\partial}{\partial y}[\ln(x^2+y^2)]=\frac{2y}{x^2+y^2}.$$

例 9 求 $z=x^2\sin(xy)$ 的偏导数.

解　$\dfrac{\partial z}{\partial x}=x^2\dfrac{\partial}{\partial x}[\sin(xy)]+\sin(xy)\dfrac{\partial}{\partial x}(x^2)=x^2 y\cos(xy)+2x\sin(xy)$,

$$\dfrac{\partial z}{\partial y}=x^2\dfrac{\partial}{\partial y}[\sin(xy)]=x^3\cos(xy).$$

例 10　对于例 1 中的 $V=\dfrac{RT}{p}$,试证 $\dfrac{\partial p}{\partial V}\dfrac{\partial V}{\partial T}\dfrac{\partial T}{\partial p}=-1$.

证明　由 $p=RT/V$,得　　　　　$\dfrac{\partial p}{\partial V}=\dfrac{-RT}{V^2}$,

由 $V=RT/p$,得　　　　　　　$\dfrac{\partial V}{\partial T}=\dfrac{R}{p}$,

由 $T=pV/R$,得　　　　　　　$\dfrac{\partial T}{\partial p}=\dfrac{V}{R}$,

综上结果,有

$$\dfrac{\partial p}{\partial V}\dfrac{\partial V}{\partial T}\dfrac{\partial T}{\partial p}=-\dfrac{R^2 TV}{V^2 pR}=-\dfrac{RT}{Vp}=-1.$$

它表明偏导数的记号是一个整体记号,绝对不能理解为分子与分母之商,即不能把 $\dfrac{\partial p}{\partial V}$ 看成 ∂p 与 ∂V 之商,这是与一元函数导数记号的不同之处.

二元函数的偏导数定义,可以推广到三元及三元以上的函数.

例 11　求 $r=\sqrt{x^2+y^2+z^2}$ 的偏导数.

解　这是三元函数,因此有三个偏导数,先把 y,z 看做常量,对 x 求导,得

$$\dfrac{\partial r}{\partial x}=\dfrac{x}{\sqrt{x^2+y^2+z^2}},$$

同理可得

$$\dfrac{\partial r}{\partial y}=\dfrac{y}{\sqrt{x^2+y^2+z^2}},\qquad \dfrac{\partial r}{\partial z}=\dfrac{z}{\sqrt{x^2+y^2+z^2}}.$$

7.2.2　高阶偏导数

定义 7.3　设二元函数 $z=f(x,y)$ 在区域 D 上具有偏导数 $\dfrac{\partial z}{\partial x},\dfrac{\partial z}{\partial y}$,一般说来,它们仍是 x,y 的函数,如果它们的偏导数存在,则称它们是原来函数 $z=f(x,y)$ 的**二阶偏导数**,按照对自变量求导的次序不同,有下列四个二阶偏导数:

$$\dfrac{\partial}{\partial x}\left(\dfrac{\partial z}{\partial x}\right)=\dfrac{\partial^2 z}{\partial x^2}=f_{xx}(x,y),$$

$$\dfrac{\partial}{\partial y}\left(\dfrac{\partial z}{\partial x}\right)=\dfrac{\partial^2 z}{\partial x\partial y}=f_{xy}(x,y),$$

$$\dfrac{\partial}{\partial x}\left(\dfrac{\partial z}{\partial y}\right)=\dfrac{\partial^2 z}{\partial y\partial x}=f_{yx}(x,y),$$

$$\frac{\partial}{\partial y}\left(\frac{\partial z}{\partial y}\right)=\frac{\partial^2 z}{\partial y^2}=f_{yy}(x,y),$$

其中 $f_{xy}(x,y)$ 和 $f_{yx}(x,y)$ 称为混合偏导数, $\dfrac{\partial^2 z}{\partial x\partial y}$ 是先对 x 后对 y 求偏导数,而 $\dfrac{\partial^2 z}{\partial y\partial x}$ 是先对 y 后对 x 求偏导数.同样可以定义三阶、四阶以及 n 阶偏导数,二阶及二阶以上的偏导数称为**高阶偏导数**.

例 12 求 $z=x^3 y^2-3xy^3+xy$ 的二阶偏导数.

解 先求一阶偏导数,有

$$\frac{\partial z}{\partial x}=3x^2 y^2-3y^3+y,$$

$$\frac{\partial z}{\partial y}=2x^3 y-9xy^2+x,$$

再求二阶偏导数,有

$$\frac{\partial^2 z}{\partial x^2}=\frac{\partial}{\partial x}\left(\frac{\partial z}{\partial x}\right)=6xy^2,$$

$$\frac{\partial^2 z}{\partial x\partial y}=\frac{\partial}{\partial y}\left(\frac{\partial z}{\partial x}\right)=6x^2 y-9y^2+1,$$

$$\frac{\partial^2 z}{\partial y\partial x}=\frac{\partial}{\partial x}\left(\frac{\partial z}{\partial y}\right)=6x^2 y-9y^2+1,$$

$$\frac{\partial^2 z}{\partial y^2}=\frac{\partial}{\partial y}\left(\frac{\partial z}{\partial y}\right)=2x^3-18xy.$$

在上例中,两个二阶混合偏导数相等,即与求导次序无关.但这个结论在一般情况下不一定成立,仅在一定条件下才能成立.

定理 7.1 如果函数 $z=f(x,y)$ 的两个二阶混合偏导数在点 (x,y) 处连续,则在该点有

$$\frac{\partial^2 z}{\partial x\partial y}=\frac{\partial^2 z}{\partial y\partial x}.$$

对于二元以上的函数也可类似地定义高阶偏导数,并且在混合偏导数连续的条件下,混合偏导数也与求导次序无关.

对于二元函数 $z=f(x,y)$,如果有 $f(x,y)=f(y,x)$ 成立,则称 $z=f(x,y)$ 对变量 x,y 是**对称的**.关于变量 x,y 对称的函数,只要在求得的 $\dfrac{\partial z}{\partial x}$ 中把 x 与 y 互换就能得到 $\dfrac{\partial z}{\partial y}$.

例 13 证明函数 $u=1/\sqrt{x^2+y^2+z^2}$ 满足拉普拉斯方程 $\dfrac{\partial^2 u}{\partial x^2}+\dfrac{\partial^2 u}{\partial y^2}+\dfrac{\partial^2 u}{\partial z^2}=0$.

证明

$$\frac{\partial u}{\partial x}=-x(x^2+y^2+z^2)^{-3/2},$$

$$\frac{\partial^2 u}{\partial x^2} = -(x^2 + y^2 + z^2)^{-3/2} + 3x^2 (x^2 + y^2 + z^2)^{-5/2}.$$

由于函数关于 x, y, z 是对称的,所以有

$$\frac{\partial^2 u}{\partial y^2} = -(x^2 + y^2 + z^2)^{-3/2} + 3y^2 (x^2 + y^2 + z^2)^{-5/2},$$

$$\frac{\partial^2 u}{\partial z^2} = -(x^2 + y^2 + z^2)^{-3/2} + 3z^2 (x^2 + y^2 + z^2)^{-5/2}.$$

于是得

$$\frac{\partial^2 u}{\partial x^2} + \frac{\partial^2 u}{\partial y^2} + \frac{\partial^2 u}{\partial z^2} = -3(x^2 + y^2 + z^2)^{-3/2} + 3(x^2 + y^2 + z^2)(x^2 + y^2 + z^2)^{-5/2} = 0.$$

习 题 7.2

1. 求下列函数的偏导数:

(1) $z = xy + \dfrac{x}{y}$;　　　　(2) $z = \cos(xy)$;　　　　(3) $z = e^{\frac{x}{y}}$;

(4) $z = \ln(x + y)$;　　　　(5) $z = \sin x^2 \cos y^2$;　　　　(6) $z = e^{\frac{x}{y}} \cos(x - y)$.

2. 已知 $f(x, y) = x + y - \sqrt{x^2 + y^2}$,求 $f_x(3, 4), f_y(4, 3)$.

3. 求下列函数的二阶偏导数:

(1) $z = x^4 y^2$;　　　　　　(2) $z = y^x$;

(3) $z = \sqrt{xy}$;　　　　　　(4) $z = x\sin e^y + y\sin e^x$.

4. 设 $z = 2\cos^2\left(x - \dfrac{t}{2}\right)$,试证 $2\dfrac{\partial^2 z}{\partial t^2} + \dfrac{\partial^2 z}{\partial x \partial t} = 0$.

5. 设 $f(x, y, z) = xy^2 + yz^2 + zx^2$,求 $f_{xx}(1, 0, 0), f_{xz}(1, 0, 2), f_{yz}(-1, 0, 1), f_{zx}(1, 0, 2)$.

7.3　全　微　分

7.3.1　全微分的定义

先看一个实例.

例 14　边长分别为 x, y 的矩形,当边长 x, y 分别增加 $\Delta x, \Delta y$ 时,求面积的改变量(图 7-6).

解　矩形的面积为　　$A = xy$,

面积的改变量为

$$\Delta A = (x + \Delta x)(y + \Delta y) - xy$$

$$= (y\Delta x + x\Delta y) + \Delta x \Delta y,$$

上式右边第一部分 $y\Delta x + x\Delta y$ 表示图 7-6 中带有

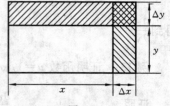

图 7-6

斜线的两块小长方形面积之和,它与 ΔA 的差仅为一块带有双斜线的面积 $\Delta x\Delta y$,当 $\Delta x,\Delta y$ 很小时,就有

$$\Delta A\approx y\Delta x+x\Delta y,$$

称 $y\Delta x+x\Delta y$ 为面积 A 的微分.

下面我们引入全微分的定义.

定义 7.4　设二元函数 $z=f(x,y)$ 在点 $P(x,y)$ 处取得改变量

$$\Delta z=f(x+\Delta x,y+\Delta y)-f(x,y),$$

如果 $\Delta z=A\Delta x+B\Delta y+o(\rho)$,其中 A,B 与 $\Delta x,\Delta y$ 无关,仅与 x,y 有关,$o(\rho)$ 是当 $\rho=\sqrt{(\Delta x)^2+(\Delta y)^2}\to0$ 时比 ρ 高阶的无穷小,则称函数 $z=f(x,y)$ 在点 (x,y) 处**可微**,并称 $A\Delta x+B\Delta y$ 是函数 $z=f(x,y)$ 在点 (x,y) 处的**全微分**,记作 $\mathrm{d}z$,即

$$\mathrm{d}z=A\Delta x+B\Delta y.$$

如果函数 $z=f(x,y)$ 在区域 D 上各点处都可微,则称函数 $z=f(x,y)$ 在区域 D 上可微. 可以证明,如果函数 $z=f(x,y)$ 在点 $P(x,y)$ 处可微,则有

$$\frac{\partial z}{\partial x}=A,\quad \frac{\partial z}{\partial y}=B.$$

自变量的改变量又称为**自变量的微分**,即 $\Delta x=\mathrm{d}x$,$\Delta y=\mathrm{d}y$,故函数 $z=f(x,y)$ 在点 (x,y) 处的全微分可写成

$$\mathrm{d}z=\frac{\partial z}{\partial x}\mathrm{d}x+\frac{\partial z}{\partial y}\mathrm{d}y. \tag{7-1}$$

对于一元函数 $y=f(x)$,在某点可微与在该点可导是等价的. 那么对于二元函数,可微与偏导数存在之间的关系如何呢?

一般说来,如果二元函数 $f(x,y)$ 在点 (x_0,y_0) 处的偏导数存在,不一定能得到 $f(x,y)$ 可微. 但是,在一定的条件下,我们还是能得到 $f(x,y)$ 在点 (x_0,y_0) 处可微.

定理 7.2　如果函数 $z=f(x,y)$ 的偏导数 $\frac{\partial z}{\partial x},\frac{\partial z}{\partial y}$ 在点 (x,y) 处连续,则 $z=f(x,y)$ 在该点可微.

例 15　计算 $z=\mathrm{e}^{xy}$ 在点 $(2,1)$ 处的全微分.

解　因为 $\frac{\partial z}{\partial x}=y\mathrm{e}^{xy},\frac{\partial z}{\partial y}=x\mathrm{e}^{xy}$,

所以

$$\frac{\partial z}{\partial x}\Big|_{\substack{x=2\\y=1}}=\mathrm{e}^2,\quad \frac{\partial z}{\partial y}\Big|_{\substack{x=2\\y=1}}=2\mathrm{e}^2.$$

因 $\frac{\partial z}{\partial x},\frac{\partial z}{\partial y}$ 在点 $(2,1)$ 处连续,由式(7-1),得

$$\mathrm{d}z=\mathrm{e}^2\mathrm{d}x+2\mathrm{e}^2\mathrm{d}y.$$

例 16　求 $z=\sin x\cos y$ 的全微分.

解
$$\frac{\partial z}{\partial x}=\cos x\cos y,\quad \frac{\partial z}{\partial y}=-\sin x\sin y.$$

由式(7-1),得

$$dz=\cos x\cos y dx-\sin x\sin y dy.$$

二元函数全微分的定义,可类似地推广到三元及三元以上的函数.例如,对于三元函数 $u=f(x,y,z)$,如果说它在点 (x,y,z) 处可微,那么它的全微分为

$$du=\frac{\partial u}{\partial x}dx+\frac{\partial u}{\partial y}dy+\frac{\partial u}{\partial z}dz.\qquad(7-2)$$

7.3.2　全微分在近似计算中的应用举例

我们知道二元函数 $z=f(x,y)$ 在点 (x,y) 处可微,则函数的全改变量与全微分之差是比 $\rho=\sqrt{\Delta x^2+\Delta y^2}\to0$ 高阶的无穷小,故当 $\Delta x,\Delta y\ll1$ 时,有近似公式

$$\Delta z\approx dz=f_x(x,y)\Delta x+f_y(x,y)\Delta y,$$

或写成

$$f(x+\Delta x,y+\Delta y)\approx f(x,y)+f_x(x,y)\Delta x+f_y(x,y)\Delta y.\qquad(7-3)$$

例 17　计算 $(1.02)^{1.99}$ 的近似值.

解　令函数 $z=f(x,y)=x^y$,并取 $x=1,\Delta x=0.02,y=2,\Delta y=-0.01$.

因为　　　　　　　$f_x(x,y)=yx^{y-1}$,　$f_y(x,y)=x^y\ln x$,

所以　　　　　　　$f(1,2)=1$,　$f_x(1,2)=2$,　$f_y(1,2)=0$.

由式(7-3),得

$$(1.02)^{1.99}\approx f(1,2)+f_x(1,2)\times0.02+f_y(1,2)\times(-0.01)$$
$$=1+2\times0.02-0\times0.01=1.04.$$

习　题　7.3

1. 求下列函数的全微分:

(1) $z=x^2y$;　　　　　(2) $z=\arctan\dfrac{x}{y}$;　　　　　(3) $z=e^{x+y}$;

(4) $z=x\cos(x+y)$;　　(5) $u=x^{yz}$;　　　　　(6) $z=\ln(x^2-y^2)$.

2. 求函数 $z=x^2-3y^2$ 当 $x=5,y=3,\Delta x=0.1,\Delta y=-0.2$ 时的全微分.

3. 求 $u=\dfrac{z}{x^2+y^2}$ 在点 $(1,1,1)$ 处的全微分.

4. 利用全微分计算 $\sqrt{(0.98)^3+(1.97)^3}$ 的近似值.

7.4　偏导数的应用

在实际问题中常会遇到求多元函数的最大值或最小值的问题.与一元函数类似,多元函数的最大值、最小值与极大值、极小值有密切的联系,我们将以二元函数为例,

先讨论多元函数的极值问题.

7.4.1　二元函数极值的概念

定义 7.5　设函数 $z=f(x,y)$ 在点 (x_0,y_0) 及其附近有定义,对于该点附近任一个异于点 (x_0,y_0) 的点 (x,y):

(1) 如果 $f(x,y)\leqslant f(x_0,y_0)$,则在点 (x_0,y_0) 处 $z=f(x,y)$ 有**极大值** $f(x_0,y_0)$;

(2) 如果 $f(x,y)\geqslant f(x_0,y_0)$,则在点 (x_0,y_0) 处 $z=f(x,y)$ 有**极小值** $f(x_0,y_0)$.

极大值与极小值统称为极值. 使函数取得极值的点称为**极值点**.

例 18　根据极值的定义,试证 $z=x^2+y^2$ 在点 $(0,0)$ 处有极小值.

证明　事实上,任一异于点 $(0,0)$ 的数对 (x,y) 都有 $f(x,y)>0$,而 $f(0,0)=0$,即 $f(x,y)>f(0,0)$. 于是 $z=x^2+y^2$ 在点 $(0,0)$ 处有极小值,且极小值为零.

例 19　证明 $f(x,y)=xy$ 在点 $(0,0)$ 处不存在极值.

证明　这是因为当 x,y 同号时,$f(x,y)=xy>0$;当 x,y 异号时,$f(x,y)=xy<0$. 而 $f(0,0)=0$,因此在点 $(0,0)$ 的附近既有点 (x,y),使 $f(x,y)>f(0,0)$,又有点 (x,y),使 $f(x,y)<f(0,0)$,故在点 $(0,0)$ 处不存在极值.

定理 7.3(极值的必要条件)　设函数 $z=f(x,y)$ 在点 (x_0,y_0) 处的偏导数存在,则函数 $f(x,y)$ 在点 (x_0,y_0) 处取得极值的必要条件是

$$\begin{cases} f_x(x_0,y_0)=0 \\ f_y(x_0,y_0)=0 \end{cases}.$$

使 $f_x(x,y)=0$,$f_y(x,y)=0$ 同时成立的点 (x,y) 称为函数 $f(x,y)$ 的**驻点**.

具有偏导数的函数,其极值点必定是驻点,但是函数的驻点不一定是极值点. 请读者举例说明.

7.4.2　二元函数极值的判别法

如何判断二元函数的驻点为极值点? 怎样判别函数的极值是极大值还是极小值?

定理 7.4(极值的充分条件)　设函数 $z=f(x,y)$ 在点 (x_0,y_0) 及其附近有连续二阶偏导数,且点 (x_0,y_0) 是函数 $f(x,y)$ 的驻点,令

$$f_{xx}(x_0,y_0)=A,\quad f_{xy}(x_0,y_0)=B,\quad f_{yy}(x_0,y_0)=C,\quad \Delta=B^2-AC,$$

则:

(1) 当 $\Delta<0$ 时,函数 $z=f(x,y)$ 在点 (x_0,y_0) 处有极值,且当 $A>0$ 时有极小值,当 $A<0$ 时有极大值;

(2) 当 $\Delta>0$ 时,函数 $z=f(x,y)$ 在点 (x_0,y_0) 处没有极值;

(3) 当 $\Delta=0$ 时,函数 $z=f(x,y)$ 在点 (x_0,y_0) 处可能有极值,也可能没有极值.

证明从略.

例 20 求函数 $f(x,y)=x^3-y^3+3x^2+3y^2-9x$ 的极值.

解 解方程组

$$\begin{cases} f_x(x,y)=3x^2+6x-9=0 \\ f_y(x,y)=-3y^2+6y=0 \end{cases},$$

求得驻点为 $(1,0),(1,2),(-3,0)(-3,2)$.

再求二阶偏导数,有

$$f_{xx}(x,y)=6x+6, \quad f_{xy}(x,y)=0, \quad f_{yy}(x,y)=-6y+6.$$

在点 $(1,0)$ 处, $B^2-AC=0-12\times6<0$,且 $A=12>0$,所以函数在点 $(1,0)$ 处有极小值 $f(1,0)=-5$.

在点 $(1,2)$ 处, $B^2-AC=0+12\times6>0$,所以函数在点 $(1,2)$ 处无极值.

在点 $(-3,0)$ 处, $B^2-AC=0+12\times6>0$,所以函数在点 $(-3,0)$ 处无极值.

在点 $(-3,2)$ 处, $B^2-AC=0-(-12)\times(-6)<0$,所以函数在点 $(-3,2)$ 处有极大值 $f(-3,2)=31$.

在实际问题中,常遇到求一个二元函数在某一区域 D 上的最大值或最小值问题.如果函数 $f(x,y)$ 在 D 内具有唯一的驻点,而根据实际问题的性质又可判定它的最大值或最小值存在,那么这个唯一的驻点就是要求的最大值点或最小值点.

例 21 用钢板制作一个容积 V 一定的无盖长方体容器,问如何选取长、宽、高,才能使用料最省?

解 设容器的长为 x ,宽为 y ,则高为 $\dfrac{V}{xy}$,因此容器的表面积为

$$S=xy+\frac{V}{xy}(2x+2y)=xy+2V\left(\frac{1}{x}+\frac{1}{y}\right),$$

S 的定义域为 $D:0<x<+\infty, 0<y<+\infty$.

求 S 的偏导数,有

$$\frac{\partial S}{\partial x}=y-\frac{2V}{x^2}, \quad \frac{\partial S}{\partial y}=x-\frac{2V}{y^2}.$$

解方程组

$$\begin{cases} y-\dfrac{2V}{x^2}=0 \\ x-\dfrac{2V}{y^2}=0 \end{cases},$$

得唯一解 $(\sqrt[3]{2V},\sqrt[3]{2V})$,它也是 S 在 D 内唯一的驻点.由实际问题的性质可知,S 在 D 内必有最小值,所以 S 在 $(\sqrt[3]{2V},\sqrt[3]{2V})$ 内取得最小值,这就是说,当容器长为 $\sqrt[3]{2V}$,宽为 $\sqrt[3]{2V}$,高为 $\dfrac{\sqrt[3]{2V}}{2}$ 时,用料最省.

7.4.3　条件极值

在研究函数的极值时,如果对函数的自变量除了限制在定义域内取值外,还有其他附加约束条件,这类极值问题称为**条件极值**,如果对函数的自变量没有其他附加约束条件,这类极值问题称为**无条件极值**.

例如,在例 21 中,若设容器的长、宽、高分别为 x ,y ,z ,则容器的表面积 $S = xy + 2yz + 2zx$,此时还有一个约束条件 $xyz = V$,这就是条件极值问题.例 21 的解法,是将它化为无条件极值的方法来求解.但条件极值化为无条件极值并不是都能实现的,即使能实现,有时问题并不简单,为此,下面介绍一种直接求条件极值的方法——**拉格朗日乘数法**.

函数 $z = f(x,y)$ 在约束条件 $\varphi(x,y) = 0$ 下求极值的步骤如下:

(1) 作拉格朗日辅助函数 $L(x ,y) = f(x,y) + \lambda\varphi(x,y)$,其中 λ 是待定常数;

(2) 求辅助函数 $L(x,y)$ 的一阶偏导数,令其为零,并与 $\varphi(x ,y) = 0$ 联立,即

$$\begin{cases} \dfrac{\partial L}{\partial x} = f_x(x,y) + \lambda\varphi_x(x,y) = 0 \\[2mm] \dfrac{\partial L}{\partial y} = f_y(x,y) + \lambda\varphi_y(x,y) = 0 \\[2mm] \varphi(x,y) = 0 \end{cases}$$

由此方程组解出 x,y,λ,所得的点 (x ,y) 就是 $z = f(x,y)$ 在 $\varphi(x,y) = 0$ 的条件下的可能极值点;

(3) 结合问题的实际意义确定极值点和极值.

对于多于两个自变量或多于一个约束条件的情况,也有类似结果.

应用拉格朗日乘数法可解决实际中的最值问题.解决问题时,应先根据题意弄清楚要求的最值函数(即目标函数)是什么,约束条件是什么,然后建立起目标函数关系式和约束条件方程.

例 22　做一个容积为 9 m³ 的长方体箱子,箱子的盖及侧面的造价为 8 元/m²,箱底的造价为 10 元/m²,试求造价最低的箱子的尺寸.

解　设箱子的长、宽、高分别为 x,y,z ,则总造价为

$$u = 18xy + 16xz + 16yz \quad (x>0 ,y>0 ,z>0),$$

约束条件为

$$xyz = 9.$$

作拉格朗日函数

$$L(x ,y ,z) = 18xy + 16xz + 16yz + \lambda(xyz - 9),$$

解方程组

$$\begin{cases} \dfrac{\partial L}{\partial x}=18y+16z+\lambda yz=0 \\[2mm] \dfrac{\partial L}{\partial y}=18x+16z+\lambda xz=0 \\[2mm] \dfrac{\partial L}{\partial z}=16x+16y+\lambda xy=0 \\[2mm] xyz=9 \end{cases},$$

将上述方程组中的第一个方程乘以 x ,第二个方程乘以 y ,第三个方程乘以 z ,再两两相减,得

$$\begin{cases} 16xz-16yz=0 \\ 18xy-16xz=0 \end{cases},$$

从而求得 $x=y=\dfrac{8}{9}z$,代入第四个方程解得

$$x=y=2, \quad z=\dfrac{9}{4}.$$

由问题本身可知最小值一定存在,因此当箱子的长、宽均为 2 m,高为 $\dfrac{9}{4}$ m 时,箱子的造价最低.

习　题　7.4

1. 求下列函数的极值:
   (1) $f(x,y)=x^2+y^2+xy+x-y+1$; 　　　　(2) $f(x,y)=e^{2x}(x+y^2+2y)$;
   (3) $f(x,y)=x^3-y^3-3xy$; 　　　　　　　(4) $f(x,y)=x^2+y^2$.
2. 制作一个容积为 10 m³ 的无盖长方形铁箱子,如何设计才能使用料最省?
3. 将周长为 $2l$ 的矩形绕它的一边旋转而构成一个圆柱体,问矩形的边长各为多少时,才能使圆柱体的体积最大?
4. 建造一个长方体无盖水池,其池底和池壁的总面积为 108 m²,问水池的尺寸如何设计时,其容积最大?

7.5　二重积分

我们已经知道定积分是某种特定和式的极限,将这种和式极限的概念推广到二元函数的情况,便得到二重积分.下面从实际问题引出二重积分的概念,并介绍它的计算方法.

7.5.1　二重积分的概念

先看下面两个例子.

1. 曲顶柱体的体积

设有一立体的顶是曲面 $z=f(x,y)$，底面是 xOy 平面上的曲线所围成的区域 D，侧面是以 D 的边界曲线为准线，母线平行于 z 轴的柱面，这种立体称为**曲顶柱体**. 这里 $z=f(x,y)$ 是定义在 D 上的非负连续函数. 图 7-7 表示 $z>0$ 时的曲顶柱体.

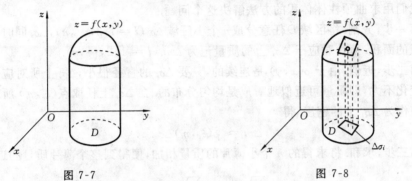

图 7-7　　　　　　　　　　　　　　　　图 7-8

现在计算此曲顶柱体的体积.

如果曲顶柱体的顶是与 xOy 平面平行的平面，也就是其高是不变的，那么它的体积可以用底面积×高来计算. 现在所求的立体是曲顶柱体，顶是曲面 $z=f(x,y)$，当点 (x,y) 在区域 D 上变动时，高度 $f(x,y)$ 是变化的，因此它的体积不能用底面积×高来计算. 怎样计算呢？我们回想一下求曲边梯形的面积问题，就不难想到，用类似的方法，即用"分割、近似、求和、取极限"的方法可以解决目前的问题.

第一步，分割. 用一簇曲线网把闭区域 D 分割成 n 个小闭区域 $\Delta\sigma_1,\Delta\sigma_2,\cdots,$ $\Delta\sigma_i,\cdots,\Delta\sigma_n$ 且以 $\Delta\sigma_i(i=1,2,\cdots,n)$ 表示第 i 个小区域的面积. 分别以区域 $\Delta\sigma_i$ 的边界曲线为准线，作母线平行于 z 轴的柱面，这些柱面把原来的曲顶柱体分成 n 个小曲顶柱体.

第二步，近似. 对于第 i 个小曲顶柱体，当小区域 $\Delta\sigma_i$ 的直径（指 $\Delta\sigma_i$ 上任意两点间距离的最大值）很小时，$f(x,y)$ 的变化也很小，$\Delta\sigma_i$ 上的小曲顶柱体也可近似地看成平顶柱体. $\Delta\sigma_i$ 越小，这种近似程度就越高. 在每个 $\Delta\sigma_i$ 中任取点 (ξ_i,η_i)，把以 $f(\xi_i,\eta_i)$ 为高，$\Delta\sigma_i$ 为底的小平顶柱体（图 7-8）的体积作为相应的小曲顶柱体的体积的近似值 $\Delta V_i\approx f(\xi_i,\eta_i)\Delta\sigma_i$.

第三步，求和. 将这 n 个小平顶柱体体积相加，便得整个曲顶柱体体积的近似值：

$$V=\sum_{i=1}^{n}V_i\approx\sum_{i=1}^{n}f(\xi_i,\eta_i)\Delta\sigma_i.$$

第四步，取极限. 当 n 越大且分割越细时，这个近似值就越接近于曲顶柱体体积的精确值. 因此，当小区域的最大直径 λ 趋于零时（此时 $n\to\infty$），上式右端的极限就是曲顶柱体的体积，即

$$V = \lim_{\lambda \to 0} \sum_{i=1}^{n} f(\xi_i, \eta_i) \Delta \sigma_i.$$

2. 平面薄片的质量

设有一质量分布不均匀的平面薄片,占有 xOy 平面上的区域 D,它在点 (x, y) 的面密度 $\rho(x, y)$ 在 D 上连续,且 $\rho(x, y) > 0$,求此薄片的质量.

我们用求曲顶柱体体积的方法解决这个问题.

第一步,分割.将区域 D 任意分成 n 个小区域 $\Delta \sigma_i (i = 1, 2, \cdots, n)$,$\Delta \sigma_i$ 同时也表示小区域的面积.薄片对应于 $\Delta \sigma_i$ 上的质量记为 $\Delta m_i (i = 1, 2, \cdots, n)$.

第二步,近似.由于 $\rho(x, y)$ 是连续的,只要 $\Delta \sigma_i$ 的直径很小,$\Delta \sigma_i$ 上所对应的函数密度变化不大,即质量可近似地看成是均匀分布的.在 $\Delta \sigma_i$ 上任取点 (ξ_i, η_i) 所对应的密度值作为 $\Delta \sigma_i$ 上的密度,得

$$\Delta m_i \approx \rho(\xi_i, \eta_i) \Delta \sigma_i.$$

第三步,求和.将求得的 n 个小薄片的质量相加,便得到整个薄片质量的近似值:

$$m = \sum_{i=1}^{n} \Delta m_i \approx \sum_{i=1}^{n} \rho(\xi_i, \eta_i) \Delta \sigma_i.$$

第四步,取极限.当区域 D 分割越细时,这个近似值就越接近于平面薄片的质量.当 n 个小区域的直径最大值 $\lambda \to 0$ 时,上式右端的极限就是平面薄片的质量,即

$$m = \lim_{\lambda \to 0} \sum_{i=1}^{n} \rho(\xi_i, \eta_i) \Delta \sigma_i.$$

上面两个实际问题的意义虽然不同,但解决的方法都是一样的,都是把所求的量归结为求二元函数的同一类型和式的极限.这种方法在研究其他实际问题时也会经常遇到,为此引进二重积分的概念.

3. 二重积分的定义及几何意义

定义 7.6 设函数 $z = f(x, y)$ 是定义在有界闭区域 D 上的有界函数,将闭区域 D 任意分割成 n 个小区域 $\Delta \sigma_i (i = 1, 2, \cdots, n)$,同时它也表示其面积.在每一个小区域 $\Delta \sigma_i$ 上任意取一点 (ξ_i, η_i),作和 $\sum_{i=1}^{n} f(\xi_i, \eta_i) \Delta \sigma_i$,如果当各小区域的直径的最大值 $\lambda \to 0$ 时,和式的极限存在,则称此极限为函数 $f(x, y)$ 在闭区域 D 上的**二重积分**,也称 $f(x, y)$ 在 D 上可积,记作 $\iint\limits_{D} f(x, y) d\sigma$,即

$$\iint\limits_{D} f(x, y) d\sigma = \lim_{\lambda \to 0} \sum_{i=1}^{n} f(\xi_i, \eta_i) \Delta \sigma_i,$$

其中 $f(x, y)$ 称为被积函数,$f(x, y) d\sigma$ 称为被积表达式,$d\sigma$ 称为**面积微元**,D 称为**积分区域**,x, y 称为**积分变量**.

可以证明:当 $f(x, y)$ 在有界闭区域 D 上连续时,$f(x, y)$ 一定可积.我们总是假设所讨论的函数是连续函数.

在二重积分的定义中,对区域 D 的划分是任意的.如果在直角坐标系中用平行于坐标轴的直线网来划分区域 D,那么除了靠近边界曲线的一些小区域外,其余绝大部分的小区域都是矩形,小矩形的边长为 Δx 和 Δy,则 $\Delta\sigma = \Delta x\Delta y$(图 7-9).因此在直角坐标系中面积微元 $\mathrm{d}\sigma$ 可记为 $\mathrm{d}x\mathrm{d}y$,从而二重积分也常记作

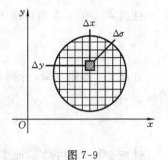

图 7-9

$$\iint\limits_{D} f(x,y)\mathrm{d}x\mathrm{d}y.$$

根据二重积分的定义,前面两个实例可用二重积分表示为

(1) 曲顶柱体的体积 $V = \iint\limits_{D} f(x,y)\mathrm{d}\sigma\ (f(x,y) > 0)$;

(2) 平面薄片的质量 $m = \iint\limits_{D} \rho(x,y)\mathrm{d}\sigma\ (\rho(x,y) > 0\ )$.

当 $f(x,y) \geqslant 0$ 时,$\iint\limits_{D} f(x,y)\mathrm{d}\sigma$ 表示以区域 D 为底,以曲面 $z = f(x,y)$ 为顶的曲顶柱体的体积;当 $f(x,y) < 0$ 时,$-\iint\limits_{D} f(x,y)\mathrm{d}\sigma$ 表示以区域 D 为底,曲面 $z = f(x,y)$ 为顶的曲顶柱体的体积;当 $f(x,y)$ 在区域 D 的若干个小区域上为正,其余部分为负时,$\iint\limits_{D} f(x,y)\mathrm{d}\sigma$ 表示这些曲顶柱体体积的代数和.

特别地,当 $f(x,y) = 1$ 时,$\iint\limits_{D} f(x,y)\mathrm{d}\sigma = \iint\limits_{D} 1\mathrm{d}\sigma = \sigma$,其中 σ 为区域 D 的面积.在数值上 σ 就等于以 D 为底,高为 1 的平顶柱体的体积.

7.5.2　二重积分的性质

比较定积分和二重积分的定义可以看到,二重积分与定积分有类似的性质.

性质 1　被积函数的常数因子可以提到二重积分号的外面,即

$$\iint\limits_{D} kf(x,y)\mathrm{d}\sigma = k\iint\limits_{D} f(x,y)\mathrm{d}\sigma\quad (k\ 为常数).$$

性质 2　函数和(或差)的二重积分,等于各个函数的二重积分的和(或差),即

$$\iint\limits_{D} [f(x,y) \pm g(x,y)]\mathrm{d}\sigma = \iint\limits_{D} f(x,y)\mathrm{d}\sigma \pm \iint\limits_{D} g(x,y)\mathrm{d}\sigma.$$

性质 3　如果闭区域 D 被有限条曲线分成若干部分,则在区域 D 上的二重积分等于各部分区域上二重积分之和,即

$$\iint\limits_{D} f(x,y)\mathrm{d}\sigma = \iint\limits_{D_1} f(x,y)\mathrm{d}\sigma + \iint\limits_{D_2} f(x,y)\mathrm{d}\sigma\quad (D = D_1 + D_2).$$

性质 4　如果在闭区域 D 上 $f(x,y) \leqslant g(x,y)$，则

$$\iint\limits_D f(x,y)\mathrm{d}\sigma \leqslant \iint\limits_D g(x,y)\mathrm{d}\sigma.$$

性质 5　如果 M,m 分别是 $f(x,y)$ 在闭区域 D 上的最大值和最小值，σ 为区域 D 的面积，则

$$m\sigma \leqslant \iint\limits_D f(x,y)\mathrm{d}\sigma \leqslant M\sigma.$$

性质 6（中值定理）　如果函数 $f(x,y)$ 在闭区域 D 上连续，则在 D 上至少存在一点 (ξ,η)，使得

$$\iint\limits_D f(x,y)\mathrm{d}\sigma = f(\xi,\eta)\sigma,$$

其中 σ 为区域 D 的面积.

以上证明从略.

7.5.3　二重积分的计算

从二重积分的定义容易看出，利用和式的极限求二重积分不但烦琐，而且也很困难，甚至无法解出. 因此有必要寻找计算二重积分的新方法. 下面将给出在直角坐标系下如何将二重积分化成二次积分（即累次积分）来计算.

若积分区域 D 可以表示为

$$D = \{(x,y) \mid \varphi_1(x) \leqslant y \leqslant \varphi_2(x), a \leqslant x \leqslant b\},$$

其中 $\varphi_1(x),\varphi_2(x)$ 在 $[a,b]$ 上连续，并且直线 $x = x_0 (a < x_0 < b)$ 与区域 D 的边界最多交于两点，则称 D 为 x-型区域（图 7-10）.

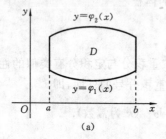 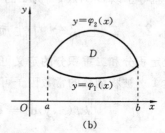

(a)　　　　　　　　　　　　(b)

图 7-10

若积分区域 D 可以表示为

$$D = \{(x,y) \mid \varphi_1(y) \leqslant x \leqslant \varphi_2(y), c \leqslant y \leqslant d\},$$

其中 $\varphi_1(y),\varphi_2(y)$ 在 $[c,d]$ 上连续，并且直线 $y = y_0 (c < y_0 < d)$ 与区域 D 的边界最多交于两点，则称 D 为 y-型区域（图 7-11）.

许多常见的区域都可以用平行于坐标轴的直线把 D 分解为有限个除边界外无公共点的 x-型区域或 y-型区域（图 7-12 表示将区域 D 分为三个这样的区域），因而一

般区域上的二重积分计算问题就化成 x-型及 y-型区域上二重积分的计算问题.

首先讨论积分区域为 x-型的二重积分 $\iint\limits_D f(x,y)\mathrm{d}x\mathrm{d}y$ 的计算.

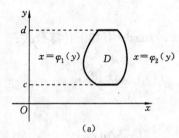 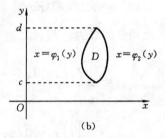

图 7-11

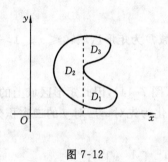

图 7-12　　　　　　　　　　　　　　　图 7-13

由二重积分的几何意义知,当 $f(x,y) \geqslant 0$ 时,二重积分 $\iint\limits_D f(x,y)\mathrm{d}x\mathrm{d}y$ 是区域 D 上的以曲面 $z = f(x,y)$ 为顶的曲顶柱体的体积 V(图 7-13).

在区间 $[a,b]$ 上任取一点 x,过 x 作平面平行于 yOz 面,则此平面与曲顶柱体的截面是一个以区间 $[\varphi_1(x),\varphi_2(x)]$ 为底,曲线 $z = f(x,y)$(对固定的 x,z 是 y 的一元函数)为曲边的曲边梯形(图 7-13 阴影部分),其面积为

$$A(x) = \int_{\varphi_1(x)}^{\varphi_2(x)} f(x,y)\mathrm{d}y.$$

所求曲顶柱体的体积为

$$V = \int_a^b A(x)\mathrm{d}x = \int_a^b \left[\int_{\varphi_1(x)}^{\varphi_2(x)} f(x,y)\mathrm{d}y \right]\mathrm{d}x.$$

于是有

$$\iint\limits_D f(x,y)\mathrm{d}x\mathrm{d}y = \int_a^b \left[\int_{\varphi_1(x)}^{\varphi_2(x)} f(x,y)\mathrm{d}y \right]\mathrm{d}x,$$

或写成

$$\iint\limits_D f(x,y)\mathrm{d}x\mathrm{d}y = \int_a^b \mathrm{d}x \int_{\varphi_1(x)}^{\varphi_2(x)} f(x,y)\mathrm{d}y,$$

上式右端的积分称为二次积分.

这样,二重积分就可通过求二次定积分进行计算. 第一次计算积分 $\int_{\varphi_1(x)}^{\varphi_2(x)} f(x,$ $y)\mathrm{d}y$ 时,把 x 看成常数,y 是积分变量;第二次积分时,x 是积分变量. 这种计算方法称为先对 y 后对 x 的二次积分.

同理,对积分区域为 y-型的二重积分 $\iint\limits_D f(x,y)\mathrm{d}x\mathrm{d}y$ 有如下计算公式:

$$\iint\limits_D f(x,y)\mathrm{d}x\mathrm{d}y = \int_c^d \left[\int_{\varphi_1(y)}^{\varphi_2(y)} f(x,y)\mathrm{d}x\right]\mathrm{d}y,$$

或写成

$$\iint\limits_D f(x,y)\mathrm{d}x\mathrm{d}y = \int_c^d \mathrm{d}y \int_{\varphi_1(y)}^{\varphi_2(y)} f(x,y)\mathrm{d}x,$$

即将二重积分化为先对 x 后对 y 的二次积分.

例 23 计算二重积分 $\iint\limits_D xy^2\mathrm{d}x\mathrm{d}y$,其中积分区域 D 为矩形区域:$0\leqslant x\leqslant 1, -1\leqslant y\leqslant 1$.

解 由于矩形区域是 x-型和 y-型的特殊形式(图 7-14),因此矩形区域上的二重积分一般既可化为先对 y 后对 x 的二次积分,也可化为先对 x 后对 y 的二次积分,于是

$$\iint\limits_D xy^2\mathrm{d}x\mathrm{d}y = \int_0^1 \mathrm{d}x \int_{-1}^1 xy^2\mathrm{d}y = \int_0^1 x\left[\frac{1}{3}y^3\right]_{-1}^1 \mathrm{d}x$$
$$= \int_0^1 \frac{2}{3}x\mathrm{d}x = \frac{1}{3},$$

或者 $\quad \iint\limits_D xy^2\mathrm{d}x\mathrm{d}y = \int_{-1}^1 \mathrm{d}y \int_0^1 xy^2\mathrm{d}x = \int_{-1}^1 y^2\left[\frac{1}{2}x^2\right]_0^1 \mathrm{d}y = \int_{-1}^1 \frac{1}{2}y^2\mathrm{d}y = \frac{1}{3}.$

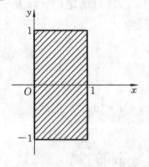

图 7-14　　　　　　　　　　　　　　　　图 7-15

例 24 计算 $\iint\limits_D (x^2+y^2-y)\mathrm{d}x\mathrm{d}y$,$D$ 是由 $y=x$,$y=\dfrac{x}{2}$ 及 $y=2$ 所围成的区域.

解 先画积分区域 D(图 7-15),区域 D 为 y-型区域,$D=\{(x,y)\mid y\leqslant x\leqslant 2y,$

$0 \leqslant y \leqslant 2\}$. 二重积分化为先对 x 后对 y 的二次积分,即

$$\iint\limits_{D} (x^2 + y^2 - y)\mathrm{d}x\mathrm{d}y = \int_0^2 \mathrm{d}y \int_y^{2y} (x^2 + y^2 - y)\mathrm{d}x = \int_0^2 \left[\frac{1}{3}x^3 + x(y^2 - y) \right]_y^{2y} \mathrm{d}y$$

$$= \int_0^2 \left(\frac{10}{3}y^3 - y^2 \right)\mathrm{d}y = \left[\frac{10}{12}y^4 - \frac{1}{3}y^3 \right]_0^2 = \frac{32}{3}.$$

若先对 y 后对 x 积分,须分块考虑,计算较麻烦.

例 25　计算二重积分 $\iint\limits_{D} xy\mathrm{d}x\mathrm{d}y$,其中 D 为直线 $y = x + 2$ 及抛物线 $y = x^2$ 所围成的区域.

解　作出区域 D 的草图(图 7-16).

$$D = \{(x,y) \mid x^2 \leqslant y \leqslant x + 2, -1 \leqslant x \leqslant 2\}, 是 x\text{-型区域}.$$

二重积分可化为先对 y 后对 x 的二次积分,即

$$\iint\limits_{D} xy\mathrm{d}x\mathrm{d}y = \int_{-1}^2 \mathrm{d}x \int_{x^2}^{x+2} xy\mathrm{d}y = \int_{-1}^2 x \left[\frac{1}{2}y^2 \right]_{x^2}^{x+2} \mathrm{d}x$$

$$= \frac{1}{2} \int_{-1}^2 (x^3 + 4x^2 + 4x - x^5)\mathrm{d}x = \frac{45}{8}.$$

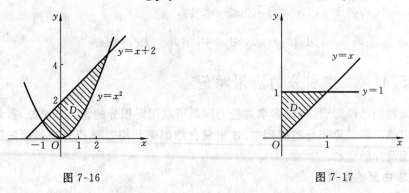

图 7-16　　　　　　　　　　　　　　图 7-17

例 26　计算二重积分 $I = \iint\limits_{D} e^{-y^2} \mathrm{d}x\mathrm{d}y$,其中 D 是由直线 $x = 0, y = 1$ 及 $y = x$ 所围成的区域(图 7-17).

解　区域 D 既是 x-型,也是 y-型.

若把二重积分化为先对 x 后对 y 的二次积分,则区域 D 为

$$D = \{(x,y) \mid 0 \leqslant x \leqslant y, 0 \leqslant y \leqslant 1\},$$

从而

$$I = \iint\limits_{D} e^{-y^2} \mathrm{d}x\mathrm{d}y = \int_0^1 \mathrm{d}y \int_0^y e^{-y^2} \mathrm{d}x = \int_0^1 e^{-y^2} [x]_0^y \mathrm{d}y$$

$$= \int_0^1 y e^{-y^2} \mathrm{d}y = -\frac{1}{2} \int_0^1 e^{-y^2} \mathrm{d}(-y^2) = \left[-\frac{1}{2} e^{-y^2} \right]_0^1 = \frac{1}{2} \left(1 - \frac{1}{e} \right).$$

若把二重积分化为先对 y 后对 x 的二次积分,则区域 D 为

$$D = \{(x,y) \mid x \leqslant y \leqslant 1, 0 \leqslant x \leqslant 1\},$$

从而

$$I = \iint\limits_{D} e^{-y^2} dx dy = \int_0^1 dx \int_x^1 e^{-y^2} dy.$$

由于函数 e^{-y^2} 的原函数不能用初等函数表示,因此,这个二次积分无法进行.

由上述例子可以看出,二重积分的计算应根据积分区域和被积函数的不同情况,选择一种比较方便的积分顺序.

例 27　交换二次积分的次序 $\int_0^1 dx \int_{x^2}^x f(x,y) dy$.

解　由所给的二次积分,可得积分区域 D 为

$$D = \{(x,y) \mid x^2 \leqslant y \leqslant x, 0 \leqslant x \leqslant 1\},$$

画出区域 D(图 7-18).

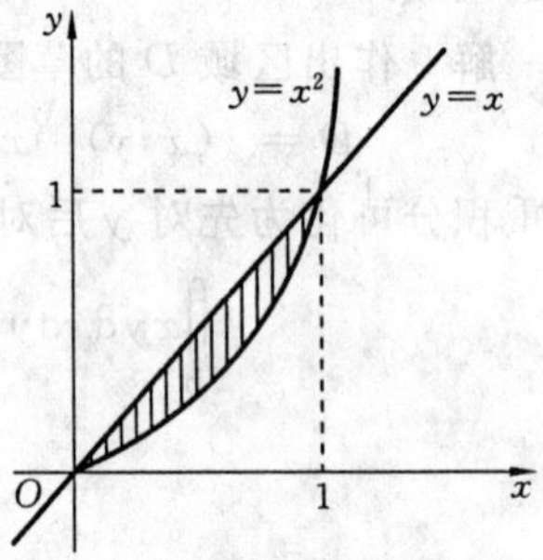

改变积分次序,即化为先对 x 后对 y 的二次积分,此时积分区域 D 为

$$D = \{(x,y) \mid y \leqslant x \leqslant \sqrt{y}, 0 \leqslant y \leqslant 1\},$$

则

$$\int_0^1 dx \int_{x^2}^x f(x,y) dy = \int_0^1 dy \int_y^{\sqrt{y}} f(x,y) dx.$$

图 7-18

7.5.4　二重积分的应用举例

前面我们已经知道,有许多求总量的问题可以用定积分的微元法来处理.这种方法也可以推广到二重积分的应用中.这里只介绍如何利用二重积分求曲面的面积和计算平面薄片的重心.

1. 求曲面的面积

设空间一曲面的方程为 $z = f(x,y)$,它在 xOy 平面上的投影区域为 D,函数 $f(x,y)$ 在 D 上具有连续的偏导数 $f_x(x,y), f_y(x,y)$,则曲面的面积 S 为

$$S = \iint\limits_{D} \sqrt{1 + f_x^2 + f_y^2} dx dy.$$

例 28　求半径为 R 的球面面积.

解　取球心为坐标原点,则该球面方程为 $x^2 + y^2 + z^2 = R^2$.根据球面的对称性,该球面面积是它在第 Ⅰ 卦限部分面积的 8 倍.因为第 Ⅰ 卦限内球面方程为 $z = \sqrt{R^2 - x^2 - y^2}$,所以有

$$z_x = \frac{-x}{\sqrt{R^2 - x^2 - y^2}}, \quad z_y = \frac{-y}{\sqrt{R^2 - x^2 - y^2}}.$$

区域 D 是半径为 R 的四分之一圆域(图 7-19).因此,该球面面积为

$$S = 8\iint\limits_{D} \sqrt{1 + f_x^2 + f_y^2}\,\mathrm{d}x\mathrm{d}y$$

$$= 8\iint\limits_{D} \frac{R}{\sqrt{R^2 - x^2 - y^2}}\,\mathrm{d}x\mathrm{d}y$$

$$= 8\int_0^R \mathrm{d}x \int_0^{\sqrt{R^2-x^2}} \frac{R}{\sqrt{R^2 - x^2 - y^2}}\,\mathrm{d}y$$

$$= 8R\int_0^R \left[\arcsin \frac{y}{\sqrt{R^2 - x^2}} \right]_0^{\sqrt{R^2-x^2}}\,\mathrm{d}x$$

$$= 8R\int_0^R \frac{\pi}{2}\,\mathrm{d}x = 4\pi R^2.$$

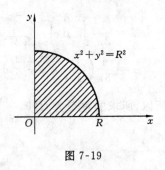

图 7-19

2. 求平面薄片的重心

设有一平面薄片,占有 xOy 平面上的闭区域 D,在点 (x,y) 处的面密度为 $\rho(x,y)$,假定 $\rho(x,y)$ 在 D 上连续,则该薄片的重心坐标为

$$\bar{x} = \frac{M_y}{M} = \frac{\iint\limits_{D} x\rho(x,y)\,\mathrm{d}\sigma}{\iint\limits_{D} \rho(x,y)\,\mathrm{d}\sigma}, \quad \bar{y} = \frac{M_x}{M} = \frac{\iint\limits_{D} y\rho(x,y)\,\mathrm{d}\sigma}{\iint\limits_{D} \rho(x,y)\,\mathrm{d}\sigma},$$

其中,M, M_x, M_y 分别为薄片的质量、薄片关于 x 轴的静力矩、薄片关于 y 轴的静力矩.

如果薄片是均匀的,即面密度为常数 ρ,则上式中可把 ρ 提到积分号外面,并从分子、分母中约去,这样便得到均匀薄片的重心坐标为

$$\bar{x} = \frac{1}{\sigma}\iint\limits_{D} x\,\mathrm{d}\sigma, \quad \bar{y} = \frac{1}{\sigma}\iint\limits_{D} y\,\mathrm{d}\sigma,$$

其中,σ 为区域 D 的面积.这时薄片的重心完全由区域 D 的形状决定.

例 29 求位于两圆 $x^2 + (y-2)^2 = 4$,$x^2 + (y-1)^2 = 1$ 之间的均匀薄片的重心(图 7-20).

解 因为区域 D 关于 y 轴对称,所以重心 $C(\bar{x}, \bar{y})$ 必位于 y 轴上,于是 $\bar{x} = 0$.再由公式 $\bar{y} = \frac{1}{\sigma}\iint\limits_{D} y\,\mathrm{d}\sigma$ 计算 $\bar{y}$.

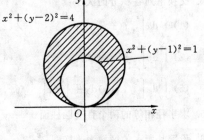

图 7-20

由于区域 D 位于两圆 $x^2 + (y-2)^2 = 4$,$x^2 + (y-1)^2 = 1$ 之间,所以它的面积等于这两个圆的面积的差,即 3π.于是

$$\bar{y} = \frac{1}{\sigma}\iint\limits_{D} y\,\mathrm{d}\sigma = \frac{1}{3\pi}\iint\limits_{D_1} y\,\mathrm{d}\sigma - \frac{1}{3\pi}\iint\limits_{D_2} y\,\mathrm{d}\sigma \quad (D_1, D_2 \text{ 分别为大圆区域和小圆区域})$$

$$= \frac{1}{3\pi}\Big(\int_{-2}^{2}\mathrm{d}x\int_{2-\sqrt{4-x^2}}^{2+\sqrt{4-x^2}}y\mathrm{d}y - \int_{-1}^{1}\mathrm{d}x\int_{1-\sqrt{1-x^2}}^{1+\sqrt{1-x^2}}y\mathrm{d}y\Big)$$

$$= \frac{1}{3\pi}\Big(4\int_{-2}^{2}\sqrt{4-x^2}\,\mathrm{d}x - 2\int_{-1}^{1}\sqrt{1-x^2}\,\mathrm{d}x\Big) = \frac{1}{3\pi}(8\pi-\pi) = \frac{7}{3},$$

所以,所求的重心为 $C\Big(0,\dfrac{7}{3}\Big)$.

习　题　7.5

1. 利用二重积分的几何意义计算下列积分:

   (1) $\displaystyle\iint_{D}\mathrm{d}\sigma,D:x^2+y^2\leqslant 1$;　　　　(2) $\displaystyle\iint_{D}\mathrm{d}\sigma,D:\dfrac{x^2}{a^2}+\dfrac{y^2}{b^2}\leqslant 1$.

2. 利用二重积分的性质估计下列积分的值:

   (1) $I=\displaystyle\iint_{D}(x+y+1)\mathrm{d}x\mathrm{d}y$,其中 D 是矩形区域:$0\leqslant x\leqslant 1,0\leqslant y\leqslant 2$;

   (2) $I=\displaystyle\iint_{D}\mathrm{e}^{-x^2-y^2}\mathrm{d}x\mathrm{d}y$,其中 D 是圆形区域:$x^2+y^2\leqslant 1$.

3. 画出积分区域并计算下列二重积分:

   (1) $\displaystyle\iint_{D}(x^2+y^2)\mathrm{d}x\mathrm{d}y,D:|x|\leqslant 1,|y|\leqslant 1$;

   (2) $\displaystyle\iint_{D}(1-x-y)\mathrm{d}x\mathrm{d}y,D:x\geqslant 0,y\geqslant 0,x+y\leqslant 1$;

   (3) $\displaystyle\iint_{D}(x+6y)\mathrm{d}x\mathrm{d}y,D:$由 $y=x,y=5x,x=1$ 所围成的区域;

   (4) $\displaystyle\iint_{D}x^2y\mathrm{d}x\mathrm{d}y,D:$由 $xy=2,x+y=3$ 所围成的区域;

   (5) $\displaystyle\iint_{D}\sqrt{x}\,\mathrm{d}x\mathrm{d}y,D:x^2+y^2\leqslant 1$.

4. 交换下列各积分的次序:

   (1) $\displaystyle\int_{0}^{1}\mathrm{d}x\int_{x^3}^{x^2}f(x,y)\mathrm{d}y$;　　　　　　(2) $\displaystyle\int_{0}^{1}\mathrm{d}y\int_{0}^{y}f(x,y)\mathrm{d}x$;

   (3) $\displaystyle\int_{1}^{2}\mathrm{d}y\int_{y^2}^{2y}f(x,y)\mathrm{d}x$;　　　　　(4) $\displaystyle\int_{1}^{e}\mathrm{d}x\int_{0}^{\ln x}f(x,y)\mathrm{d}y$;

   (5) $\displaystyle\int_{0}^{1}\mathrm{d}x\int_{0}^{x}f(x,y)\mathrm{d}y+\int_{1}^{2}\mathrm{d}x\int_{0}^{2-x}f(x,y)\mathrm{d}y$.

5. 求半径相等的两个直交圆柱面 $x^2+y^2=R^2$ 及 $x^2+z^2=R^2$ 所围立体的表面积.

6. 设薄片所占的区域为半椭圆:$\dfrac{x^2}{a^2}+\dfrac{y^2}{b^2}\leqslant 1,y\geqslant 0$,求均匀薄片的重心.

7. 设有一等腰直角三角形薄片,腰长为 a,各点处的面密度等于该点到直角顶点的距离的平方,求该薄片的重心.

第8章 数学实验

实验1 函数、极限与连续

1. Mathematica 初步

Mathematica 是一个功能强大的计算机系统. 它将几何、数值计算与代数有机结合在一起,可用于解决各种领域内涉及的复杂符号计算和数值计算问题,适合于从事实际工作的工程技术人员、学校教师与学生、从事理论研究的数学工作者和其他科学工作者使用.

Mathematica 能进行多项式的计算、因式分解、展开等,进行各种有理式计算;求多项式、有理式方程和超越方程的精确根和近似根,数值的、一般代数式的、向量与矩阵的各种计算,求极限、导数、积分,进行幂级数展开及求解微分方程等;还可以做任意位数的整数或分子、分母为任意大整数的有理数的精确计算,进行具有任意位精度的数值(实、复数值)计算. 使用 Mathematica 可以很方便地画出用各种方式表示的一元和二元函数的图形. 通过这样的图形,我们常可以立即形象地把握住函数的某些特性.

Mathematica 的能力不仅仅在于上面说的这些功能,更重要的在于,它把这些功能有机地结合在一个系统里. 在使用这个系统时,人们可以根据自己的需要,一会儿从符号演算转去画图形,一会儿又转去做精确计算. 这种灵活性能带来极大的方便,常使一些看起来非常复杂的问题变得易如反掌. Mathematica 还是一个很容易扩充和修改的系统,它提供了一套描述方法,相当于一个编程语言,用这个语言可以写程序,解决各种特殊问题. 从下面的例子可以看出这一系统简单而实用.

(1) 求具有 100 位有效数字的 π 的近似值,只要输入命令:N[Pi,100],执行(按 Shift+Enter)即可.

(2) 要画出正割函数 sec$x$ 在区间 $[-2\pi,2\pi]$ 内的图像,只要输入命令:Plot[Sec[x],{x,-2Pi,2Pi}],执行即可.

(3) 要画出椭球面 $\dfrac{x^2}{25}+\dfrac{y^2}{16}+\dfrac{z^2}{9}=1$ 的图形并演示其动画形成过程,只要输入命令:For[i=1,i<=30,i+=2,ParametricPlot3D[{5Sin[t]Cos[v],4Sin[t]Sin[v],3Cos[t]},{t,0,Pi},{v,0,2 i Pi/29}]],执行即可.

Mathematica 有多种不同的版本,其命令的使用有两种不同的方式:面板填写方式与内部命令书写方式.面板填写方式比较简单,它将各种常用命令做成了与普通的数学书写格式一致的面板,使用者只要选用相应面板,并按格式填写,执行即可求解.它使初学者学习 Mathematica 更加容易,但要实现更复杂的操作,则需要另外一种方式——内部命令书写方式.内部命令书写方式适于各种版本的 Mathematica 系统,相对来说更难于记忆,但应用更广泛.以下我们主要以内部命令书写方式介绍这一系统的使用.

2. Mathematica 使用简介

1) Mathematica 的算术运算

Mathematica 系统中的数分为两大类:一类是直接用数字写出来的数,一类是系统的内部常数. Mathematica 中常用数学常数的表示如下:圆周率 π 用 π 或 Pi 表示,E 表示自然对数的底 e＝2.718281828…,Degree 表示角度 1°,I 表示虚数单位 i,Infinity或∞表示无穷大∞. ＋、－、*、/、^分别表示加、减、乘、除、乘方运算,其中乘也可用空格表示.其运算规则和先后次序与普通数学中的相同.

注意　Mathematica 中仅用小圆括号(　)来改变运算次序,其他括号有其具体含义,不可随意使用.

精确数转化为浮点数有以下方式:

N[a]——求数 a 的近似值,有效位数取 6 位.这一命令也可写为 a//N;

N[a,n]——求 a 的近似值,有效位数由 n 的取值而给定.

其中 a 为数或为确定数值的表达式.

例如:8^(－1/3) * (4/7)^(1/3) * Pi//N 的结果为一浮点数,也可表示为 N[8^(－1/3) * (4/7)^(1/3) * Pi],结果均为 1.30349.

要想得到更精确的结果,比如取 20 位有效数字的结果,只要输入:N[8^(－1/3) * (4/7)^(1/3) * Pi,20],结果为 1.3034884704886379155.

注意　若表达式中包含有小数,将得不到正确结果.

2) 代数式与代数运算

(1) 赋值与代入.

命令 expr/. x–>a 表示把表达式 expr 中的 x 全代换成 a 时的结果,其中 x–>a 称为代入规则.代入不改变原表达式,只给出表达式将 x 代换成 a 后的结果.例如:对表达式 x^2＋3x－2,输入 x^2＋3x－2/. x–>2,运行结果为 8.再输入 x^2＋3x－2,其结果仍为 x^2＋3x－2.说明表达式没有改变,或者说,x 仍代表字符或变量 x,没有具体的值.

赋值可以使计算结果更加简单.请注意以下的输入与输出,理解赋值、代入与清除.

p＝(2＋3x＋5y)^5

p

x＝2

p

p/. y->3

x=.

(2+3x+5y)^5

运行后的输出结果为

(2+3x+5y)^5

(2+3x+5y)^5

2

(8+5y)^5

6436343

(2+3x+5y)^5

所得到的六个结果,依次对应上述六个有输出结果的语句.

当要引用的结果复杂难写时,赋值这种用法会显得更方便.

(2) 代数式的操作函数.

① 多项式的展开与因式分解　除按一般的算术运算计算外,对多项式还有展开与因式分解的操作,命令分别为 Expand[express]与 Factor[express].

例如,表达式

p=Expand[(2+3x+5y)^5]与 Factor[p]

的运行结果分别为

$32+240x+720x^2+1080x^3+810x^4+243x^5+400y+2400xy+5400x^2y+5400x^3y+2025x^4y+2000y^2+9000xy^2+13500x^2y^2+6750x^3y^2+5000y^3+15000xy^3+11250x^2y^3+6250y^4+9375xy^4+3125y^5$ 和 (2+3x+5y)^5

② 化简　Simplify[express]给出表达式化简后的最短、最简单形式,Factor[express]则给出表达式因式分解后的结果.

命令 Simplify[x^6-1]与 Factor[x^6-1]的输出结果分别为 $-1+x^6$ 和 $(-1+x)(1+x)(1-x+x^2)(1+x+x^2)$.

3. 变量与函数

1) 变量名

变量名用包含任意个数的字母、数字表示,其中不能带有空格、标点符号、算符等,且数字字符不能放在变量名的最前面. 如 xt,x123,xyz 都是变量名,而 3y,x * y,x□y 都不是变量名.

2) 常用的系统内部数学函数

系统内部常用的数学函数主要有以下六类.

(1) 幂函数:Sqrt[x]表示求平方根.

(2) 指数函数:Exp[x]表示以 e 为底的指数.

（3）对数函数：Log[a,x]表示以 a 为底 x 的对数；Log[x]表示以 e 为底 x 的对数.

（4）三角函数：Sin[x] 表示正弦函数；Cos[x]表示余弦函数；Tan[x]表示正切函数；Cot[x]表示余切函数；Sec[x]表示正割函数；Csc[x]表示余割函数.

（5）反三角函数：ArcSin[x]表示反正弦函数；ArcCos[x]表示反余弦函数；ArcTan[x]表示反正切函数；ArcCot[x]表示反余切函数；ArcSec[x]表示反正割函数；ArcCsc[x]表示反余割函数.

（6）整数运算：Mod[m,n]表示求 m 除 n 所得余数（取模运算）；GCD[n1,n2,…]表示求所有整数 n_i 的最大公约数；LCM[n1,n2,…]表示求所有整数 n_i 的最小公倍数.

3）书写系统内部函数名的注意事项

（1）系统内部函数名都以大写字母开头，后面字母用小写，如 Sin，Cos 等；当函数名可以分成几段时，每段的头一个字母必须大写，后面字母用小写，如 ArcTan，ArcSin 等.

（2）函数名是一个字符串，其中不能有易引起异义的字符或空格. 例如，将 ArcSin[x]写成 Arc Sin[x]是不正确的.

（3）函数的参数表用方括号括起来，不能用圆括号. 例如，Sin(x+y)表示变量 Sin 与 x+y 的乘积；Sin[x+y]则表示函数 Sin 作用到 x+y 上的结果.

（4）有多个参数的函数，参数之间用逗号分隔. 例如，Log[2,3]表示以 2 为底 3 的对数.

4）自定义函数

定义一个函数，在 Mathematica 中可以用以下两种方式：f[x_]：＝expr 或 f[x_]＝expr，其中 expr 为函数 $f(x)$ 的表达式. 它们用来定义一个自变量为 x 的函数 $f(x)$，两者之间只有微小的区别. 只要不退出系统，则函数 $f(x)$ 的定义必然存在，若再次定义 $f(x)$，$f(x)$ 的定义更换为新的表达式. Clear[f]为清除所有定义的内容. Save[x]可将 f 的定义保存起来，下次仍可使用.

一个自定义函数，可以像 Mathematica 系统内部函数一样使用，除了要按所定义的函数名书写外，其用法及书写规范与内部函数完全一样. 例如，首先定义一个函数 $f(x)=x^3+2x$，然后再求这一函数在 $x=3$ 时的函数值，则可输入如下命令：

f[x_]：＝x^3+2x；f[3]

运行结果为 33.

4. 极限与连续

1）数列与函数的极限

极限是高等数学的基本方法，理解并掌握极限的基本思想、方法和内涵，对于学好高等数学具有非常重要的指导意义.

学生学习极限时,尚处在由高中到大学的过渡期,因此对变量的变化过程中,函数的变化趋势和严密的极限概念与抽象的数学语言(ε-N 或 ε-δ)之间的本质联系,既缺乏足够的感性认识,更没有上升到理性的高度.如何反映它们之间的内在联系,最大限度地实现感性到理性的过渡与升华,数学实验教学起到了非常好的桥梁作用.

例 1 求数列 $x_n = 2 - \dfrac{1}{n^2}$,当 $n \to \infty$ 时的极限.

解一 图像观察与程序计算法.

程序及运行结果如下:

tt={ };Do tt=Append[tt,N[2−1/i^2]];

ListPlot[tt,GridLines−>{{i},{2,2.05,1.95}},

PlotStyle−>{PointSize[0.015],Thickness[0.8],RGBColor[1,0,0]},

AxesLabel−>{″n 的值为″[i],″x(n)=2−1/n^2 的值为″[2−1/i^2]},

PlotRange−>{{0,50},{0,3}},{i,1,50}]

图 8-1 至图 8-4 给出了 $n = 10, 20, 30, 50$ 时的图像.动画图像的完整演示过程,生动而形象地反映了当 $n \to \infty$ 时,$x_n \to 2$ 的变化趋势.

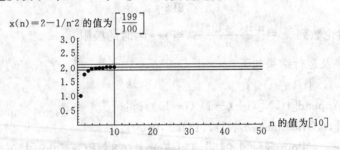

图 8-1

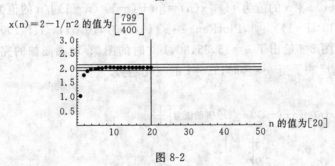

图 8-2

解二 Mathematica 命令计算法.

Mathematica 命令为

Limit[2−1/n^2,n−>Infinity,Direction−>1]

运行结果为 2.

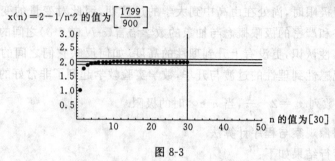

图 8-3

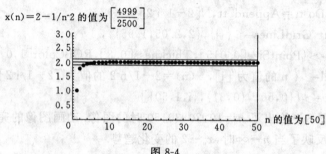

图 8-4

例2 讨论数列 $x_n = \dfrac{n+(-1)^{n-1}}{n}$，当 $n \to \infty$ 时的极限.

解 程序及运行结果如下：

```
Clear[tt,i,x];tt={ };
Do tt=Append[tt,N[(i+(-1)^(i-1))/i]];
ListPlot[tt,GridLines->{{i},{1,1.1,0.90}},
PlotStyle->{PointSize[0.015],Thickness[0.8],RGBColor[1,0,0]},
AxesLabel->{"n 的值为"[i],"x(n)=[n+(-1)^(n-1)]/n 的值为"
[(i+(-1)^(i-1))/i]},PlotRange->{{0,100},{0,3}},{i,1,100}]
```

图 8-5 至图 8-8 给出了 $n=15,35,60,100$ 时的图像. 动画图像的完整演示过程，生动而形象地反映了当 $n \to \infty$ 时，$x_n \to 1$ 的变化趋势.

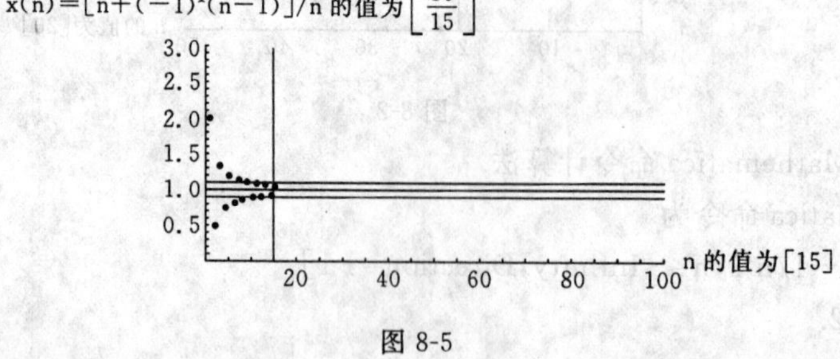

x(n)=[n+(-1)^(n-1)]/n 的值为 $\left[\dfrac{16}{15}\right]$

图 8-5

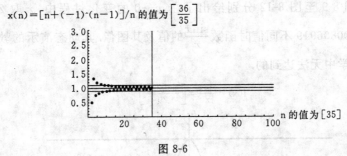

图 8-6

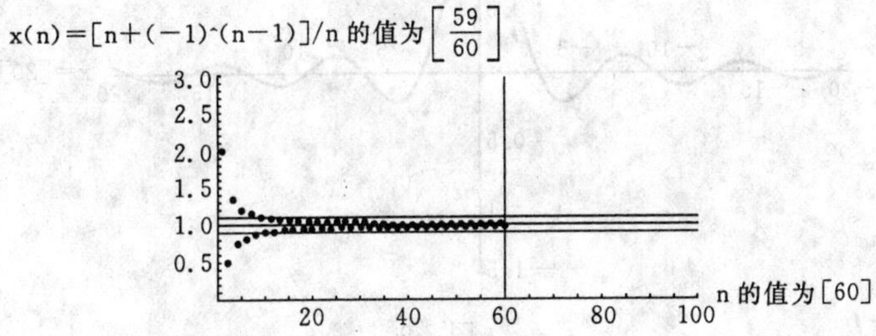

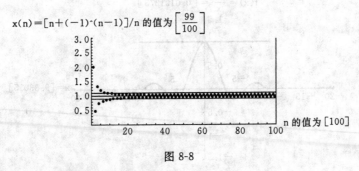

图 8-7

x(n)＝[n＋(−1)^(n−1)]/n 的值为 $\left[\dfrac{99}{100}\right]$

图 8-8

例 3 重要极限 $\lim\limits_{x\to 0}\dfrac{\sin x}{x}$ 的演示教学.

解一 图像观察与程序计算法.

程序及运行结果如下：

```
For j=1,j≤50,j*=1.1,m=j;
  For i=0,i≤m;
   f1=Plot[{Sin[x]/x,1},{x,−20/m^2,20/m^2},AspectRatio−>0.7,
PlotRange−>{{−20,20},{−1.5,1.5}},
PlotStyle−>{{Thickness[0.008],RGBColor[1,0,0]},{Thickness[0.008]}},
AxesLabel−>{″x=″[20/m^2],″f(x)=(sinx)/x=″[m^2Sin[20/m^2]/20]},Show[f1]];
```

本实验的最大特点是给出了函数 $\dfrac{\sin x}{x}$ 的精确图形，这在普通的课堂教学中是无法解决的. 图 8-9 至图 8-12 分别给出了在 $x \to 0$ 的变化过程中, x 取 20,9.33015, 1.67811,0.00806919 不同值时函数 $\dfrac{\sin x}{x}$ 的值及其图像. 其动态演示的教学效果是在普通课堂教学中无法达到的.

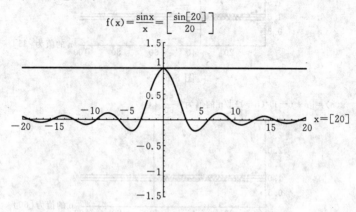

图 8-9

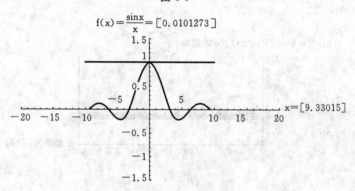

图 8-10

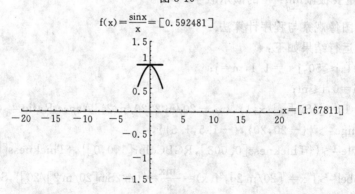

图 8-11

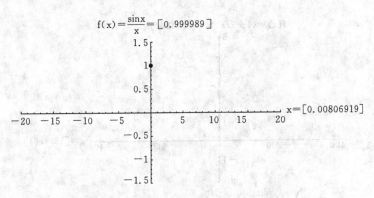

$$f(x) = \frac{\sin x}{x} = [0.999989]$$

图 8-12

解二 Mathematica 命令计算法.

Mathematica 命令为

Limit[Sin[x]/x, x->0, Direction->1]

Limit[Sin[x]/x, x->0, Direction->-1]

运行结果为

    1

    1

左极限＝右极限＝1,因此$\lim\limits_{x\to 0}\dfrac{\sin x}{x}$的极限存在且为 1.

例 4 极限$\lim\limits_{x\to\infty}\left(1+\dfrac{1}{x}\right)^{x}$的动画演示教学.

解一 图像观察与程序计算法.

程序及运行结果如下:

For j=1, j≤411, j*=1.2, m=j;

For i=0, i≤m;

f1=Plot[{(1+1/x)^x, E}, {x, -m, m}, AspectRatio->0.7,

PlotRange->{{-420, 420}, {-2, 5}},

PlotStyle->{Thickness[0.008], RGBColor[1, 0, 0]},

AxesLabel->{"x="[m], "f(x)=(1+1/x)^x="[(1+1/m)^m]}, Show[f1];

从图 8-13 至图 8-16 可以看出:

(1) 当$x\to +\infty$时,$\left(1+\dfrac{1}{x}\right)^{x}$的值单调增加且趋于自然数 e;

(2) 当$x\to -\infty$时,$\left(1+\dfrac{1}{x}\right)^{x}$的值单调减小且趋于自然数 e,故得

$$\lim_{x\to\infty}\left(1+\frac{1}{x}\right)^{x}=e.$$

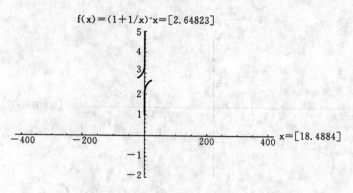

图 8-13

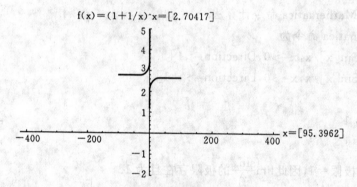

图 8-14

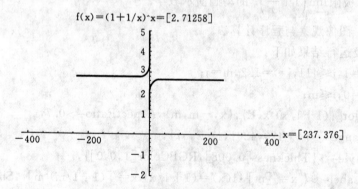

图 8-15

解二　Mathematica 命令计算法.

Mathematica 命令为

Limit[(1+1/x)^x, x->Infinity, Direction->1]

Limit[(1+1/x)^x, x->Infinity, Direction->-1]

运行结果为　e

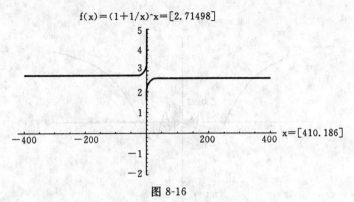

图 8-16

左极限＝右极限,因此$\lim\limits_{x\to\infty}\left(1+\dfrac{1}{x}\right)^{x}=$e.

例 5　求极限$\lim\limits_{x\to0}x\sin\dfrac{1}{x}$.

解一　图像观察与程序计算法.

程序及运行结果如下:

```
Clear[i,j,f,f1,f2];
f1＝Plot[x * Sin[1/x],{x,−1,1},AspectRatio−>0.7,
PlotRange−>{{−1,1},{−1,1}},AxesLabel−>{x,"f(x)＝xsin 1/x ＝"}];
For [j＝1,j≤100,j * ＝1.2,m＝j;
For [i＝0,i≤m;
f2＝Plot[x * Sin[1/x],{x,−1/m,1/m},AspectRatio−>0.7,
PlotRange−>{{−1,1},{−1,1}},
AxesLabel−>{"x＝"[1/m],"f(x)＝xsin 1/x ＝"[(1/m)Sin[m]]}],
Show[f1,f2]]];
```

从图 8-17 至图 8-20 及坐标轴上显示的对应数值可清楚地看出,随着 $x\to0$,函数 $x\sin\dfrac{1}{x}$趋近于 0 的过程.

解二　Mathematica 命令计算法.

Mathematica 命令为

```
Limit[xSin[1/x],x−>0,Direction−>1]
Limit[xSin[1/x],x−>0,Direction−>−1]
```

运行结果为　0

　　　　　　0

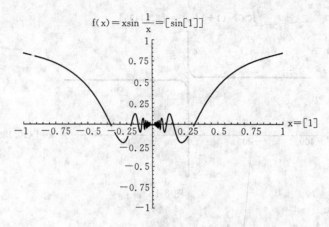

图 8-17

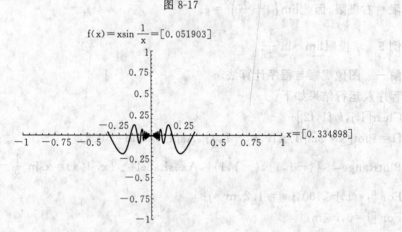

图 8-18

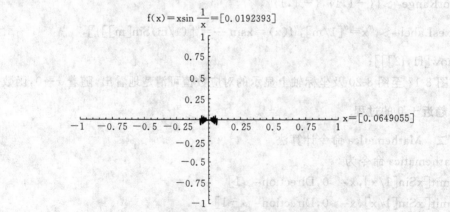

图 8-19

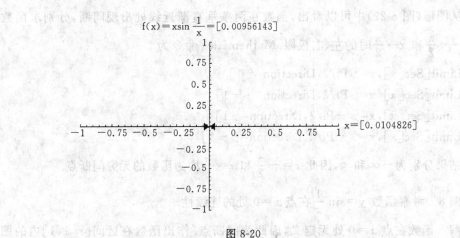

$$f(x)=x\sin\frac{1}{x}=[0.00956143]$$

$$x=[0.0104826]$$

图 8-20

左极限＝右极限,因此$\lim\limits_{x\to 0}x\sin\dfrac{1}{x}=0$.

5. 函数的连续与间断

例 6　考察函数 $y=\dfrac{\sin x}{x}$ 在点 $x=0$ 处间断点的类型.

解　因所给函数在点 $x=0$ 处无定义,故 $x=0$ 是所给函数的间断点.在区间 $[-1,1]$ 上作出所给函数的图像.

输入以下命令:

Plot[Sin[x]/x,{x,−1,1}]

只看图形(图 8-21)好像没有间断点.求左、右极限,Mathematica 命令为

Limit[Sin[x]/x,x−>0,Direction−>1]

Limit[Sin[x]/x,x−>0,Direction−>−1]

运行结果均为 1. 因此,函数在 $x\to 0$ 时的极限为 1,$x=0$ 是函数的可去间断点.

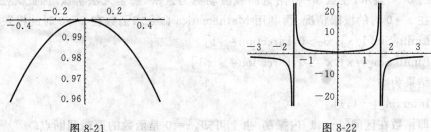

图 8-21

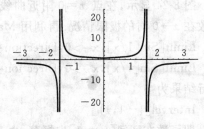

图 8-22

例 7　考察函数 $y=\sec x$ 在区间 $[-\pi,\pi]$ 内的连续性.

解　所给函数在点 $x=-\pi/2$ 和 $x=\pi/2$ 无定义,故为函数的间断点.作出函数在区间 $[-\pi,\pi]$ 上的图像,Mathematica 命令为

Plot[Sec[x]],{x,−Pi,Pi}]

从图形(图 8-22)中可以看出,函数在两条垂直渐近线处出现间断,分别求函数当 $x \to -\dfrac{\pi}{2}$ 和 $x \to \dfrac{\pi}{2}$ 时的左、右极限. Mathematica 命令为

Limit[Sec[x],x->Pi/2,Direction->1]

Limit[Sec[x],x->Pi/2,Direction->-1]

Limit[Sec[x],x->-Pi/2,Direction->1]

Limit[Sec[x],x->-Pi/2,Direction->-1]

运行结果分别为 $-\infty$ 和 ∞,因此 $x = -\dfrac{\pi}{2}$ 和 $x = \dfrac{\pi}{2}$ 均为函数的无穷间断点.

例 8　考察函数 $y = \sin \dfrac{1}{x}$ 在点 $x = 0$ 处的连续性.

解　函数在点 $x = 0$ 处无定义,因此为间断点. 作出函数在区间 $[-1,1]$ 内的图像(图 8-23). 输入以下命令:

Plot[Sin[1/x],{x,-1,1}]

从图 8-23 中可以看出,在点 $x = 0$ 附近曲线波动非常紧密. 取更小的区间 $[-0.01,0.01]$ 画图(图 8-24),输入以下命令:

Plot[Sin[1/x],{x,-0.01,0.01}]

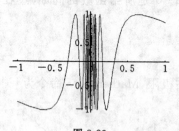

图 8-23

图 8-24

图 8-24 显示,在点 $x = 0$ 附近曲线波动更为紧密,甚至无法辨认. 因此无法确定函数在 $x \to 0$ 时的极限情况. 再利用 Mathematica 命令求函数在 $x \to 0$ 时的极限:

Limit[Sin[1/x],x->0,Direction->1]

Limit[Sin[1/x],x->0,Direction->-1]

运行结果为

Interval[{-1,1}]

即函数在区间 $[-1,1]$ 内振荡. 由上可知,$x = 0$ 是函数的振荡间断点.

实验 1 习题

1. 在 Mathematica 软件上练习以下语句的输入:

(1) $\dfrac{2a^2x^2+5b^3x^{\frac{1}{2}}}{\sqrt{x-1}}$;　　　(2) $\dfrac{\sin\left(2x+\dfrac{\pi}{4}\right)+\ln 3x}{\sqrt{x^2+1}}$;　　　(3) $(\cos^3x-\sin 2x)\mathrm{e}^{2x}$.

2. 求 $\pi+\dfrac{2}{3}$ 的值, 给出其 10 位有效数字的近似值. 如何求其精度为 10^{-10} 的近似值?

3. 对代数式 $9(2+x)(x+y)+(x+y)^2$ 进行展开, 然后对求得的结果进行因式分解.

4. 对式子 x^2+2x+1 和 $x^{10}-1$ 分别化简, 体会化简操作的功能.

5. 用 Mathematica 命令求下列极限:

(1) $\lim\limits_{x\to 0}\dfrac{\mathrm{e}^x-\mathrm{e}^{-x}-2x}{x-\sin x}$;　　　(2) $\lim\limits_{x\to 0}\dfrac{\tan x-\sin x}{x^3}$;

(3) $\lim\limits_{x\to\frac{\pi}{2}}\left(\dfrac{1}{\cos x}-\tan x\right)$;　　(4) $\lim\limits_{x\to 0}\left(1-\dfrac{\sin x}{x}\right)^3$.

6. 判断函数 $f_1(x)=\begin{cases}x\sin\dfrac{1}{x}, & x\neq 0\\ 0, & x=0\end{cases}$, $f_2(x)=\begin{cases}\dfrac{\tan x}{x}, & x\neq 0\\ 0, & x=0\end{cases}$ 与 $f_3(x)=\begin{cases}\dfrac{\ln(1+x)}{x}, & x\neq 0\\ 0, & x=0\end{cases}$ 在点 $x=0$ 处的连续性.

实验 2　导数与微分

【实验内容】

(1) 利用 Mathematica 命令求函数的导数.

(2) 在 Mathematica 系统中, 用 D[f,x] 表示 f 对 x 的一阶导数, 用 D[f,{x,n}] 表示 f 对 x 的 n 阶导数. 在一定范围内, 也能使用微积分中的撇号标记来定义导函数, 其使用方法为: 若 $f(x)$ 为一元函数, 则 f'[x] 给出 f(x) 的一阶导数, f'[x₀] 给出函数 $f(x)$ 在 $x=x_0$ 处的导数值. 同样, f''[x] 给出 f(x) 的二阶导函数.

(3) 用数学函数 Dt 求函数的微分, 基本格式为 Dt[f]. 若 f 为 x 的一元函数, Dt[f] 表示对 x 的微分.

【实验范例】

例 1　求下列函数的导数:

(1) $y=\mathrm{e}^{-\frac{1}{2}x}\sin 3x$, 求 y';

(2) $u=x^2\ln y\cos x$, 求 $\dfrac{\partial u}{\partial x}$;

(3) 已知 $y=\sqrt{x}(x-\cos x)\cos x$, 求 $y^{(3)}(x)$, $y^{(3)}(2)$ 及 $y^{(3)}(2)$ 的近似值.

解

(1) 输入命令:

D[E^(-1/2x)Sin[3x],x]

运行结果为

$$3e^{-x/2}Cos[3x]-\frac{1}{2}e^{-x/2}Sin[3x]$$

（2）输入命令：

$$D[x^2Log[E,y]Cos[x],x]$$

运行结果为

$$2xCos[x]Log[y]-x^2Log[y]Sin[x]$$

（3）输入命令：

$$f[x\_]=\sqrt{x}(x-Cos[x])Cos[x]$$
$$D[f[x],\{x,3\}]$$
$$D[f[x],\{x,3\}]/.\{x->2\}$$
$$N[D[f[x],\{x,3\}]/.(x->2)];$$

运行结果为

$$y^{(3)}(x)=\sqrt{x}(x-Cos[x])Sin[x]+Cos[x]\left(\frac{3(x-Cos[x])}{8x^{5/2}}+\frac{3Cos[x]}{2\sqrt{x}}\right.$$
$$-\sqrt{x}Sin[x]-\frac{3(1+Sin[x])}{4x^{3/2}}\right)-3Sin[x]\left(-\frac{x-Cos[x]}{4x^{3/2}}+\sqrt{x}Cos[x]\right.$$
$$\left.+\frac{1+Sin[x]}{\sqrt{x}}\right)-3Cos[x]\left(\frac{x-Cos[x]}{2\sqrt{x}}+\sqrt{x}(1+Sin[x])\right)$$

$$y^{(3)}(2)=\sqrt{2}(2-Cos[2])Sin[2]+Cos[2]\left(\frac{3(2-Cos[2])}{32\sqrt{2}}+\frac{3Cos[2]}{2\sqrt{2}}\right.$$
$$-\sqrt{2}Sin[2]-\frac{3(1+Sin[2])}{8\sqrt{2}}\right)-3Sin[2]\left(-\frac{2-Cos[2]}{8\sqrt{2}}+\sqrt{2}Cos[2]\right.$$
$$\left.+\frac{1+Sin[2]}{\sqrt{2}}\right)-3Cos[2]\left(\frac{2-Cos[2]}{2\sqrt{2}}+\sqrt{2}(1+Sin[2])\right)$$

$y^{(3)}(2)$的近似值为 6.91245.

例 2 求由方程 $\arctan\dfrac{y}{x}=\ln\sqrt{x^2+y^2}$ 所确定的隐函数 $y=y(x)$ 的导数 $\dfrac{\mathrm{d}y}{\mathrm{d}x}$.

解 输入命令（方程两端都对 x 求导）：

$$equ=D[ArcTan[y[x]/x]==Log[E,\sqrt{x^2+y[x]^2}],x];$$
$$Solve[equ,y'[x],x]$$

运行结果为

$$\left\{\left\{y'[x]\rightarrow-\frac{x+y[x]}{-x+y[x]}\right\}\right\}$$

即所求隐函数的导数为 $\dfrac{\mathrm{d}y}{\mathrm{d}x}=-\dfrac{y+x}{y-x}$.

例 3 求函数 $y=\ln\sin x+x\sin 2^x$ 的微分 $\mathrm{d}y$.

解 输入命令：

Dt[Log[E,Sin[x]]+xSin[2^x]]]

运行结果为

Cot[x]Dt[x]+2^x xCos[2^x]Dt[x]Log[2]+Sin[2^x]Dt[x]

即函数的微分为 $(\cot x + 2^x x \cos 2^x \ln 2 + \sin 2^x)\mathrm{d}x$.

例 4 若函数 $y = \sin e^{\cos x}$，求 $\mathrm{d}y|_{x=\pi/2}$.

解 输入命令：

(D[Sin[E^(Cos[x])],x]/. x->π/2)dx

运行结果为

-dxCos[1]

即函数 y 在点 $x = \dfrac{\pi}{2}$ 处的微分为 $-\cos 1 \mathrm{d}x$.

实验 2 习题

1. 求下列函数的导数或微分：

(1) $y = \ln x$，求 y''；　　　　(2) $y = (1+\sqrt{x})(2+\sqrt[3]{x})(3+\sqrt[4]{x})$，求 y'；

(3) $y = \dfrac{\tan x}{x}$，求 $\mathrm{d}y$；　　　(4) $y = \sqrt{x}(x-\cot x)\cos x$，求 $y'|_{x=15}$.

2. 求由方程 $x^2 - xy + y^2 = 1$ 确定的隐函数 $y = y(x)$ 的一阶导数.

3. 求函数 $y = \cos x + \sin 2^x \ln x$ 的微分.

实验 3　导数的应用

【实验内容】

(1) 用 Mathematica 验证函数的求导法则.

(2) 用 Mathematica 作函数 $f(x)$ 和 $f'(x)$ 的图像，通过观察图像，进一步理解微分中值定理的几何意义.

(3) 用 Mathematica 作函数 $f(x)$，$f'(x)$ 和 $f''(x)$ 的图像，通过观察图像，进一步理解 $f(x)$，$f'(x)$ 和 $f''(x)$ 在研究函数性质中的作用.

(4) 用 Mathematica 验证导数公式.

【实验范例】

例 1 用 Mathematica 验证函数的和、乘积、商及复合函数的求导法则.

解 输入命令：

D[f[x]+g[x],x]

D[f[x]*g[x],x]

```
D[f[x]/g[x],x]//Together
D[f[g[x]],x]
```

运行结果为

```
f′[x]+g′[x]
g[x]f′[x]+f[x]g′[x]
g[x]f′[x]−f[x]g′[x]
────────────────
      g[x]²
f′[g[x]]g′[x]
```

例 2　证明函数 $f(x)=(x^3+2x^2+15x+2)\sin\pi x$ 在区间 $[0,1]$ 上满足罗尔中值定理，并求出定理中所指的 ξ.

解　由于 $f(x)$ 是多项式与正弦函数的乘积，所以 $f(x)$ 在区间 $[0,1]$ 上处处连续且可导.

输入命令：

```
f[x_]=(x^3+2x^2+15x+2)Sin[πx]
            f[0]
            f[1]
FindRoot[f′[c]==0,{ξ,0.5}]
```

运行结果为

```
0
0
{ξ→0.64024}
```

注意　罗尔中值定理与拉格朗日中值定理都只保证至少存在一个数 ξ，实际上对于具体的问题，可能存在满足条件的多个数.

例 3　对于函数 $f(x)=\sqrt{x}+\sin 2\pi x$，求出使得中值定理在区间 $[0,2]$ 上成立的 ξ.

解　输入命令：

```
f[x_]=√x+Sin[2πx];
a=0;b=2;
m=f[b]−f[a]/b−a;
Plot[f′[x]−m,{x,0,2},PlotRange−>{−8,8}];
FindRoot[f′[ξ]==m,{ξ,0.3}]
FindRoot[f′[ξ]==m,{ξ,0.7}]
FindRoot[f′[ξ]==m,{ξ,1.3}]
FindRoot[f′[ξ]==m,{ξ,1.7}]
```

运行结果为

$\{\xi \rightarrow 0.257071\}$

$\{\xi \rightarrow 0.753319\}$

$\{\xi \rightarrow 1.24344\}$

$\{\xi \rightarrow 1.75836\}$

实验 3 习题

1. 在同一坐标系内画出函数 $f(x) = x^4 - 50x^2 + 300$ 及其导数在区间 $[-10, 10]$ 内的图形.

2. 对于区间 $[0, 4]$ 上的函数 $f(x) = 4x + 39x^2 - 46x^3 + 17x^4 - 2x^5$,求出使罗尔中值定理成立的 ξ.

3. 对于区间 $[0, \pi]$ 上的函数 $f(x) = x + \sin 2x$,验证拉格朗日中值定理成立.

实验 4　不定积分与定积分

【实验内容】

（1）用 Mathematica 求函数的定积分与不定积分.

【实验要点】

对于 Mathematica 而言,不管是普通积分还是广义积分,在求积分时,可以不判断积分的收敛性而直接利用命令进行计算. 即使积分区域的中间含有被积函数的瑕点也是如此. 基本格式如下.

Integrate[f]:计算不定积分.

Integrate[f,{x,a,b}]:计算定积分.

N[Integrate[f,{x,a,b}],n]:计算有效数字为 n 位的数值积分.

也可直接输入 $\int f(x)dx, \int_a^b f(x)dx, N\left[\int_a^b f(x)dx, n\right]$ 等等.

【实验范例】

例 1　计算下列积分:

(1) $\int \dfrac{-x^2 - 2}{(x^2 + x + 1)^2} dx$;　　(2) $\int_1^2 \dfrac{x}{\sqrt{x-1}} dx$.

解　(1) 输入以下命令:

Integrate[$(-x^2 - 2)/(x^2 + x + 1)^2, x$]

或直接输入

$$\int \dfrac{-x^2 - 2}{(x^2 + x + 1)^2} dx$$

运行后均得以下结果:

$$\frac{-1-x}{1+x+x^2} - \frac{4\mathrm{ArcTan}\left[\dfrac{1+2x}{\sqrt{3}}\right]}{\sqrt{3}}$$

其普通形式为
$$\frac{-x-1}{x^2+x+1} - \frac{4}{\sqrt{3}}\arctan\left(\frac{2x+1}{\sqrt{3}}\right) + C.$$

（2）端点 $x=1$ 为被积函数的瑕点. 输入以下命令：

　　　　Integrate[x/(x－1)^(1/2),{x,1,2}]

或直接输入

$$\int_1^2 \frac{x}{\sqrt{x-1}}dx$$

运行后均得输出结果为 $\dfrac{8}{3}$.

例 2　计算下列积分：

（1）$\displaystyle\int_1^{+\infty} \frac{1}{x^p}dx$；　　（2）$\displaystyle\int_0^1 \frac{\sin x}{x}dx$.

解　（1）输入以下命令：

　　　　Integrate[1/x^p,{x,1,∞}]

或直接输入

$$\int_1^{+\infty} \frac{1}{x^p}dx$$

运行后均得以下结果：

$$\mathrm{If}\left[\mathrm{Re}[p] > 1, \frac{1}{-1+p}, \int_1^{\infty} x^{-p}dx\right]$$

其输出形式表示：当 $p>1$ 时，广义积分收敛于 $\dfrac{1}{p-1}$；当 $p<1$ 时，广义积分发散.

（2）输入以下命令：

　　　　Integrate[Sin[x]/x,{x,0,1}]

或直接输入

$$\int_0^1 \frac{\mathrm{Sin}[x]}{x}dx$$

运行后均得以下结果：

　　　　SinIntegrate[1]

其含义是没有做任何计算，原因是这类函数无法用初等函数或其相应的值来表示. 但可用数值积分求出所给积分的近似值，并可根据要求将有效位数定义为任意位. 输入以下命令：

　　　　N[Integrate[Sin[x]/x,{x,0,1}]]

或直接输入

$$N\left[\int_0^1 \frac{\text{Sin}[x]}{x}\text{d}x, 20\right]（有效数字为 20 位）$$

运行结果分别为 0.946083 和 0.94608307036718301494.

实验 4 习题

1. 求下列积分：

(1) $\displaystyle\int \frac{x^7}{x^4+1}\text{d}x$；　　　(2) $\displaystyle\int \frac{1}{\sin^2 x \cos^2 x}\text{d}x$；　　　(3) $\displaystyle\int \frac{1}{x^3}\text{e}^{\frac{1}{x}}\text{d}x$；

(4) $\displaystyle\int_1^2 \frac{\sqrt{x^2-1}}{x}\text{d}x$；　　(5) $\displaystyle\int_1^{+\infty} \frac{1}{x^2(x^2+1)}\text{d}x$；　　(6) $\displaystyle\int_0^{+\infty} \text{e}^{-x}\sin x\text{d}x$.

2. 求下列积分的近似值（注意下列被积函数的原函数无法表示为初等函数），体会 N 语句与 Integrate 语句联合起来的用法，以及 Integrate 单独使用的用法：

(1) $\displaystyle\int_0^1 \frac{\sin x}{x}\text{d}x$；　　　(2) $\displaystyle\int_0^1 \frac{\text{e}^x}{x}\text{d}x$；　　　(3) $\displaystyle\int_0^1 \sin(\sin x)\text{d}x$.

实验 5　空间解析几何

【实验内容】

本实验运用 Mathematica 的绘图语句及作图方法，观察空间曲面和空间图形的特点.

主要学习下列内容：

(1) 由显函数给出曲面方程的三维图形；

(2) 由参数方程给出曲面方程的三维图形；

(3) 介绍对三维图形进行修饰的方法及三维动画图形的制作.

绘制空间曲面常用的命令及意义如表 8-1 所示.

表 8-1

Mathematica 命令	意　　义
Plot3D[f[x,y],{x,xmin,xmax},{y,ymin,ymax},选项]	作一般方程 $z=f(x,y)$ 所确定的曲面图形
ParametricPlot3D[{x[u,v],y[u,v],z[u,v]},{u,umin,umax},{v,vmin,vmax},选项]	作参数方程 $\begin{cases} x=x(u,v) \\ y=y(u,v) \\ z=z(u,v) \end{cases}$ 在区域 $u\in[u_{\min}, u_{\max}], v\in[v_{\min}, v_{\max}]$ 内的曲面图形

绘制三维图形时，常用的选项如表 8-2 所示.

表 8-2

选 项 名 称	缺 省 值	意 　 义
Axes	True	是否画坐标轴
AxesLabel	None	是否在坐标轴上加标注
Boxed	True	是否在曲面四周画立方体的盒子
Mesh	True	是否在曲面的表面画上 x-y 轴
PlotRange	Automatic	图中坐标的范围
Shading	True	阴影,表面是阴影还是留白色
ViewPoint	$\{1.2, -2, 3\}$	表面的空间观测点
PlotPoints	15	采样函数的点数

【实验范例】

例 1　绘制函数 $z = \sin(xy)$ 的图形.

解　输入以下作图及修饰函数命令:

　　Plot3D[Sin[xy],{x,−Pi,Pi},{y,−Pi,Pi},PlotPoints−>40]

运行结果如图 8-25 所示.

例 2　绘制球面 $x^2 + y^2 + z^2 = \dfrac{1}{2}$ 和 2/3 球面 $x^2 + y^2 + z^2 = 1$.

解　输入以下命令:

　　ParametricPlot3D[{{Sin[u]Cos[v],Sin[u]Sin[v],Cos[u]},

　　　　{1/2Sin[u]Cos[4v/3],1/2Sin[u]Sin[4v/3],1/2Cos[u]}},

　　　　{u,0,Pi},{v,0,3Pi/2},PlotPoints−>40];

运行结果如图 8-26 所示.

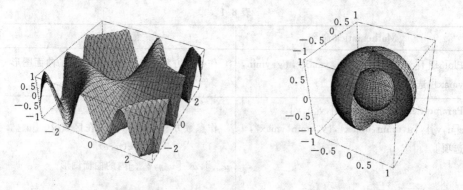

　　　图 8-25　　　　　　　　　　　　　　　　图 8-26

例3 用动画演示由曲线 $y=\sin z$，$z\in[0,\pi]$ 绕 z 轴旋转产生旋转曲面的过程.

解 该曲面绕 z 轴旋转所得旋转曲面的方程为 $x^2+y^2=\sin^2 z$，其参数方程为

$$\begin{cases} x=\sin z\cos u \\ y=\sin z\sin u \quad (z\in[0,\pi],u\in[0,2\pi]). \\ z=z \end{cases}$$

用"For 循环"作出连续变化的 20 幅图形，对第 i 幅图形，取 $v\in\left[0,\dfrac{2\pi}{20}i\right]$，命令如下：

$$\text{For}[i=1,i\leqslant20,i++,\text{ParametricPlot3D}[\{\text{Sin}[u]\text{Cos}[v],\text{Sin}[u]\text{Sin}[v],$$
$$u\},\{u,0,\text{Pi}\},\{v,0,2\text{Pi i}/20\},\text{AspectRatio}->1,\text{AxesLabel}->\{''X'',$$
$$''Y'',''Z''\}]]$$

选定任意一幅图形并双击，就可观看旋转曲面生成过程的动画. 图 8-27 至图 8-30分别给出的是动画形成过程中 $v=\dfrac{5\pi}{20}$，$v=\dfrac{10\pi}{20}$，$v=\dfrac{15\pi}{20}$，$v=2\pi$ 时的图形.

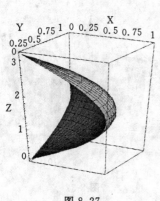

图 8-27

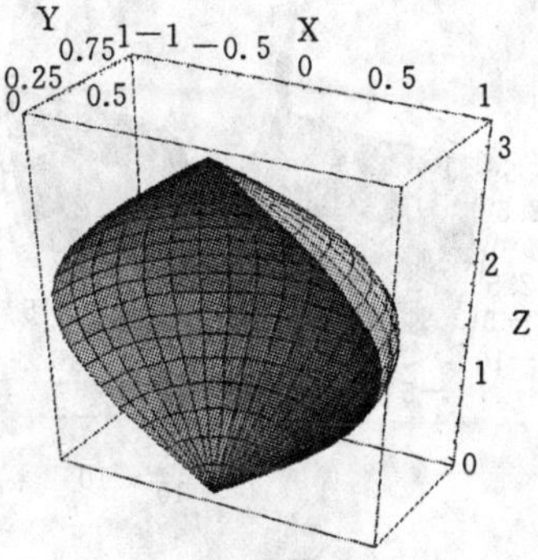

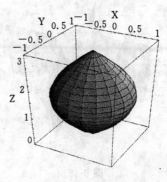

图 8-28

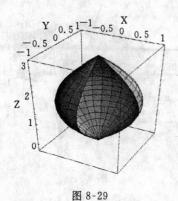

图 8-29

图 8-30

例 4 画出鞍面 $x^2 - y^2 = 2z$ 的图形,并观察曲面与平面 $z = k(k$ 取不同数值)的交线的形状.

解 为了把图形画得更形象、直观,将曲线方程转化为参数形式 $\begin{cases} x = x \\ y = y \\ z = \dfrac{x^2 - y^2}{2} \end{cases}$.

用"For 循环"语句作出连续变化的鞍面图形,并用"Show"语句使之与不同 k 值的平面 $z = k$ 相结合并输出,从其动画形成过程中即可观察曲面及其交线的形状.

输入以下命令:

```
g1＝ParametricPlot3D[{x,y,(x^2-y^2)/2},{x,-10,10},{y,-10,10},
    PlotRange->{-6,6}]
For[i=-10,i≤10,i++;
    g2＝Plot3D[i,{x,-10,10},{y,-10,10}],Show[g1,g2]]
```

从图 8-31 至图 8-34 可直观地看出曲面的形状,并可发现当 k 值不同时,交线的形状分别为等轴双曲线或相交直线.

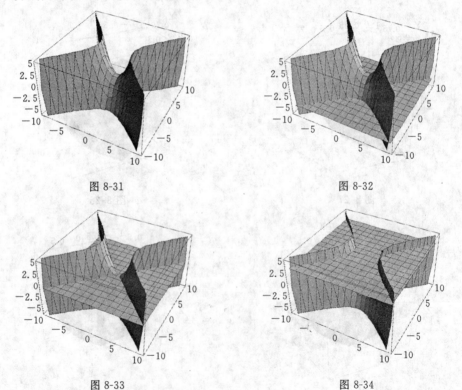

图 8-31   图 8-32

图 8-33   图 8-34

实验 5 习题

1. 查阅 ParametricPlot3D 的各选项,使用这些选项画出下面曲面的图形,并与不使用选项所画出的图形进行比较:

(1) 椭圆抛物面 $\begin{cases} x = R_1 \cos u \sin v \\ y = R_2 \cos u \cos v, \\ z = R_3 \sin u \end{cases}$ $\left(\begin{array}{c} -\dfrac{\pi}{2} \leqslant u \leqslant \dfrac{\pi}{2} \\ 0 \leqslant v \leqslant 2\pi \end{array} \right)$ $(R_1, R_2, R_3$ 自定$)$;

(2) 双曲抛物面 $\begin{cases} x = u \\ y = v \\ z = (u^2 - v^2)/2 \end{cases}$ $, \left(\begin{array}{c} u \in (-4, 4) \\ v \in (-4, 4) \end{array} \right)$;

(3) 圆锥面 $\begin{cases} x = u \cos v \\ y = u \sin v, \\ z = v \end{cases}$ $\left(\begin{array}{c} -a \leqslant u \leqslant a \\ 0 \leqslant v \leqslant 2\pi \end{array} \right)$ $(a$ 自定$)$.

2. 选择适当的绘图命令及适当范围,画出函数 $f(x, y) = \arcsin(x^2 + y^2)$ 的图形.

3. 画出由平面曲线 $\begin{cases} x = 1 + \cos x \\ y = \sin x \end{cases}$ 绕 y 轴旋转所形成曲面的图形.

4. 用 Mathematica 命令画出由锥面 $z = \sqrt{x^2 + y^2}$ 与上半球面 $z = 1 + \sqrt{1 - x^2 - y^2}$ 相交所围成的几何体的图形.

实验 6　多元函数微积分

【实验内容】

1. 利用 Mathematica 命令求多元函数的微分

在 Mathematica 系统中,若 f 为多元函数,则有下列语法规则:

D[f, x] 或者 $\partial_x f$,表示函数 f 对 x 的偏导数 $\dfrac{\partial f}{\partial x}$;

D[f, {x, n}] 或者 $\partial_{\{x, n\}} f$,表示 f 对 x 的 n 阶偏导数;

D[f, x_1, x_2, $\cdots$, x_n] 或 $\partial_{x_1, x_2, \cdots, x_n} f$ 给出混合偏导数 $\dfrac{\partial^n f}{\partial x_1 \partial x_2 \cdots \partial x_n}$;

D[f, {x_1, n_1}, {x_2, n_2}, $\cdots$, {x_n, n_n}] 给出偏导数 $\dfrac{\partial^n f}{\partial x_1^{n_1} \partial x_2^{n_2} \cdots \partial x_n^{n_n}}$,其中 $n_1 + n_2 + \cdots + n_n = n$;

Dt[f] 表示对各变量的全微分.

2. 利用 Mathematica 命令求多元函数的积分

计算重积分,需根据积分区域定出累次积分限,而后将重积分化为累次积分,从而求出积分值;如果无法求出,则应交换积分次序或用变量代换(如二重积分的极坐标、三重积分的柱面坐标或球面坐标)方法重新确定积分区域,并确定相应的累次积分,求出积分值. 如果要求的是确定值的积分,可使用数值积分使计算得到简化. 其一般格式如下:

命令 Integrate[f[x,y],{x,xmin,xmax},{y,ymin,ymax}]或

$$\int_{xmin}^{xmax}\int_{ymin}^{ymax} f(x,y)dxdy$$ 用来计算二重积分;

命令 Integrate[f[x,y,z],{x,xmin,xmax},{y,ymin,ymax},{z,zmin,zmax}]或

$$\int_{xmin}^{xmax}\int_{ymin}^{ymax}\int_{zmin}^{zmax} f(x,y,z)dxdydz$$ 用来计算三重积分.

也可用命令 NIntegrate[f[x,y],{x,xmin,xmax},{y,ymin,ymax}]或 NIntegrate[f[x,y,z],{x,xmin,xmax},{y,ymin,ymax},{z,zmin,zmax}]计算二重或三重数值积分.

【实验范例】

例 1　求下列偏导数:

(1) 已知 $u=x^2 y^3 z^4$,求 $\dfrac{\partial u}{\partial x}, \dfrac{\partial u}{\partial y}, \dfrac{\partial^2 u}{\partial x \partial y}, \dfrac{\partial^2 u}{\partial z^2}$;

(2) 已知 $u=x^2 \ln y \cos x$,求 $\dfrac{\partial u}{\partial x}, \dfrac{\partial u}{\partial y}$.

解　(1) 输入命令:

D[x²y³z⁴,x]

D[x²y³z⁴,y]

D[x²y³z⁴,x,y]

D[x²y³z⁴,{z,2}]

运行结果为

2xy³z⁴

3x²y²z⁴

6xy²z⁴

12x²y³z²

(2) 输入命令:

D[x^2Log[E,y]Cos[x],x]

运行结果为

2xCos[x]Log[y]−x²Log[y]Sin[x]

例 2　求函数 $z=x\sin(x+y)+\dfrac{\cos x^2}{y}$ 的全微分.

解　输入以下命令:

Dt[xSin[x+y]+Cos[x^2]/y]

运行结果为

$$-\frac{\mathrm{Cos}[\mathrm{x}^2]\mathrm{Dt}[\mathrm{y}]}{\mathrm{y}^2}+\mathrm{xCos}[\mathrm{x+y}](\mathrm{Dt}[\mathrm{x}]+\mathrm{Dt}[\mathrm{y}])-\frac{2\mathrm{xDt}[\mathrm{x}]\mathrm{Sin}[\mathrm{x}^2]}{\mathrm{y}}$$
$$+\mathrm{Dt}[\mathrm{x}]\mathrm{Sin}[\mathrm{x+y}]$$

即函数 z 的全微分为

$$\left[x\cos(x+y)-\frac{2x\sin x^2}{y}+\sin(x+y)\right]\mathrm{d}x+\left[x\cos(x+y)-\frac{\cos x^2}{y^2}\right]\mathrm{d}y.$$

例 3 若函数 $z=\tan(3x^2+2t^2y)$，求 $\mathrm{d}z\Big|_{\substack{x=-1\\y=1\\t=1}}$.

解 输入以下命令：

f[x_,y_,t_]=Tan[3x^2+2t^2y];
((D[f[x,y,t],x])/.{x->-1,y->1,t->1})dx+
    ((D[f[x,y,t],y])/.{x->-1,y->1,t->1})dy+
    ((D[f[x,y,t],t])/.{x->-1,y->1,t->1})dt

运行结果为

4dtSec[5]²-6dxSec[5]²+2dySec[5]²

即函数 z 在给定点的全微分为 $2\sec 25(-3\mathrm{d}x+\mathrm{d}y+2\mathrm{d}t)$.

例 4 求重积分 $\displaystyle\int_0^1\mathrm{d}x\int_0^{1-x}\mathrm{d}y\int_0^{1-x-y}\frac{1}{(1+x+y+z)^3}\mathrm{d}z$.

解 输入以下命令：

Integrate[Integrate[Integrate[1/(1+x+y+z)^3,{z,0,1-x-y}],
    {y,0,1-x}],{x,0,1}]

运行结果为

$$\frac{1}{16}(-5+8\mathrm{Log}[2])$$

例 5 求二重积分 $\displaystyle\iint\limits_{x^2+y^2\leqslant 1}\sin\pi(x^2+y^2)\mathrm{d}x\mathrm{d}y$.

解一 直角坐标法.

所给二重积分区域为圆 $x^2+y^2=1$，因此二次积分的上、下限分别为 $-1\leqslant x\leqslant 1$，$-\sqrt{1-x^2}\leqslant y\leqslant\sqrt{1-x^2}$，利用直角坐标计算的命令为

Integrate[Sin[Pi(x^2+y^2)],{x,-1,1},{y,-Sqrt[1-x^2],
    Sqrt[1-x^2]}]

运行后输出结果为 0（这是一个错误的结果）.

改用数值积分，命令为

NIntegrate[Sin[Pi(x^2+y^2)],{x,-1,1},{y,-Sqrt[1-x^2],
    Sqrt[1-x^2]}]

运行结果为 2.

解二　极坐标法.

引入变换 $x=r\cos\theta, y=r\sin\theta$，则积分区域为 $0\leqslant\theta\leqslant2\pi, 0\leqslant r\leqslant1$，被积表达式为 $\sin(\pi r^2)r\mathrm{d}\theta\mathrm{d}r$，输入以下命令：

Integrate[Sin[Pi r^2]r,{θ,0,2Pi},{r,0,1}]

运行结果为 2.

实验 6 习题

1. 求下列函数的微分或全微分：

　(1) $y=\lg\sin x+x\sin2^x$；　　　　(2) $z=\arctan\dfrac{x}{y}+\arcsin y$.

2. 已知 $z=\tan(3x+2t^2-y)$，而 $t=\dfrac{1}{x}, y=\sqrt{x}$，求函数 z 对 x 的偏导数.

3. 计算下列积分：

　(1) $\displaystyle\int_1^2\int_1^x(x+y)\mathrm{d}x\mathrm{d}y$；　　　　(2) $\displaystyle\int_0^2\int_0^x\int_0^{xy}xyz\mathrm{d}x\mathrm{d}y\mathrm{d}z$.

参 考 答 案

习题 1.1

1. (1) 不是，因为定义域与对应法则均不同； (2) 不是，因为定义域不同.

2. $f(0)=1, f\left(\frac{1}{a}\right)=\frac{1}{a^2}+1, f(2t)=4t^2+1, f[\varphi(x)]=\sin^2 2x+1, \varphi[f(x)]=\sin 2(x^2+1)$.

3. (1) $(-\infty,1]\cup[3,+\infty)$； (2) $(-1,2]$； (3) $(-2,+\infty)$；
(4) $\{x|2k\pi<x<(2k+1)\pi, k\in \mathbf{Z}\}$； (5) $[-1,0)\cup(0,3]$.

4. 定义域为 $(-\infty,4], f(-1)=1, f(2)=3$.

5. (1) 偶函数； (2) 奇函数； (3) 非奇非偶函数.

6. (1) 能，$y=(3x-1)^2$，定义域为 $(-\infty,+\infty)$； (2) 能，$y=\lg(1-x^2)$，定义域为 $(-1,1)$；
(3) 不能.

7. (1) $y=u^3, u=\sin v, v=8x+5$； (2) $y=\tan u, u=v^{\frac{1}{3}}, v=x^2+5$； (3) $y=2^u, u=1-x^2$；
(4) $y=\lg u, u=3-x$.

8. $f(2)=1, f(0)=2, f(-0.5)=2^{-0.5}$.

9. $A=2\pi r^2+\dfrac{2V}{r}$，定义域为 $(0,+\infty)$.

10. $V=\pi h\left(r^2-\dfrac{h^2}{4}\right)(0<h<2r)$. **11.** $f=196v$.

12. $F=2ax^2+4a\dfrac{V}{x}(0<x<+\infty)$，其中 a 为单位面积的造价.

习题 1.2

1. (1) 0； (2) 0； (3) 0； (4) C； (5) 不存在； (6) 不存在； (7) 3； (8) -4； (9) 0；
(10) 0； (11) 不存在； (12) $-\infty$(不存在).

2. $f(3-0)=9, f(3+0)=5$.

3. $f(0-0)=1, f(0+0)=1; \varphi(0-0)=-1, \varphi(0+0)=1; \lim\limits_{x\to 0}f(x)=1, \lim\limits_{x\to 0}\varphi(x)$ 不存在.

习题 1.3

1. (1) 错； (2) 错； (3) 错； (4) 错.

2. (1) 无穷小； (2) 无穷小； (3) 无穷大； (4) 无穷大； (5) 都不是； (6) 无穷小.

3. (1) 0； (2) 0； (3) 0； (4) 0； (5) 3； (6) $\dfrac{1}{4}$.

4. (1) 同阶无穷小； (2) 同阶无穷小； (3) 低阶无穷小； (4) 同阶无穷小.

习题 1.4

1. (1) 21； (2) 5； (3) $\dfrac{1}{3}$； (4) $\dfrac{1}{2}$； (5) $\dfrac{3}{4}$； (6) 0； (7) $\dfrac{1}{2}$； (8) -2； (9) $\dfrac{2\sqrt{2}}{3}$；
(10) $\dfrac{1}{4}$； (11) 0； (12) 0.

2. $k=-3$. **3.** $a=1, b=-1$.

4. (1) $\frac{4}{5}$;　(2) $\frac{m}{n}$;　(3) $\ln a$;　(4) 1;　(5) $\sqrt{2}$;　(6) e^{-2};　(7) 1;　(8) e^{-3};　(9) e^{3};

(10) 1;　(11) ∞;　(12) e^{-1}.

习题 1.5

1. 函数 $f(x)$ 在 $x=1$ 处不连续,其连续区间是 $(0,1) \bigcup (1,2)$.

2. (1) 函数在点 $x=0$ 处间断,且为可去间断点;

(2) 函数在点 $x=-1$ 处间断,且为无穷间断点;

(3) 函数在点 $x=1$ 处间断,且为可去间断点,函数在点 $x=2$ 处间断,且为无穷间断点;

(4) 函数在点 $x=1$ 处间断,且为跳跃间断点.

3. (1) $K=0$ 或 1;　(2) $K=2$.

4. 证明:函数 $f(x)=x2^{x}-1$ 在 $[0,1]$ 上连续,$(0,1)$ 内可导,且 $f(0)=-1<0,f(1)=1>0$,所以由介值定理得,函数至少有一个小于 1 的正根.

习题 2.1

1. (1) $7+3\Delta t$;　(2) 7 m/s;　(3) $3t+6t_0-5$;　(4) $6t_0-5$.

2. (1) $4\sqrt{2}-2$;　(2) $3\sqrt{x_0}$;　(3) $3,3\sqrt{2},3\sqrt{3}$.　**3.** 略.

4. (1) $\frac{2}{3}x^{-\frac{1}{3}}$;　(2) $-\frac{1}{2}x^{-\frac{3}{2}}$;　(3) $-3x^{-4}$;　(4) $\frac{7}{3}x^{\frac{4}{3}}$;　(5) $\frac{9}{4}x^{\frac{5}{4}}$.

5. (1) 切线方程:$y-1=3(x-1)$,法线方程:$y-1=-\frac{1}{3}(x-1)$;

(2) 切线方程:$y-1=\frac{1}{e}(x-e)$,法线方程:$y-1=-e(x-e)$;

(3) 切线方程:$y-\frac{\sqrt{3}}{2}=-\frac{1}{2}\left(x-\frac{2\pi}{3}\right)$,法线方程:$y-\frac{\sqrt{3}}{2}=2\left(x-\frac{2\pi}{3}\right)$.

6. $(2,4)$.　**7.** $(6,36),\left(\frac{3}{2},\frac{9}{4}\right)$.　**8.** 略.　**9.** $a=4,b=-4$.

习题 2.2

1. (1) $\frac{7}{2}\sqrt{x^5}+\frac{3}{2}\sqrt{x}-\frac{1}{2\sqrt{x^3}}$;　(2) $(3\ln x+3)\sin x+3x\cos x\ln x$;　(3) $\frac{1}{(\sin x+\cos x)^2}$;

(4) $\frac{2}{3\sqrt[3]{x}}-3\sec^2 x$;　(5) $\frac{7}{8}x^{-\frac{1}{8}}$;　(6) $\frac{2\cdot 10^x\ln 10}{(10^x+1)^2}$.

2. (1) $\frac{\sqrt{2}}{2}\left(\frac{1}{2}+\frac{\pi}{4}\right)$;　(2) 0.

3. (1) $4(2x-3)(x^2-3x-5)^3$;　(2) $6x\cos(x^2+1)$;　(3) $\sin^2 x+x\sin 2x+2x\sin x^2$;

(4) $-\frac{1}{a^2}\left(1+\frac{x}{\sqrt{x^2+a^2}}\right)$;　(5) $4\cot(5-2x)\csc^2(5-2x)$;　(6) $\frac{2}{x}(1+\ln x)$;　(7) $3\tan 3x$;

(8) $-\frac{2\sin 2x}{3\sqrt[3]{(1+\cos 2x)^2}}$;　(9) $10x^9+10^x\ln 10$;　(10) $\frac{1}{2(1+x)\sqrt{x}}e^{\arctan\sqrt{x}}$;

(11) $2^{\frac{x}{\ln x}}\ln 2\frac{\ln x-1}{(\ln x)^2}$;　(12) $2e^{2t}\sin 3t+3e^{2t}\cos 3t$;　(13) $-\frac{1}{(1+x)\sqrt{2x(1-x)}}$;　(14) $\frac{6x}{1+9x^4}$.

4. (1) $\frac{e^x-y}{1+x}$;　(2) $\frac{y-e^{x+y}}{e^{x+y}-x}$;　(3) $-\frac{ye^x+e^y}{xe^y+e^x}$;　(4) $-\frac{1+y\sin(xy)}{x\sin(xy)}$.

5. $\dfrac{3\cos 3x - y\mathrm{e}^{xy} - y^2}{x\mathrm{e}^{xy} + 2xy + 1}\bigg|_{x=0} = 3.$

习题 2.3

1. (1) $2x(3+2x^2)\mathrm{e}^{x^2}$; (2) $-\dfrac{2(1+x^2)}{(x^2-1)^2}$; (3) $2\arctan x + \dfrac{2x}{1+x^2}$; (4) $-\dfrac{a^2}{\sqrt{(a^2-x^2)^3}}$.

2. (1) 0; (2) $\dfrac{1}{\mathrm{e}^2}(\sin 1 - \cos 1)$.

习题 2.4

1. (1) $\mathrm{d}y = 12(x^2-x+1)(2x^3-3x^2+6x)\mathrm{d}x$; (2) $\mathrm{d}y = 3\mathrm{e}^{\sin 3x}\cos 3x\mathrm{d}x$; (3) $\mathrm{d}y = \dfrac{3x^2}{2(x^3-1)}\mathrm{d}x\ (x<1)$;

(4) $\mathrm{d}y = 2\sin(4x+6)\mathrm{d}x$; (5) $\mathrm{d}y = 8x\tan(1+2x^2)\sec^2(1+2x^2)\mathrm{d}x$; (6) $\mathrm{d}y = 2(\mathrm{e}^{2x}-\mathrm{e}^{-2x})\mathrm{d}x$.

2. (1) $\dfrac{\sin\omega t}{\omega}+C$; (2) $-\dfrac{\mathrm{e}^{-2x}}{2}+C$; (3) $2\cos x, -\sin 2x$; (4) $\cos 3x, 3\cos 3x$.

3. (1) 1.221 4; (2) 0.039 2; (3) 1.255 7; (4) 0.507 6. 4. $2\pi\ \mathrm{cm}^2$, $2.01\pi\ \mathrm{cm}^2$.

5. 略.

习题 3.1

1. (1) 满足,$\xi=0$; (2) 满足,$\xi=0$; (3) 满足,$\xi=\dfrac{\pi}{2}$; (4) 不满足. 2. 略.

习题 3.2

1. (1) 1; (2) $\dfrac{m}{n}a^{m-n}$; (3) $\dfrac{\sqrt{3}}{3}$; (4) $-\dfrac{3}{5}$; (5) 2; (6) 1; (7) $\dfrac{1}{2}$; (8) $\dfrac{1}{2}$; (9) 1;

(10) $\dfrac{1}{2}$.

习题 3.3

1. (1) 在 $\left(0,\dfrac{1}{2}\right)$ 内单调减少,在 $\left(\dfrac{1}{2},+\infty\right)$ 内单调增加;

(2) $(-\infty,-1),(3,+\infty)$ 内单调增加,$[-1,3]$ 上单调减少;

(3) 在 $(-\infty,-1),(1,+\infty)$ 内单调减少,在 $(-1,1)$ 内单调增加;

(4) 在 $(-\infty,0),(2,+\infty)$ 内单调减少,在 $[0,2]$ 上单调增加;

(5) 在 $\left(-\infty,\dfrac{1}{2}\right)$ 内单调减少,在 $\left(\dfrac{1}{2},+\infty\right)$ 内单调增加.

2. (1) 极大值 $y(-1)=5$,极小值 $y(1)=1$; (2) 没有极值; (3) 极小值 $y(0)=0$;

(4) 极小值 $y\left(-\dfrac{1}{2}\ln 2\right)=0$.

3. 略.

4. (1) 最小值 $f(0)=0$,最大值 $f(4)=8$; (2) 最小值 $f\left(\dfrac{\pi}{4}\right)=\dfrac{\pi}{2}-1$,最大值 $f(\pi)=2\pi$.

5. $\sqrt[3]{36}\ \mathrm{cm}, 2\sqrt[3]{36}\ \mathrm{cm}, \dfrac{8}{\sqrt[3]{6}}\ \mathrm{cm}$.

习题 3.4

1. (1) $(-\infty,-2)$ 凸区间,$(-2,+\infty)$ 凹区间,拐点 $(-2,-2\mathrm{e}^{-2})$;

(2) $(-\infty,2)$凸区间,$(2,+\infty)$凹区间,拐点$(2,0)$;

(3) $(-\infty,-1),(1,+\infty)$凸区间,$(-1,1)$凹区间,拐点$(-1,\ln2),(1,\ln2)$;

(4) $(-\infty,-3),(-3,6)$凸区间,$(6,+\infty)$凹区间,拐点$\left(6,\dfrac{2}{27}\right)$;

(5) $\left(-\infty,\dfrac{5}{3}\right)$凸区间,$\left(\dfrac{5}{3},+\infty\right)$凹区间,拐点$\left(\dfrac{5}{3},\dfrac{20}{27}\right)$;

(6) $[-1,1]$凹区间,无拐点.

2. $a=-\dfrac{3}{2},b=\dfrac{9}{2}$.　　**3.** 略.

习题 3.5

1. (1) 水平渐近线:$y=1$,垂直渐近线:$x=-3$;

(2) 水平渐近线:$y=0$,垂直渐近线:$x=-1,x=1$;

(3) 水平渐近线:$y=0$.

2. 略.

习题 3.6

1. (1) 2; 　(2) $\dfrac{6}{13^{3/2}}$; 　(3) 2; 　(4) $\dfrac{1}{2^{3/2}}$. 　　**2.** (1) $\sqrt{2}$; 　(2) 1; 　(3) $2^{3/2}$; 　(4) $\dfrac{1}{2}$.

习题 4.1

1. 略. 　　**2.** $y=\dfrac{x^2}{2}+C$. 　　**3.** $s=\sin t+9$.

4. (1) $\dfrac{2}{13}x^{\frac{3}{2}}+C$; 　(2) $\dfrac{6^x}{\ln6}+C$; 　(3) $\dfrac{(2e)^x}{\ln2e}+C$; 　(4) $\tan x+C$; 　(5) $\sec x+C$.

习题 4.2

1. (1) e^x+x+C; 　(2) $\dfrac{a}{3}x^3+\dfrac{b}{2}x^2+cx+C$; 　(3) $3x-2\ln x-\dfrac{1}{x}-\dfrac{1}{2x^2}+C$;

(4) $\dfrac{2}{3}x^{\frac{3}{2}}-2x+C$; 　(5) $-\dfrac{1}{x}-\arctan x+C$; 　(6) $\dfrac{x^3}{3}-\dfrac{x^2}{2}+x+C$.

2. $F(x)=\cos x-\sin x+3$. 　　**3.** $s=t^3+2t^2$.

习题 4.3

1. (1) $\dfrac{1}{5}$; 　(2) $\dfrac{1}{6}$; 　(3) $\dfrac{1}{2}$; 　(4) $\dfrac{1}{8}$; 　(5) $-\dfrac{1}{4}$; 　(6) $\dfrac{1}{8}$; 　(7) $\dfrac{1}{3}$; 　(8) -2;

(9) $\dfrac{3}{2}$; 　(10) $\dfrac{1}{5}$; 　(11) $-\dfrac{1}{5}$; 　(12) $\dfrac{1}{3}$; 　(13) $\dfrac{1}{2}$; 　(14) $-\dfrac{1}{2}$.

2. (1) $\dfrac{1}{4}\sin4x+C$; 　(2) $-3\cos\dfrac{t}{3}+C$; 　(3) $\dfrac{(x^2-3x+2)^4}{4}+C$; 　(4) $-\dfrac{1}{8}(3-2x)^4+C$;

(5) $\sqrt{x^2-2}+C$; 　(6) $\sec x+C$; 　(7) $2\sqrt{\sin x}+C$; 　(8) $\dfrac{2}{3}(2+e^x)^{\frac{3}{2}}+C$; 　(9) $-\dfrac{1}{2\ln^2 x}+C$;

(10) $\dfrac{1}{2}e^{x^2}+C$; 　(11) $-e^{-x}+C$; 　(12) $e^{\sin x}+C$; 　(13) $\dfrac{1}{12}\sin4x^3+C$; 　(14) $\dfrac{1}{3}\arcsin\dfrac{3x}{5}+C$.

3. (1) $3\left[\dfrac{1}{2}(x+1)^{\frac{2}{3}}-(x+1)^{\frac{1}{3}}+\ln|1+(x+1)^{\frac{1}{3}}|\right]+C$; 　(2) $\ln\left|\dfrac{\sqrt{x+1}-1}{\sqrt{x+1}+1}\right|+C$;

(3) $x-4\sqrt{x+1}+4\ln(\sqrt{x+1}+1)+C$;　(4) $\dfrac{9}{2}\arcsin\dfrac{x}{3}-\dfrac{x}{2}\sqrt{9-x^2}+C$;

(5) $\dfrac{x}{\sqrt{1+x^2}}+C$;　(6) $\sqrt{x^2-9}-3\arccos\dfrac{3}{x}+C$.

习题 4.4

1. (1) $-x\cos x+\sin x+C$;　(2) $\dfrac{x^3}{3}\ln x-\dfrac{x^3}{9}+C$;　(3) $x\arccos x-\sqrt{1-x^2}+C$;

(4) $-\mathrm{e}^{-x}(x+1)+C$;　(5) $2x\sin\dfrac{x}{2}+4\cos\dfrac{x}{2}+C$;　(6) $2\sqrt{x}\ln x-4\sqrt{x}+C$;

(7) $\dfrac{9}{13}\mathrm{e}^{2x}\left(\dfrac{1}{3}\sin 3x+\dfrac{2}{9}\cos 3x\right)+C$;　(8) $-\dfrac{1}{4}\left(x\cos 2x-\dfrac{1}{2}\sin 2x\right)+C$.

2. (1) $2\sqrt{x}\mathrm{e}^{\sqrt{x}}-2\mathrm{e}^{\sqrt{x}}+C$;　(2) $-2\sqrt{x}\cos\sqrt{x}+2\sin\sqrt{x}+C$.

习题 5.1

1. (1) $+$;　(2) $-$;　(3) $+$.　**2.** 略.

3. (a) $\displaystyle\int_{-\frac{\pi}{2}}^{\frac{\pi}{2}}\cos x\,\mathrm{d}x-\int_{\frac{\pi}{2}}^{\pi}\cos x\,\mathrm{d}x$;　(b) $\displaystyle\int_a^b[f(x)-g(x)]\mathrm{d}x$;

(c) $a^3-\displaystyle\int_0^a x^2\,\mathrm{d}x$;　(d) $2\left[\displaystyle\int_0^1\sqrt{2-x^2}\,\mathrm{d}x-\int_0^1 x^2\,\mathrm{d}x\right]$.

4. 略.　**5.** (1) $4p+3(b-a)$;　(2) $16q+24p+9(b-a)$.

6. (1) $6\leqslant\displaystyle\int_1^4(x^2+1)\mathrm{d}x\leqslant 51$;　(2) $\dfrac{2}{5}\leqslant\displaystyle\int_1^2\dfrac{x}{x^2+1}\mathrm{d}x\leqslant\dfrac{1}{2}$.

7. (1) $\displaystyle\int_1^3 x^2\,\mathrm{d}x\leqslant\int_1^3 x^3\,\mathrm{d}x$;　(2) $\displaystyle\int_1^{\mathrm{e}}\ln x\,\mathrm{d}x\geqslant\int_1^{\mathrm{e}}\ln^2 x\,\mathrm{d}x$;　(3) $\displaystyle\int_0^1\mathrm{e}^x\,\mathrm{d}x\geqslant\int_0^1(1+x)\mathrm{d}x$;

(4) $\displaystyle\int_0^1 x\,\mathrm{d}x\geqslant\int_0^1\ln(1+x)\mathrm{d}x$.

习题 5.2

1. (1) $\Phi'(0)=0,\Phi'(\pi)=-\pi$;　(2) $\Phi'(x)=\sqrt{1+x^4}$.

2. (1) 20;　(2) $\dfrac{1}{6}\pi$;　(3) $\dfrac{\pi}{3}$;　(4) $\ln 3-1$;　(5) $\dfrac{\pi}{2}$;　(6) $1+\dfrac{\pi}{4}$.

3. (1) $\dfrac{5}{2}$;　(2) $-\dfrac{5}{6}$.

习题 5.3

1. (1) $\dfrac{\pi}{12}$;　(2) $2\sqrt{3}-2$;　(3) $2(2-\ln 3)$;　(4) $\dfrac{2}{3}$;　(5) $\mathrm{e}-\sqrt{\mathrm{e}}$.

2. (1) $\mathrm{e}-2$;　(2) $\dfrac{\pi}{12}+\dfrac{\sqrt{3}}{2}-1$;　(3) $\dfrac{\mathrm{e}^2}{4}+1$;　(4) $\dfrac{1}{2}(1+\mathrm{e}^{\frac{\pi}{2}})$.

习题 5.4

1. 3.414.　**2.** 0.6938.　**3.** 0.6933.

习题 5.5

1. (1) $\dfrac{4}{3}$;　(2) $\dfrac{3}{2}-\ln 2$;　(3) $\dfrac{1}{2}$;　(4) $\dfrac{7}{6}$.　**2.** $3\pi a^2$.　**3.** $\dfrac{9}{4}$.　**4.** $\dfrac{4\sqrt{3}}{3}R^3$.

5. 4. 　　**6.** (1) $\dfrac{32\pi}{3}$; 　(2) $\dfrac{4}{3}\pi ab^3$; 　(3) $\dfrac{8}{5}\pi,2\pi$; 　(4) $2\pi^2$.

习题 5.6

1. 0.75 J. 　　**2.** 2.95×10^4 J. 　　**3.** 1 875$\rho g\pi$. 　　**4.** 1.47×10^5 N. 　　**5.** $\dfrac{2\rho gR^3}{3}$.

6. $\dfrac{9\rho g\pi}{16}$. 　　**7.** $\dfrac{\rho ga^2 b}{6},\dfrac{\rho ga^2 b}{3}$. 　　**8.** 12 m/s. 　　**9.** $\dfrac{1}{2}\ln2$. 　　**10.** $\dfrac{2}{\pi}$.

习题 5.7

1. (1) $\dfrac{1}{3}$; 　(2) 不收敛; 　(3) 0; 　(4) 1; 　(5) $\dfrac{\pi}{2}$; 　(6) $3(\sqrt[3]{2}+\sqrt[3]{3})$.

习题 6.1

1. 坐标轴上的点有 2 个坐标为零,如 x 轴上的点 $M(x,y,z)$ 有 $y=z=0$;坐标平面上的点有 1 个坐标为零,如 yOz 平面上的点 $M(x,y,z)$ 有 $x=0$.

2. 略.

3. (1) $(1,-2,1),(-1,-2,-1),(1,2,-1)$; 　(2) $(1,2,1),(-1,-2,1),(-1,2,-1)$;
(3) $(-1,2,1)$.

4. P_1 在第 Ⅷ 卦限,P_2 在第 Ⅱ 卦限,P_3 在第 Ⅲ 卦限.

5. (1) a 垂直于 b; 　(2) a 与 b 同向; 　(3) a 与 b 反向且 $|a|\geqslant|b|$; 　(4) a 与 b 反向.

6. $\dfrac{1}{\sqrt{155}}\{-5,7,-9\}$. 　　**7.** $\left\{\dfrac{2}{3},\dfrac{1}{3},-\dfrac{2}{3}\right\},\left\{-\dfrac{2}{3},-\dfrac{1}{3},\dfrac{2}{3}\right\}$. 　　**8.** $48,-\dfrac{1}{6}$. 　　**9.** 9,12.

习题 6.2

1. (1) 不正确; 　(2) 不正确; 　(3) 不正确. 　　**2.** (1) 38; 　(2) 64. 　　**3.** $3,-2,-1$.

4. 略. 　　**5.** 24. 　　**6.** $\dfrac{3}{\sqrt{13}}\{-2,0,3\}$.

习题 6.3

1. (1) yOz 平面; 　(2) z 轴. 　　**2.** $x-3y-2z=0$. 　　**3.** $3x-7y+5z-4=0$. 　　**4.** $x+3y=0$.

5. $\dfrac{x-1}{3}=\dfrac{y+5}{-1}=\dfrac{z}{2}$. 　　**6.** $\dfrac{x+1}{3}=\dfrac{y-2}{-1}=\dfrac{z-1}{1}$. 　　**7.** $\dfrac{x+3}{-5}=\dfrac{y}{1}=\dfrac{z-2}{5}$,$\begin{cases}x=-3-5\lambda\\y=\lambda\\z=2+5\lambda\end{cases}$.

习题 6.4

1. (1) 球面; 　(2) 母线平行于 z 轴,准线为 xOy 平面上的抛物线 $x^2=4y$ 的抛物柱面;
(3) 椭球面; 　(4) 旋转抛物面; 　(5) 单叶双曲面.

2. (1) $\begin{cases}y^2=-2z\\x=0\end{cases}$ 是平面 yOz 上的抛物线; 　(2) $\begin{cases}y^2=-2(z-2)\\x=2\end{cases}$ 是平面 $x=2$ 上的抛物线;

(3) $\begin{cases}x=2z\\y=0\end{cases}$ 是平面 xOz 上的抛物线; 　(4) $\begin{cases}x^2=2\left(z+\dfrac{1}{2}\right)\\y=1\end{cases}$ 是平面 $y=1$ 上的抛物线;

(5) $\begin{cases}y=\pm x\\z=0\end{cases}$ 是平面 xOy 上的两条互相垂直的直线;

(6) $\begin{cases} x^2-y^2=6 \\ z=3 \end{cases}$ 是平面 $z=3$ 上的等轴双曲线.

3. (1) $y^2+z^2-5x=0$; (2) $x^2+y^2+z^2=9$; (3) $\dfrac{x^2}{9}-\dfrac{y^2}{4}-\dfrac{z^2}{4}=1,\dfrac{x^2}{9}-\dfrac{y^2}{4}+\dfrac{z^2}{9}=1$.

习题 7.1

1. $f(1,2)=\dfrac{4}{5},f\left(1,\dfrac{y}{x}\right)=\dfrac{2xy}{x^2+y^2},f(-x,-y)=\dfrac{2xy}{x^2+y^2}$.　2. $1-x^4$.

3. (1) $D=\{(x,y)\,|\,x>0,y>0$ 或 $x<0,y<0\}$; (2) $D=\{(x,y)\,|\,x-y>0\}$;

(3) $D=\{(x,y)\,|-1\leqslant x\leqslant 1,-1\leqslant y\leqslant 1\}$; (4) $D=\{(x,y)\,|\,x^2+y^2\leqslant 9,x^2-y>0\}$.

习题 7.2

1. (1) $\dfrac{\partial z}{\partial x}=y+\dfrac{1}{y},\dfrac{\partial z}{\partial y}=x-\dfrac{x}{y^2}$; (2) $\dfrac{\partial z}{\partial x}=-y\sin(xy),\dfrac{\partial z}{\partial y}=-x\sin(xy)$;

(3) $\dfrac{\partial z}{\partial x}=\dfrac{1}{y}e^{\frac{x}{y}},\dfrac{\partial z}{\partial y}=-\dfrac{x}{y^2}e^{\frac{x}{y}}$; (4) $\dfrac{\partial z}{\partial x}=\dfrac{1}{x+y},\dfrac{\partial z}{\partial y}=\dfrac{1}{x+y}$;

(5) $\dfrac{\partial z}{\partial x}=2x\cos x^2\cos y^2,\dfrac{\partial z}{\partial y}=-2y\sin x^2\sin y^2$;

(6) $\dfrac{\partial z}{\partial x}=\dfrac{1}{y}e^{\frac{x}{y}}\cos(x-y)-e^{\frac{x}{y}}\sin(x-y),\dfrac{\partial z}{\partial y}=-\dfrac{x}{y^2}e^{\frac{x}{y}}\cos(x-y)+e^{\frac{x}{y}}\sin(x-y)$.

2. $\dfrac{2}{5},\dfrac{2}{5}$.　3. 略.　4. 略.　5. $0,2,2,2$.

习题 7.3

1. (1) $dz=2xy\,dx+x^2\,dy$; (2) $dz=\dfrac{y}{x^2+y^2}dx-\dfrac{x}{x^2+y^2}dy$; (3) $dz=e^{x+y}(dx+dy)$;

(4) $dz=[\cos(x+y)-x\sin(x+y)]dx-x\sin(x+y)dy$;

(5) $du=yzx^{yz-1}dx+zx^{yz}\ln(yz)dy+yx^{yz}\ln(yz)dz$; (6) $dz=\dfrac{2x}{x^2-y^2}dx+\dfrac{2y}{x^2+y^2}dy$.

2. 4.6.　3. $\dfrac{1}{2}(-dx-dy+dz)$.　4. 2.93.

习题 7.4

1. (1) 极小值 $f(-1,1)=0$; (2) 极小值 $f\left(\dfrac{1}{2},-1\right)=-\dfrac{e}{2}$; (3) 极大值 $f(-1,1)=1$;

(4) 极小值 $f(0,0)=0$.

2. 长与宽为 $\sqrt[3]{20}$ m,高为 $\dfrac{\sqrt[3]{20}}{2}$ m.　3. $\dfrac{l}{3},\dfrac{2l}{3}$.　4. 长与宽为 6 m,高为 3 m.

习题 7.5

1. (1) π; (2) πab.　2. (1) $2\leqslant I\leqslant 8$; (2) $\dfrac{\pi}{e}\leqslant I\leqslant \pi$.

3. (1) $\dfrac{2}{3}$; (2) $\dfrac{1}{6}$; (3) $\dfrac{76}{3}$; (4) $\dfrac{7}{20}$; (5) $\dfrac{8}{15}$.

4. (1) $\displaystyle\int_0^1 dy\int_{\sqrt{y}}^{\sqrt[3]{y}}f(x,y)dx$; (2) $\displaystyle\int_0^1 dx\int_x^1 f(x,y)dy$; (3) $\displaystyle\int_1^2 dx\int_1^{\sqrt{x}}f(x,y)dy+\int_2^4 dx\int_{\frac{x}{2}}^{\sqrt{x}}f(x,y)dy$;

(4) $\displaystyle\int_0^1 dy\int_{e^y}^{e}f(x,y)dx$; (5) $\displaystyle\int_0^1 dy\int_y^{2-y}f(x,y)dx$.

5. $16R^2$.　**6.** $\left(0,\dfrac{4b}{3\pi}\right)$.　**7.** $\left(0,\dfrac{a}{10}\right)$.

实验 1 习题

1. 略.

2. 输入以下命令：

N[π+2/3],N[π+2/3,10],N[π+2/3,10]

3. $18x+10x^2+18y+11xy+y^2$，$(x+y)(18+10x+y)$.

4. $(1+x)^2$，$-1+x^{10}$ 或 $(-1+x)(1+x)(1-x+x^2-x^3+x^4)(1+x+x^2+x^3+x^4)$.

5. (1) 1；　(2) $\dfrac{1}{2}$；　(3) 0；　(4) 0.

6. $f_1(x)$在点 $x=0$ 处连续；$x=0$ 为 $f_2(x)$的可去间断点；$x=0$ 为 $f_3(x)$的可去间断点.

实验 2 习题

1. (1) $-\dfrac{1}{x^2}$；　(2) $\dfrac{(2+x^{1/3})(1+\sqrt{x})}{4x^{3/4}}+\dfrac{(3+x^{1/4})(1+\sqrt{x})}{3x^{2/3}}+\dfrac{(3+x^{1/4})(2+x^{1/3})}{2\sqrt{x}}$；

(3) $\left(\dfrac{\sec^2 x}{x}-\dfrac{\tan x}{x^2}\right)dx$；　(4) -52.2063.

2. $\dfrac{dy}{dx}=\dfrac{2x-y}{x-2y}$.　**3.** $\left(\dfrac{1}{x}\sin 2^x-\sin x+2^x\cos 2^x\ln x\ln 2\right)dx$.

实验 3 习题

1. 略.

2. 输入以下命令：

f[x]=D[4*x+39*x^2-46*x^3+17*x^4-2*x^5,x]

Solve[f[x]==0].

3. 略.

实验 4 习题

1. (1) $\dfrac{x^4}{4}-\dfrac{1}{4}\ln(1+x^4)+C$；　(2) $-2\cot 2x+C$；　(3) $\left(1-\dfrac{1}{x}\right)e^{\frac{1}{x}}+C$；

(4) $\sqrt{3}-\dfrac{\pi}{3}$；　(5) $1-\dfrac{\pi}{4}$；　(6) $\dfrac{1}{2}$.

2. (1) 0.946083；　(2) 23954.4；　(3) 0.430606.

实验 6 习题

1. (1) $(\cot x+\sin 2^x+x2^x\cos 2^x\ln 2)dx$；　(2) $\dfrac{dy}{\sqrt{1-y^2}}+\dfrac{ydx-xdy}{x^2+y^2}$.

2. $\dfrac{dz}{dx}=\left(3-\dfrac{4}{x^3}-\dfrac{1}{2\sqrt{x}}\right)\sec^2\left(\dfrac{2}{x^2}-\sqrt{x}+3x\right)$.

3. (1) $\dfrac{3}{2}$；　(2) 4.